# フードシステム革新の
# ニューウェーブ

斎藤　修 【監修】
Saito Osamu

佐藤和憲 【編集】
Sato Kazunori

日本経済評論社

# 目　次

序章　私の辿ったフードシステム研究と新たな方向 ……… 斎藤　修　1
　1　はじめに　1
　2　研究課題と背景　1
　　(1) 産地間競争とマーケティング論——初期の課題と問題意識　1
　　(2) 畜産業のインテグレーション研究　3
　　(3) 食品産業研究　5
　　(4) 食料産業クラスターと地域ブランド　7
　　(5) ６次産業と農商工連携とチェーン構築　8
　　(6) JAの販売戦略とチェーン構築　10
　3　フードシステム研究の方向　11
　　(1) フードシステム研究者のスタンス　11
　　(2) サプライチェーンからバリューチェーンへの深化へ　12
　　(3) 農商工連携から医福食農連携へ　13
　　(4) プラットフォームづくりと地域イノベーション　15

## 第１部　フードシステム新展開の理論

第１章　主体間関係論の実証の試み
　　　　——中国型農協への参加要因を事例に—— ………………… 浅見淳之　19
　1　はじめに　19
　2　中国型農協組織での主体間関係　20
　　(1) 主体間関係としての農協への参加　20
　　(2) 理論的な枠組み　22
　3　仮説と構成概念　24
　　(1) 仮　説　24
　　(2) 従属変数　25
　　(3) 独立変数　26

4　実証への試み　28
　　(1) 確認的因子分析　28
　　(2) 仮説の実証　29
　5　おわりに　33

第2章　サービス・ドミナント・ロジックの視点からみるフードシステム研究——主体間関係分析を対象として——……………清野誠喜　36
　1　背景と目的　36
　2　S-Dロジックの特徴　37
　3　主体間における価値共創に関する研究　39
　4　今後のフードシステムにおける主体間関係分析の研究領域　41
　5　まとめ　44

第3章　野菜フードシステムの構造変動
　　　　——業務用とプライベートブランドを中心として——………佐藤和憲　48
　1　野菜のフードシステムをめぐる問題状況と課題　48
　2　消費・小売構造と生産構造の変化　49
　　(1) 消費・小売の構造変化　49
　　(2) 野菜生産の構造変化　51
　3　中間流通とサプライチェーンの構造変化　52
　　(1) 産地段階　52
　　(2) 消費地段階　55
　4　野菜フードシステムにおけるサプライチェーン構築の到達点と再編課題　58

第4章　水産物の資源循環とフードシステム………………矢野　泉　62
　1　資源循環とフードシステム　62
　2　水産物の需給と有用性　63
　　(1) 世界の水産資源問題　63
　　(2) 水産物の有用性　65
　　(3) 水産物残さの有用性と課題　67
　3　水産物をめぐる循環型フードシステム　68
　4　グローバルな水産物資源の循環型フードシステム　70

(1)　循環型フードシステムの構成主体　70
　　(2)　市場間及び主体間の相互関係　72
　5　水産物資源の持続的な循環型フードシステムにむけて　74

## 第5章　フード・マイレージと地産地消 ……………………… 中田哲也　77
　1　フード・マイレージを考える背景　77
　　(1)　背景と目的　77
　　(2)　フードシステムと地球環境との関わり　78
　　(3)　フード・マイレージに関連する既存研究等のレビュー　78
　2　日本の輸入食料のフード・マイレージ　79
　　(1)　輸入食料のフード・マイレージの概念と特徴　79
　　(2)　計測方法　80
　　(3)　計測結果　81
　　(4)　輸入食料の輸送に伴う二酸化炭素排出量の試算　83
　3　輸入食料のフード・マイレージの最近の状況と長期的な推移　84
　　(1)　日本の輸入食料のフード・マイレージの最近の動向　84
　　(2)　長期的にみた輸入食料のフード・マイレージの状況　85
　4　フード・マイレージ指標を用いた地産地消の効果計測　86
　　(1)　地産地消、伝統野菜等とフード・マイレージ　86
　　(2)　伝統野菜を用いた献立のフード・マイレージ等の計測　86
　5　フード・マイレージの限界と有用性　88

### 第2部　流通システムとマーケティングの新展開

## 第6章　買い物難民対策としての移動販売事業と地域の流通システム
　　　………………………………………………………… 菊池宏之　93
　1　はじめに　93
　2　買い物難民問題に関する先行研究と研究課題　94
　　(1)　買い物弱者視点で買い物難民に関する研究　94
　　(2)　フードデザート視点での買い物難民に関する研究　95
　　(3)　先行研究からの示唆と残された研究課題　96
　3　買い物難民問題と対応策の実態　97
　　(1)　買い物難民への流通業としての対応策の検討軸　97

（2）買い物難民への対応策の先行事例の実態　98
　（3）とくし丸による持続可能性の高い移動販売事業　99
　4　むすびにかえて　102

第7章　中国農村イーコマースの展開と地域経済への影響
　　　　　………………………………………………………………………… 張　　秋柳　106
　1　はじめに　106
　2　中国における農業関連イーコマースの発展状況　107
　3　農村イーコマースの展開モデルと特徴　109
　4　農村地域経済への影響　116
　5　まとめ　118

第8章　食料品販売店の動向と将来 …………………… 薬師寺哲郎　121
　1　食料品販売店の動向　121
　　（1）食料品販売店の動向と食料品アクセス　121
　　（2）高度成長期における生鮮品専門店の増加　122
　　（3）生鮮品専門店の減少要因　124
　2　大型店発展が生鮮品専門店に及ぼした影響　126
　　（1）これまでの分析手法　126
　　（2）店舗間の空間関係を考慮した分析手法　127
　　（3）遠隔地の大型店が生鮮品専門店に与える影響　128
　3　食料品販売店の将来　130
　　（1）生鮮品専門店の将来　130
　　（2）大型店の抱える問題　131

第9章　EUの青果物マーケティングにみる連合農協の組織構造と機能
　　　　──スペイン・バレンシア州のアネコープの事例── ……… 李　　哉泫　134
　1　背景と課題　134
　　（1）EUにおける連合農協の動向　134
　　（2）連合農協の展開をめぐる問題　135
　　（3）南欧諸国における青果部門の連合農協の健在さ　136
　　（4）本章の問題意識と課題　136
　2　Anecoopの組織構造　137

(1) 組織形態と設立の経緯　137
　　(2) 組織構成とメンバーシップ　138
　　(3) 取扱品目　140
　3　販売実績と販売チャネル　140
　　(1) 販売額の推移　140
　　(2) 販売チャネル　141
　4　マーケティング戦略とサプライチェーン構築への関与　142
　　(1) マーケティング戦略　142
　　(2) 大手小売企業とのサプライチェーン構築への関与　144
　5　農協が選択する連合農協の機能　145
　　(1) 農協の概要　145
　　(2) 販売チャネルにみるアネコープとの関係　147
　　(3) Anecoop 利用をめぐる考え方の相違　148
　6　考　察　149

第10章　農産物輸出をめぐるバリューチェーン構築の可能性
　　　　——当該輸出先国でのマーケティング・リサーチから得られたこと——
　　　　……………………………………………………………… 中村哲也　154
　1　はじめに　154
　2　わが国における農産物輸出の現状　155
　3　東南アジアにおける日本産農産物輸出の現状とその購買行動　158
　　(1) 香港におけるコメ（精米）輸出　158
　　(2) シンガポールにおける巨峰輸出　160
　4　欧州における日本産農産物の購買行動と輸出可能性　162
　　(1) 青森産黄色リンゴの西欧輸出　162
　　(2) 青森産リンゴのフィンランド輸出　164
　　(3) 青森産リンゴのイギリス、ドイツ、スウェーデン、ノルウェー輸出　168
　5　おわりに　農産物輸出をめぐるバリューチェーン構築の可能性——当該輸出先国でのマーケティング・リサーチから得られたこと——　172
　　(1) 世界的にも品質の評価が高かった日本の農産物　173
　　(2) 本当に高価である日本の農産物、今後の輸出戦略は高級品で攻めるか、普及品で攻めるかが課題　173
　　(3) 輸出によって産地も変革する　174

（4）輸出先国においては全ての産地が新しいJAPANブランドとなる　174
　（5）わが国の農産物の輸出先として、新規開拓ができる輸出先国はたくさんある　174
　（6）輸出先国での産地間競争を避けるのも手のうちである　175
　（7）輸出先国のレシピは輸出先国のバイヤーやシェフに一任する　175
　（8）輸出先国の要望に応えた日本の農産物輸出が成功する　176

第11章　ラテンアメリカにおける青果物のインテグレーションと輸出戦略──ペルー・アボカドの事例── ………………… 清水達也　179
　1　アボカド貿易の拡大　179
　2　国際市場における需給変化　180
　　（1）需給の拡大　181
　　（2）メキシコ産の米国市場参入　183
　3　ペルー国内における供給構造の変化　185
　　（1）輸出の増加　185
　　（2）供給構造の変化　187
　4　大規模経営体の台頭　188
　　（1）規模拡大と垂直統合　189
　　（2）作物の多様化　190
　　（3）大規模経営体の事例　191
　5　今後の課題　193

第12章　花きの流通システムの変化 ……………………………… 滝沢昌道　195
　1　家庭における花きの消費構造の変化　195
　2　小売における構造変化　197
　3　花きの流通構造の変化　199
　　（1）東京都における花き卸売市場の概況　199
　　（2）地方卸売市場時代（1974〜87年）の品目別需要　200
　　（3）中央卸売市場化の進展期（1988〜96年）の品目別需要　200
　　（4）中央卸売市場の成熟期（1997〜2007年）の品目別需要　202
　4　花き供給構造の変化　202
　5　花きの輸入構造の変化　204
　6　花き流通システムの変化のまとめと生産者・産地の対応　206

## 第13章　カットフルーツの消費実態と製品開発上の問題点
　　　　　……………………………………………………………河野恵伸・山本淳子　211
　1　食行動の変化　211
　2　加工用途の現状　212
　3　果実消費の動向　213
　4　カットフルーツの消費実態　214
　　（1）消費量の増加　214
　　（2）利用状況　217
　5　カットフルーツの製品開発の問題点　219
　　（1）消費者視点の製品開発の方向性　219
　　（2）加工業者・小売業者の問題点　222

## 第14章　植物工場野菜に対する消費者イメージの理解とマーケティング
　　　　　………………………………………………………… 丸山敦史・矢野佑樹　226
　1　はじめに——植物工場事業の展開と課題——　226
　2　どのような方法で分析すべきか　228
　3　植物工場野菜のイメージ　233
　4　むすび——植物工場に期待されていること——　239

### 第3部　6次産業・農商工連携と地域再生

## 第15章　農業経営の多角化・連携とコーディネーターの役割
　　　　　……………………………………………………………………櫻井清一　245
　1　背　景　245
　2　農業・農村多角化政策におけるコーディネーターの必要性とその実態　246
　3　現行コーディネーターの特徴　250
　4　これから求められるコーディネーター像とその支援制度　253
　　（1）農業・農村に関する知識・経験のブラッシュアップ　253
　　（2）プロジェクト進行管理の重要性を再認識　254
　　（3）コーディネーターの能力の定期的検証　254
　　（4）地域コミュニティとプロジェクトの接点づくり　255
　　（5）コーディネーター関連制度の整理と継続的な運用　255

第16章　ローカルフードシステムの展開と地域再生
　　　　──都市問題の農業による解決──……………………西山未真　257
　1　はじめに──問題の所在──　257
　2　論点整理──なぜ農業だったのか？　都市近郊の抱える問題とローカルフードシステム──　258
　3　事例分析──食と農の連携による地域再生の可能性──　259
　　（1）事例1：千葉県白井市・NPO法人しろい環境塾　260
　　（2）CSA農場「わがやのやおやさん風の色」と「食のフューチャーセンター柏」　265
　4　まとめ──地域再生のためのローカルフードシステムの役割──　270

第17章　中国における農業経営の新展開と六次産業化の動き
　　　　…………………………………………………………安　玉発　273
　1　中国農業の現状と問題点　273
　2　新型農業経営主体の構造と特徴　274
　　（1）新型農業経営主体の類別　275
　　（2）新型農業経営主体の事例分析　278
　3　農村における六次産業化の動き　282
　　（1）六次産業の概念　282
　　（2）六次産業化の成立条件　282
　　（3）六次産業化の事例分析　283
　4　今後の展望　285

第18章　水産業と6次産業化
　　　　──沿岸域管理と生活者のために──……………………廣田将仁　287
　1　はじめに　287
　2　海外に見る水産業にとっての6次産業化　288
　　（1）東南アジアに見る水産物の利用の原風景　288
　　（2）アジアの新興国としての水産物利用の一形態　290
　　（3）欧州での沿岸域管理に見る6次産業化　291
　　（4）水産業の6次産業化に大切なこと　293
　3　日本における水産業6次産業化の論点　294
　　（1）水産業で失われた地域流通・消費　294

(2) "生活と利用"の再定義の必要性　296
　　(3) 水産業の抱える組織的な課題　297

第19章　地域ブランドを核とした食料産業クラスターの形成
　　　　――長野県「市田柿」のネットワークを事例に――………森嶋輝也　301
　1　はじめに　301
　2　干し柿市場をめぐる状況　302
　3　市田柿のブランド・マネジメント　303
　　(1) 地域団体商標の取得　304
　　(2) 衛生管理マニュアルの作成　305
　　(3) ブランド管理のためのリスク管理　306
　　(4) プレミアム価格法でのブランド・エクイティの評価　308
　4　市田柿を軸とする食料産業クラスター形成　309
　　(1) 飯伊地域の食品産業集積状況　310
　　(2) 市田柿の二次加工品による新製品開発　311
　　(3) ブランド推進協議会のネットワーク　312
　5　おわりに　314

第20章　甘味資源としてのサトウキビの産地戦略…………菊地　香　316
　1　はじめに　316
　2　サトウキビの生産動向　317
　　(1) 構造改善事業と農業生産　317
　　(2) 統計データからみたサトウキビ生産の動向　318
　3　サトウキビをめぐるバリューチェーン　322
　4　離島におけるサトウキビ生産と経営の現状　324
　　(1) 調査方法　324
　　(2) アンケート結果からみた農家のサトウキビ生産の現状　325
　　(3) アンケート結果からみた経営戦略のあり方　328
　5　おわりに　330

第21章　地方自治体におけるバリューチェーンの構築……高橋龍二　334
　1　地方自治体の施策としてのバリューチェーン構築の課題　335
　　(1) 現状――サプライチェーンがつながらない広島の市場環境――　335

(2) 仮　説　336
　　(3) 行政施策によるバリューチェーン構築に向けた課題　337
　2　広島県の施策としての課題解決　338
　　(1) 広島県の支援施策　338
　　(2) 課題解決の方策　340
　3　まとめ　347

結びにかえて　351
執筆者紹介　354

## 序章
# 私の辿ったフードシステム研究と新たな方向

斎藤　修

## 1　はじめに

　フードシステムという領域の広い研究活動に20年近くも多くのエネルギーを注ぎ込んできたことから、比較的多くの研究課題を持つことができた。初代会長の高橋正郎に主導されて日本フードシステム学会にかかわってきたことが、みずから成長の「糧」となった。さらに産官学のネットワーク形成を柱とし学会の性格上、多くの関係者との出会いが課題認識を深め、研究活動を支えてきた。

　本書の序章として、研究者として辿ってきた研究活動を6つの課題に分け、次いでフードシステムの新たな研究方向について明示する。この新たな研究方向は著者のこれまでの研究を踏まえ、限られた4つの課題についてであり、学会としてのものではない。また、研究課題は発展のプロセスをとっており、できるだけわかりやすく区分することにした。

## 2　研究課題と背景

### （1）　産地間競争とマーケティング論——初期の課題と問題意識

　大学院の学生として博士論文として纏めるにあたって、課題と研究方法を決めるまでに時間を必要とした。博士論文には学会として注目すべき課題であること、かつ新しい接近の手法があることが求められた。課題となる産地

間競争をめぐる議論は堀田忠夫の優れた先駆的な研究成果があったが、当時では産業組織的な接近は農業経済学ではほとんどなされなかったし、マーケティング論をめぐる議論は2－3の研究者でなされているにすぎなかった。東京大学では農業経済学専攻では学位の取得が在学中では、これまでほとんど不可能とされたが、できるだけ課程博士の学位を出すことが大学として検討された。タイミングよく農政調査委員会の日本の農業シリーズに「施設園芸の産地間競争」(1982) を執筆してから研究課題がまとめやすくなった。

　研究者としてまとまった成果は、博士論文を刊行した「産地間競争とマーケティング論」(日本経済評論社、1986) であった。幸いなことに受賞年齢をあげて10人を超える応募者の中から農業経済学会賞をいただき、研究者としての出発点となった。当時の問題意識は農産物の生産過剰の下で産地間競争が激化し、産地の戦略をどうするかについて、産業組織論における寡占の相互依存関係を競争構造論としてとらえ、マーケティング論の差別化論を援用したものである。マーケティング論を産業組織論のなかで位置づけるために理論的な接近をすることになった。研究の方法は、農業経営学を東京大学の金沢夏樹教授の一般経営学の教えを受けたことから、やや大げさにいえば社会総資本と個別資本をめぐる二重構造の問題を発想とした。この二重構造の問題を産業組織論とマーケティング論の論理を統合的に理解することができると思い課題に接近した。

　たまたま、このような立場からの接近に活用できる研究者として M. ポーターの初期の研究成果である寡占と企業行動、競争戦略論などを活用できたことが支えとなった。この研究はハーバード学派の R. ケービスの影響が強く、企業行動と寡占、さらに競争戦略を踏まえた「戦略グループ」への分析へと深化した。この研究の具体的対象は野菜であり、高知県の施設園芸と長野県の高冷地野菜を取り上げ、差別化戦略で産地の競争的優位性がどの程度形成されるかが、最終的な課題であった。また、産業組織論と企業の経営戦略・マーケティング論の2つの統合的視点から課題に接近する方法はベースとしていた。

マーケティング研究については主体間関係性を重視した「関係性マーケティング」の論理と手法がフードシステム研究では有効となった。すなわち、このマーケティング論では販売促進よりも顧客とのコミュニケーションから始まり、共同での製品開発やチャネル管理が重視され、供給サイドの企画提案力が高まってくることが論理化しやすかった。

マーケティング論は青果物を中心として流通システムと関連して議論することが多く、しだいにサプライチェーンや小売主導型流通システムへと展開した。さらにサプライチェーンはさらにバリューチェーン、小売主導型流通システムはPB、マージン配分や価格形成へと広がった。この研究分野は、「食品産業と農業の提携条件」（農林統計協会、2001）の青果物を対象とした実証分析がなされ、その後斎藤修・慶野征爺編「青果物流通システム論のニューウェーブ」（農林統計協会、2004）、斎藤修編「青果物フードシステムの革新を考える」（農林統計協会、2005）、斎藤修・下渡敏治・中嶋康博編「東アジアフードシステム圏の成立条件」（農林統計協会、2012）に発展した論文が収録されている。

### （2） 畜産業のインテグレーション研究

この著書を上梓してから広島大学で畜産系の学科にいたこともあって畜産のインテグレーションの問題に課題を移した。産地間競争は水平的な競争構造の問題であったが、この畜産のインテグレーションの問題は垂直的関係を産業組織論とマーケティング論でどこまで分析できるかについての不確実性があった。わが国ではインテグレーションは独占資本や商社資本の農業支配と理解する研究者が多く、産業組織論的な接近はD.ニードハムなどに限定された。また、ウィリアムソンの取引コストでは市場と契約取引については分析できても契約取引と所有については解明しにくかった。なお、ここでのインテグレーションの概念は所有型だけでなく契約型も含み、企業が経営戦略としてどのような選択をするかに問題意識の1つがある。

このような背景から実証的な分析が進展してきたアメリカの畜産業のイン

テグレーションを研究対象とすることにし、最も進展しているブロイラーから開始した。我が国と比較して、理論を検証するためのサーベイとそれに基づいた計算をすることに優れ、検証もされない決め付けの論理が横行しやすい我が国とは対照的であった。

　国内にいながらもほとんどの文献や資料に接触することができて、ブロイラーから採卵鶏、さらに豚、肉用牛へと畜種を広げ、3－4年かけて畜種の違いによるインテグレーションを解明することができた。特に契約か所有かの問題は、インテグレーターの投資額、インセンティブシステムの有効性が問題となり、同じ養鶏では採卵鶏は契約型よりも所有型が採用された。また、パッカーの競争構造が寡占化すると地域ではフードロットと取引相手が減少し、取引価格が低下しやすいことがわかった。

　このアメリカの畜産業の分析の、もう一つの課題は飼料産業という資材産業を分析し、日本と比較することであった。農業経営におけるマーケティングの問題は、アウトプットをめぐる販売ばかりでなくインプットの資材との関係を解明し、資材—経営—販売の垂直的関係を全体的にみないと収益性や経営戦略の適合性にまで至らないということである。この分野の研究は、「フードシステムの革新と企業行動」の第1部、第Ⅳ部（農林統計協会、1999）、「アメリカ畜産業の市場構造的性格と立地移動」（科学研究費補助金一般研究（C）、1992）に多く収録されている。わが国での配合飼料産業の構造については「配合飼料等需給実態調査事業報告書」（日本飼料協会、座長・斎藤修、1997）が最もまとまった成果であり、阿部亮・鈴木宣弘の参加をえた。この研究から飼料産業と畜産経営との関係性が明白になってきた。

　資材産業についての研究は、「農業資材産業の展開」（斎藤修・高倉直編、農林統計協会、2005）にまとめられている、また、わが国におけるインテグレーションの研究は、ブロイラー産業を中心として分析し、商社系インテグレーションの撤退とローカルインテグレーションの成長を分析した。インテグレーターやパッカーについてのインテグレーション研究は畜産ばかりでなく、食品・関連企業の農業参入や提携の深化によって青果物等へ適用する場

面も想定している。また、資材産業を担う企業の農業参入や直営農場の設置、川中・川下の食品・関連企業との提携へと発展し、肥料を取扱う地域の流通企業によってはコーディネーターとしてばかりでなく、みずから農業生産法人の設立に入っている。

　その後の畜産インテグレーション研究は、日本食鳥協会でブロイラーを対象に継続され、特に「鶏肉のフードシステムと安全性」(日本食鳥協会2003)は3年間、座長という立場から業界をあげてブロイラーの産業組織、インテグレーションと契約方式が分析され、その後インテグレーターの経営戦略やブランド化の議論を加えた研究へと拡大してきた。このインテグレーションの研究は畜種の産業組織的な違いばかりでなく、契約方式とインセンティブ、所有か契約か、青果部門への適用などについて具体的に議論する素材となった。

### (3)　食品産業研究

　フードシステム研究に取りかかるにあたってわが国の食文化の形成と関連の深い加工分野として米・小麦・大豆があった。米加工から小麦粉製品・大豆製品まで領域を拡大して多くの産業組織や企業行動との関係を解明することは意義深いことであった。

　かつての産業組織研究では個別産業研究は、産業の特異性や技術構造が関係しやすく、研究としては高い評価を受けにくかった。しかし、フードシステムを構成する重要な産業群については実態分析をふまえた接近をしておくべきであるということで、米加工と小麦粉製品の2つの産業群を分析した。

　フードシステム学会での食品産業研究がこれまでは大きな課題となり、食品製造業を中心とした産業組織と企業の経営戦略について、これまでの青果物に加えて米加工業（清酒・米菓・加工米飯）や小麦粉製品（製パン・製麺・製粉業）を分析し、研究領域を拡大しようとした。清酒・米菓・製麺など伝統的産業であり、製パン・加工米飯など技術革新が進展する産業という視点で分析した。また、輸入原料と国産原料との棲み分け、製品開発とチェ

ーン構築、産業の特異性についても広がり、加工米飯についてはCVSのベンダーの専属利用契約や製品開発についても解明することにした。

　清酒で酒造好適米の契約システム、技術革新をめぐる企業の経営戦略、チェーン形成の可能性を論じた。その後日本酒造組合中央会で「酒造用原料米に関する研究会」(座長、2003)を開催し、団地化の可能性、産地とメーカーとの連携の可能性を指摘した。また、加工米飯、特に弁当（米飯）はCVSにおけるベンダーの特徴づけており、その後麺、サンドイッチ、カップサラダなどの先駆けとして大手のCVSは資本出資の方式をとらないで、「一連托生」の専属利用関係をとることによってチェーン構築を展開した。この分野の研究は「フードシステムの革新と企業行動」の第Ⅱ部（農林統計協会、1999）、斎藤修編「新食糧法下における米の加工・流通問題」（農林統計協会、1999）などに多くが収録されている。

　「小麦粉製品のフードシステム」（斎藤修・木島実編、農林統計協会、2004）は、農林水産省や製粉振興会の委託調査を活用して生産―1次加工―2次加工―流通にまたがり、川中視点から4年かけてとりまとめたものである。製粉産業は1次加工で素材型として位置づけられ、収益性の低い製粉メーカーは2次加工メーカーと垂直的な寡占の競争構造にあるため、垂直的競争関係から2次加工を大規模企業になるほど統合できない。それに対して、小規模製粉メーカーは垂直的な取引に制約されず、2次加工やレストランの統合化によって付加価値を追求した経営戦略がとられる。

　これらの研究は、十勝地域については食品産業クラスターに発展しやすかったし、また加工米飯は高齢者宅配サービスに活用しやすかった。しかし、大豆製品まで拡大する時間的余裕がなくなってきて、研究課題を転換することにした。十勝地域では、2011年の学会の秋季大会を帯広市で開催し、報告と討論はクラスター形成の視点からとりまとめて、「十勝型フードシステムの構築」（斎藤修・金山紀久編、農林統計出版、2013）として出版し、農商工連携、製品開発、6次産業化、プラットホーム形成などのモデル地域として十勝地域を位置づけた。

## （4） 食料産業クラスターと地域ブランド

　千葉大学に移動し、抱えてきた数本の出版の蹴りがついて、気が付いてみると定年まで10年を割っていた。フードシステム研究にエネルギーを投入してきた研究者としては、やっておくべき研究課題として取り組んだのが、「食料産業クラスターと地域ブランド」（農文協、2007）であった。フードシステム論を地域に繋ぐための効果的な戦略として、M. ポーターのクラスター論を食料産業に適用し、地域資源の活用と所得形成や地域内の経済主体の連携を強めてイノベーションを進展させることであった。地域ブランドをめぐる議論は、3年間の農林水産省からの委託調査を活用し、研究会での参加者を拡大し、その翌年、「地域ブランドの戦略と管理」（斎藤修編、農文協、2008）を出版した。食料産業クラスターの食料産業は食品産業と農業を一体化した概念であり、タイミングよく本書の出版が食料産業クラスターなどの全国協議会の発足とかさなった。その後、農林水産省はまともな議論をしないうちに経済産業省の農商工連携事業に追従することになった。本来、産業クラスターをめぐる議論は経済産業省が早かったが、その後内閣府の総合科学技術会議が地域イノベーションをベースとした議論を踏まえるようになった。

　食料産業クラスターとしてのビジネスモデルに近い存在は、紀州南高梅、6次産業が進展した製茶、沖縄の薬草産業などであったが、イノベーションは単発的な製品開発と理解され、開発した製品数は成果の評価となりやすかった。そもそもイノベーションと産業クラスターについては、経済産業省や文部科学省で共通した内容を伴っており、農業サイドのクラスターも本質的には同じ議論がなされるべきであった。経済産業省の産業クラスターではイノベーションにおける個別企業の役割が大きく、ブランドは地域ブランドというよりも企業ブランドになりやすかった。同質的な企業の集積による知識の共有化がイノベーションを誘発するクラスターの在り方からすると、地域のマネジメントは資源ベースの視角を持つべきであろう。

　地域ブランドについても地域イメージをブランド価値としやすかったが、

EUの原産地呼称制度の検討がなされ、さらに品質向上のためのブランド化戦略と効果的な管理手法の確立が必要になる。特許庁の地域団体商標では、地域との密着性や品質管理の向上が重要な課題とならなかったが、知的財産管理についても育成者権や商票の活用によってブランド価値を実現しやすくなった。また、新品種開発は遺伝子マーカーの開発でテンポが早くなり、果実では受粉から品種登録までの期間の短縮、商標の更新と持続などによって需要を拡大した。

さらに地域に立地する企業が地域ブランドをとるか、企業ブランドをとるかの選択があり、地域の小規模零細企業では企業ブランドよりも地域ブランドを活用したほうが効果的であろう。以上のことから食料産業クラスターは地域ブランドとリンクして論じやすかった。

(5) 6次産業と農商工連携とチェーン構築

1990年代中ごろから山口県の農業生産法人船方総合農場や三重県のモクモク、埼玉県のサイボクなど川中から川下も事業を拡大し、消費者の交流・組織化まで事業を拡大するようになり、この新しいビジネスモデルを地域内発型アグリビジネスと称した。初期の論文は、「地域内発型アグリビジネスの展開条件と戦略」(小野誠志編「国際化時代における日本農業の展開方向」農林統計協会、1996)、「地域内発型アグリビジネスの展開」(佐藤和憲編「地域食品とフードシステム」農林統計協会、1997)、「フードシステムの革新と企業行動」の第Ⅴ部(農林統計協会、1999)に収録されている。

畜産経営、特に養豚経営は、飼料価格の高騰による収益性の低下によって生産から川中・川下の事業の統合化し、付加価値を追求する戦略がとられるようになった。その後、多くの養豚経営や採卵鶏の経営は、川中から川下のレストランへと統合化する戦略がとられるようになった、それに対して、野菜の農業生産法人では、冷凍・カットから調味料などの加工事業を拡大してきたものの、川下の事業の統合化は進展しにくかった。また、肉用牛経営も直売やレストランの統合化を進めたものの、養豚経営ほどには大規模化しな

かった。この地域内発型アグリビジネスの特徴は、地域の食品・関連企業も生産者と同様に担い手となること、加工・川下の付加価値を生産に移転させることであった。この地域内発型アグリビジネスは、6次産業の概念とほぼ一致する概念であった。

　農商工連携については、「食品産業と農業の提携条件」（農林統計協会、2001）で、提携関係を経営主体間の経営資源の相互依存についての視点から解明し、効率性の追求とパートナーシップの調整を重要な課題とした。また、食品・関連企業では市場支配力をともなって流通・生産システムの効率性を追求しすぎるとパートナーシップの関係が崩れやすくなった。そもそも食品企業と農業との関係は、加工メーカー・量販店で異なり、川中・川下までのサプライチェーンの形成が必要になる。この提携関係を構築するには仲介するコーディネーターの役割も重要であり、また関係性が深化すると資本の出資関係に入り、農業サイドと食品産業サイドから統合化が進展する。ここで連携を選択するか、統合化を選択するかについては、技術移転、人材確保や統合化への投資額を配慮すると、提携から開始される。

　経済産業省の農商工連携事業が導入され農林水産省も連携することになって、連携による製品開発が中小企業診断士等のコーディネーターが介在して展開してきたが、新たな需要創造や顕著な販売額の増加が期待できなかった。このような単発的な製品開発になりやすかったこと、また格外品等を活用した類似した製品にとどまったことなど、大きな地域イノベーションに展開しなかった。「農商工連携の戦略」（農文協、2011）では、6次産業と農商工連携と食料産業クラスターの関係を明確にし、食と農と地域を繋ぐことの必要性を提示した。また、6次産業・直売所・チェーン構築については一般読者向けに「地域再生とフードシステム」（農林統計出版、2012）を刊行した。

　統合化と連携をめぐる議論やチェーンの競争をめぐる議論が進展すると、サプライチェーンよりも価値提案と関係性マーケティングを展開しやすいバリューチェーンへの転換が課題となってきた。特に農林水産業のもつ第1次

産業の価値を川中・川下にどのように伝い紐帯を創るかの戦略が必要になってきた。フードシステムでのミスマッチからサプライチェーンに移行し、さらにバリューチェーンに移行できる取引関係はまだ少なく、安全性・食味・機能性等を組み立て「価値の束」を強くする必要がある。

### (6) JAの販売戦略とチェーン構築

　6次産業・農商工連携・バリューチェーン・地域ブランド・プラットフォームなどのフードシステムの視点をJAの営農経済事業に導入するにあたって課題と戦略する必要が高まった。農業生産法人が6次産業化や食品・関連との提携によって成長してきたのに対して、JAの販売事業から入って営農経済事業の革新を検討した。このための検討会としてJC総研で「JAフードシステム戦略研究会」を開催して3年後に「JAのフードシステム戦略―販売事業の革新とチェーン構築」（斎藤修・松岡公明編著、農文協、2013）を刊行し、2014年からJC総研主催でセミナーを開始した。

　JAはこれまで積極的な投資戦略をとるには、実需者との連携やチェーン構築がなされていなかったため、リスクが大きかった。しかし、連携とチェーンの構築が進展すると、JAはOEM（相手方ブランドによる生産）や委託生産であっても積極的な投資戦略がとりやすくなってきた。また、プラットフォーム形成されるようになると、地域内では情報や知識がオープンになりやすくなり、パートナーシップの関係も形成されやすいであろう。

　JAを地域の拠点にする優位性は、地域資源の活用とブランド化に関与しやすいこと、直売所の拠点化は地域のコミュニティの形成、多様な主体の参加を誘引しやすいこと、さらに自治体等との連携によってプラットフォームのプロモーターになれることが挙げられる。このJAが地域を拠点にする優位性は第1に、地域資源の活用と地域ブランドを繋ぎやすく、地域のイメージを取り込みやすいこと、第2に、農協が販売事業として確実な成功をとげているのは直売所であり、この直売所は、地域拠点としての社会的コミュニティと経済的には6次産業化へと繋ぐビジネスモデルという2つのベクトル

があり、この2側面を統合化する戦略が組みやすいことである。また、JAは地域の協同組織として自治体に次いでプラットフォームへの参加の必要性が高く、参加する経済主体間で事業の分担が必要になる。また、共同的な組織であることからも直売所の地域拠点化にともない、参加主体の拡大、組織をめぐる企業形態の検討などが期待される。

## 3 フードシステム研究の方向

### （1） フードシステム研究者のスタンス

　フードシステム研究には経済学、経営学、マーケティング論、社会学など異なった学問領域をまたがった研究課題が多く、中範囲な論理の構築のためには実際のダイナミズムを取り込んだ論理化や実証が必要になる。それぞれの固有の基礎理論があるものの、たとえばミクロ経済学は経営戦略やマーケティングの一部の領域を統合してきた。また、経営学のなかの企業形態、経営戦略、マーケティング論の製品開発・ブランド、流通チャネルなどは独自性を残している。かつて学生の時代に指導教官であった東京大学の故和田照男先生から産業組織論、経営学、会計学の3つの学問の基礎理論をベースとして研究課題とするように指摘された。しかし、自らの研究課題を解くには、産業組織論、経営学、マーケティング論の3つの学問領域としてきた。ただし、直売所の拠点化と地域コミュニティ、高齢社会のサービスの統合化や組織化問題などは社会学の接近が必要になるであろう。

　研究者のライフサイクルからすると、若手研究者は基礎理論を学ぶ蓄積期間が短くなり、研究領域をかなり限定して早い段階で業績を上げる必要に迫られる。他方、50代になると他領域の研究者との積極的な交流をもとめられる。そのことから、産官学の異業種との連携の研究をしてきたフードシステム研究は、早い段階で複数の視角と広がりを持つことができるという優位性がある。

　研究成果ついては、限定された課題で3～5年程度を一区切りとし、成果

とせざるほどスピード化するようになった。連続的にテーマの拡大や転換を図って優れた研究成果を実現するには、成果を想定した課題設定が必要になる。古いタイプの研究者としてはコンサルやフィールドワークを研究に活かすことができた。しかし、手法の開発や課題の限定がなされると、視角が狭隘になりやすい。このようにフードシステム研究の研究姿勢として、長期的に広く、かつ複眼的視角をもっていることは、長期的には優位であろう。

### （2） サプライチェーンからバリューチェーンへの深化へ

　フードシステム研究は領域が広く、特に本書の主題となる主体間関係論では主体となる経営戦略やビジネスモデルの理解があって、チェーン構築の議論が可能である。サプライチェーンの構築が進展するようになり、次の段階としてバリューチェーンに転換するための提携の在り方や条件整備が必要になってきた。メーカー・量販店・産地でもブランド化や提携が進展してきたことから、ブランド化に基づく小さなバリューチェーンを双方向で効率性を高めることも課題となる。地域段階での安全性、食味、機能性などのブランド構成要素に加えて生物多様性や資源循環などの地域資源も加わって「価値の束」をつくり、ブランド価値と繋ぐ可能性がある。他方で量販店・生協等の流通業者はPBの拡大と深化を戦略としているので、地域ブランドとPBは連携の必要性が発生する。

　産地段階のマーケティングは、関係性を強めた展開として製品開発とチャネル管理が重視され、販売促進はコミュニティから開始され、価格は市場・契約・所有の選択から議論されねばならなくなった。生協では、消費者を加えた製品開発は、消費者の学習効果を伴ったし、交流事業によって補完された。また、量販店はSCなどの業態の多様化、価格競争の深化、バイヤーの企画提案力の低下などによって産地段階での販売活動として売り場提案が強まってきた。

　バリューチェーンの展開は国際的なグローバル・バリューチェーンの形成になり、「アップグレード」（upgrade）の戦略としてM.ポーターの産業ク

ラスターやイノベーションを適用するようになった。わが国ではバナナでは流通業者が中心になって小売段階での売り場提案とブランド管理によって園地管理、低温の品質管理、独自の物流システムなどによってバリューチェーンが先駆的に形成された。チリやノルウェーのサーモンのクラスターの形成、生鮮品ではオーストラリアのピンクレディやニュージーランドのデスプリなど知的財産管理やブランド管理など、国際的なバリューチェーンが構築されてきた。

　取引コスト論を超えて取引特定的投資をめぐる議論の進化の必要性がある。特に、取引の継続とビジネスの拡大には、供給サイドか、それとも買い手サイドが、また両者が一定比率で投資するかの戦略がある。産地が投資側であれば雇用や原料の調達を決定し、買い手側から人材の派遣や技術の移転等をうけることでシステムを構築するであろう。取引先との関係ではOEMの方式がとられやすいであろう。取引形態が市場か契約かをめぐり取引コストの問題であり、契約か所有をめぐってはインテグレーションの議論となるであろう。この視点からのまとまった議論は、「フードチェーンと地域再生」（斎藤修・佐藤和憲編、フードシステム学叢書第4巻、農林統計出版、2014）序章・1章でなされている。

　以上のようにバリューチェーンはサプライチェーンが情報や物流システムは共有化しやすいのに対して、主体間の価値創造はパートナーシップの関係が重視され、相互に問題解決する姿勢が問われる。

（3）　農商工連携から医福食農連携へ

　超高齢社会でのフードシステムについて医療・福祉が在宅サービスを展開し、食についても普通食から治療食の配食サービスや介護食の開発に発展した。医療法人は給食・配食事業の統合化や生協・JAとの連携が課題になり、効果的なチェーン構築が課題となった。都市では高齢化が農村よりも遅れ、また医療・福祉・配食サービスをうけやすく、市場メカニズムが作動しやすい。それに対して、高齢化の進展した農村ではJAの予防的なコミュニ

ケーションが医療・福祉サービスのコストを抑える効果をともなった。

　医療法人のネットワーク化と介護・福祉サービスの統合化が進展して医福の一体化が進展し、また介護・福祉サービスでも新規参入が増加して首都圏から寡占化が進展してきた。これまで接近への手法として官（国家・自治体）・民（市場）・協（市民社会・協同セクター）・私（家族）の4つのセクターの関係性の変化から説明しやすい。配食事業と他の主体との連携では、医療機関との連携がなされやくすいことが重視され、また生協・JA・NPO法人等の「協」を担う主体の役割が評価されるべきであろう。

　議論すべき課題として、第1に病院におけるグループ医療の優位性をふまえて、栄養素管理とメニューとの関係、また個別対応とセントラルキッチンの大量生産との調整をどうすべきか、第2にセントラルキッチンの直営か委託（アウトソーシング）かの選択の問題があり、ニュークックチル方式の拡大は医療制度や給食制度の規制緩和まで進展する可能性があること、第3に医福と食の連携から農との連携まで拡大する可能性は、生協と医療生協との提携や厚生連とJAの連携の進化に期待される。

　フードシステムの視点からみた革新は、グループ医療による栄養サポートチーム（NST）であり、そこでは栄養指導を強めて健康回復を強め、医療費の節約にも結び付いた。このシステムでは、病院の食事の改善は健康の回復であり、これまでの病院での治療は、しばしば低栄養で体力の減退に結びついた。

　医療法人での治療食などのメニュー開発は、高齢者への給食と配食事業が統合化に活用されやすく、また農業との連携についてはカット事業の統合化か、サプライヤーとの提携かの選択がある。高齢者の個食化や低栄養の進展は、多様な福祉施設やデイケア、さらに宅配までの給食・配食サービスまでの拡大が課題になっている。

　ここでの議論は2015年のミニシンポジウム「医福食農連携とフードシステム」（座長、斎藤修・高城孝助）での議論と2016年に予定されている「医福食農のチェーン構築とフードシステムの革新」（予定）の議論から医療・福

祉の統合化における食の役割が明確化されているが、農業についてはチェーン構築まで十分に進展していない。

## （4） プラットフォームづくりと地域イノベーション

　内閣府の総合科学技術会議が地域イノベーションを地域再生の大きな戦略として経済産業省の産業クラスターと連動してきた。農業サイドからの農商工連携・6次産業・バリューチェーンなどこの地域イノベーション政策のなかで位置づける必要が強くなってきている。農林水産省の試験研究機関でもこれまでコンソーシアムをつくって食品・関連企業等と連携してきたが、さらに地域への支援体制を強めたプラットフォームを構想するようになってきた。北海道や九州では食品産業の層が厚く、雇用や所得形成に果たす役割は大きく、自治体のプラットフォーム形成への主導力が問われるようになった。

　企業立地の少ない中山間地域では、自治体が施設を所有し、指定管理者としてJAが入り、自治体とJAが加工・販売・レストラン等の事業を調整・分担をする場合も多い。群馬県上野村では、自治体の指導力が強く生産・ホテル・直売所事業を村が担い、JAの加工・畜産・レストラン・直売所事業を担い、両者は重複しながらも全体として事業の拡大をしている。

　プラットフォームづくりは、イノベーションの機能を強めるために参加する経済主体を増加させることによって知識を集積し、さらに価値提案をする戦略が必要であり、事業戦略へと連動すべきである。多くの製品開発等のコンソーシアムはプラットフォームにおける知識の蓄積に依存し、継続的に製品開発等を展開するには、このプラットフォームの母体としたイノベーションを誘発することが必要である。また、このプラットフォームに参加する企業は社会的企業としての認識が必要であり、また農業・農村サイドの主催者もプラットフォームの役割を認知させる必要もある。

　地域イノベーションをめぐる議論は、内閣府の科学技術・イノベーション会議での議論は省庁を超えており、農林水産省の地域の研究機関の在り方や

食品・関連企業、生産者の参加まで想定されている。県や市町村での地域再生・創生と繋ぐには6次産業・農商工連携を想定した拠点化や福祉施設からの高齢者の在宅支援までの食の供給システムを埋め込んだ連携を強める戦略が有効であろう。

第 1 部　フードシステム新展開の理論

# 第1章
## 主体間関係論の実証の試み
──中国型農協への参加要因を事例に──

浅見淳之

## 1 はじめに

　フードシステム研究の主要課題のひとつは主体間関係の解明である。農産物・食品の売買の連鎖である流通を扱うのであるから、売手と買手という主体間の関係が当然研究の主な対象となる。実際に、垂直的調整、六次産業化、農商工間連携、インテグレーションといった、売手と買手の間の問題が多く扱われてきた[1]。そして主体間関係を対象とする分析の理論的枠組みとして、経営学においては、パワー論、コンフリクト論、流通システム論や、バリューチェーンの構築を目指す戦略論が用いられてきた（斎藤（2001、2011））。経済学においては、取引費用アプローチと所有権アプローチを代表とする組織の経済学が用いられてきた（浅見（2014、2015））。

　しかしながら、主体間関係の理論的枠組みは多く議論されてきたのに対し、その実証的枠組みは十分に確立していない印象がある。もちろん実証の基本は事例分析であり、これには重厚な蓄積があり、その上で理論的枠組みが構築されてきたことは間違いない[2]。しかし事例はあくまでも理論が見出される事実を紹介しているのであり、主体間関係の理論を検証する必要十分な証拠とはならない。一般に経済学では、計量経済学的な方法で理論を実証する。しかし理論に合うような主体間関係を表す都合の良いデータは存在しないことが多く、簡単に実証方法として用いることはできない[3]。その一方、流通の分野では数量的方法としてマーケティング・リサーチ（以下 MR

とする）と、それに基づく多変量解析が発達してきた。一般の流通チャネルにおける主体間関係に対しても、MRに基づく実証がなされようとしている（渡辺・久保・原（2011））。フードシステム研究における主体間関係の実証方法としても、まず、MRに基づく実証方法を確立することが求められよう。

本章では、中国農村で急速に設立が進んでいる中国型農協（農民専業合作社）を題材として取り上げる。まず中国型農協への農民の参加要因が主体間関係によって決まっていることを押さえた上で、それを規定する理論的枠組みが、いかなるMRに基づく実証方法で検証できるのかを紹介することにする。中国を題材に説明するが、方法自体は一般的に援用できるものであり、フードシステム一般での主体間関係の実証をどのようにするかの、具体的な手順を提示することを本章の目的とする。

## 2　中国型農協組織での主体間関係

### （1）　主体間関係としての農協への参加

中国では農村発展の要として、農協にあたる「農民専業合作社」が2007年の合作社法施行後、全国的に数多く設立されてきている。農協は、国際協同組合連盟（ICA）の基本原則に基づく、農民の出資金による農民のための組織である。ところが中国農村で設立された農民専業合作社は、農民の出資金に基づく正規の農協もあるが、多くは、農民は出資せず資本家のみが出資して形成した「中国型農協」となっている。具体的には、非農業の農産物加工企業、流通企業、農業資材企業の経営者、あるいは農外の投資家や大規模農民が出資金を出して理事長となり、地域の有力者の人的関係を生かして農民を組織化し、農産物や資材の流通を一手に担うといった形態が主流である。典型的には、非農業の企業が農産物を買い付けるために農民を組織した買付組織となっており、本稿ではこれを対象にする。そうなると農民の中国型農協への参加は、以下のような、農民と企業の間の、つまり売手と買手の間の主体間関係が結ばれることであると解釈することができる。

① 垂直的に統合される形での参加

農民は非農業の企業との売買取引の関係において、企業が主導して農民に備わっている財産や経営機能を管理する形で組織化されている。農民が単独で農業生産をして販売するのではなく、企業の管理のもとに農民が生産を行い、生産した農産物を企業が買い取って加工や卸売を行う形で、農民を中国型農協に参加をさせている。いわば企業が、農民の財産や経営機能を垂直的に統合する属性をもって、農民の中国型農協への参加がなされている。

② 企業者機能の委譲による様々な参加程度での参加

農業経営で重視されるのは企業者機能であり、これが動態的な経営発展の基礎となる。しかし中国の大多数の農民は、十分な企業者機能を担える状況にはない。中国型農協への参加の仕方は、有能な非農企業に農民の企業者機能を委譲させて、農民の財産と経営機能を管理する形である。つまり有能な企業が、委譲された企業者機能によって、農民の財産や経営機能を垂直的に統合する形態である。

その最たる状況は、農民が農地をすべて企業に預けてしまって、農協経営の形で直営農場を設立し、農民は雇用労働者としてそこで働く場合である。あるいは、自分で農地を保持しながら一部の農産物を企業に販売して、そこから加工や卸売してもらう形での中国型農協への参加も多い。いわば経営機能が部分的に管理されている形態といえる。あるいは、経営の意思決定を完全に企業に委ね、農地は保持しながらも企業の雇用労働者のように活動し、企業の売上から一定額を賃金として受け取っている形での参加もある。有能な企業による統合は、いわば様々な「参加程度」によって中国型農協に参加している状況にある。企業による垂直的統合の程度に応じて、中国型農協への参加程度が決まっているといえる。

③ 農民と企業の間の人間関係による参加

中国型農協を設立するのは非農企業であり、具体的には企業の経営者が中国型農協の理事長となる場合が多い。企業の経営者は同時にその地域の政治的な有力者である。あるいは企業の経営者が、地域の村民委員会の書記、村

長など有力な共産党員を理事に引き入れて、地域の農民を政治的に組織化して参加を促している。つまり、金銭的な参加条件だけでなく、有力者による政治的、社会的な人間関係を基礎として中国型農協への参加が決められている。一方で、理事長を中心に理事のみが出資金を負担して、農民は出資金を出さずに中国型農協との売買に参加していることが多い。それでも、つまり出資金に基づく公式の売買契約がなくても、売買取引は機会主義的な行動をとられることなく執行されている。それは、この農民と企業の間での信頼に基づく人間関係が売買取引を支持しているからであるといえる。この人間関係は中国農村では「関係（guanxi）」といわれている。

### （2） 理論的な枠組み

主体間関係としての農協への参加は、いかなる理論的な分析枠組みでとらえればよいのか。以下3点に整理して説明しよう。

①「垂直的に統合される形での参加」における統合への要因は、経済学の視点から、特に原料部門と加工部門の間の川上川下の業務構造を扱う「組織の経済学」の枠組みで検討できる。そこでの主要な鍵概念は、O. Williamsonが提唱した「関係特殊性」である[4]。取引される財が売手・買手の間の関係で特殊化していない場合には、買手は容易に他の供給者から買うことができ、売手は容易に他の需要者に売ることができる。しかし関係が特殊化している場合は、取引される財はその買手にのみ価値を持ち、容易に他の需要者に売ることはできず、買手も他の供給者から自分が望んでいる財を容易に買うことはできない。関係特殊化が進んでいる場合には、取引相手が容易に自分との取引を変えられないことを機会主義的に利用するために、取引費用が高くなる。特に、買手から価格の引き下げを要求される脅しが発生する（ホールドアップ問題といわれる）ため[5]、この脅しを取引前に警戒して投資が過少になることが指摘されている。こういった非効率を避けるために垂直的統合がなされると説明される。つまり関係特殊性の高さが垂直的統合の主要因であるとされている。

ところがここで説明されるのは、売手（原料部門）による買手（加工部門）の垂直的な統合である。一方中国型農協への参加は、買手（企業）による売手（農民）の垂直的な統合であり、方向が反対である。組織の経済学では、関係特殊性を利用した脅しや機会主義をとられる売手側が、それを防ぐために買手を統合すると説明される。買手である中国型農協へ垂直的に統合される形での売手の農民の参加では、脅しや機会主義は関与せず、したがってこの場合は関係特殊性は寄与しないのではないだろうか。これを検討する必要がある。

　②「企業者機能の委譲による様々な参加程度での参加」については、経営学の視点から検討してみたい。垂直的統合の説明において、組織の経済学による説明はあくまでも非効率の回避である。しかし現実の企業は、正の創造として取引先企業のケイパビリティ獲得のためにも垂直的統合を行っている。ケイパビリティとは、企業がもつ競争優位の源泉としての経営資源である。そこで、「ケイパビリティ論」による接近も検討してみたい（浅見（2013）を参照）。これを説明する Langlois and Robertson（1995）によると、加工企業と原料企業の場合、原料企業のケイパビリティを加工企業に移動したほうが、ケイパビリティを原料企業に残したまま原料を買付けるよりも、同じ活動に対して生産性が高まる場合に垂直的に統合がなされるとされる。これはその活動に対し、加工企業のほうが「有能性」が高いがゆえにとられる戦略である。ただしケイパビリティは「暗黙知」度に制御されており、ケイパビリティの移転は暗黙知度が高いほど困難となり、統合には費用（動的取引費用といわれる）が発生するとされる。

　これは、買手（企業）が有能である場合は、売手（農民）にその財産、経営機能などのケイパビリティを農民の企業者機能のもとに残しておくよりも、企業に垂直的に移動させて企業の企業者機能のもとにおく方が有利な状況を説明する。まさに、有能な企業が農民の財産や経営機能を垂直的に統合する形での、中国型農協への農民参加の要因である。企業の有能性は参加を促すのであろうか。これを検討する必要がある。

ところで、組織の経済学とケイパビリティ論で論じられている取引費用、関係特殊性、有能性、垂直的統合を、直接数量的に扱えるのがMRに基づく多変量解析である。その基礎となっているのはBagozzi（1994）であり、Klein, Frazier, and Roth（1990）ではチャネル統合と取引費用、Majumdar and Ramaswamy（1995）では企業による市場への統合、John and Weitz（1998）では取引費用と企業の前方統合の関係、久保（2002、2011）では関係特殊性、有能性、暗黙知と垂直的統合が、いずれもMRの方法を用いて数量的に実証がなされている。中国型農協への主体間関係としての参加要因を数量的に実証するにあたっても、有効な方法だと思われる。

　③「農民と企業の間の人間関係による参加」については、人と人という主体間をつなげる社会的な「関係（グアンシ）」に注目したい（浅見（2010）を参照）。「関係」は、Chang（2010）など文化人類学において、綿密な事例調査が行われてきたが、数量的な実証としてLu, Feng, Trienekens, and Omta（2008）がMRの方法を用いて、市場での野菜取引は商人同士の「関係」に支えられていることを実証している。したがって、組織の経済学とケイパビリティ論の枠組みで用いるMRの方法論に、さらに「関係」に関連した要因を組み込むことによって、中国型農協への主体間関係に基づく参加要因を、実証的に分析することにする。参加要因をめぐる分析となるので、参加農民が調査の対象となる。

## 3　仮説と構成概念

### （1）仮　説

　主体間関係としての参加要因によると、農民は次のような仕組みによって中国型農協に参加することになる。①「垂直的に統合される形での参加」においては、関係特殊性が高いほど売手による垂直的統合の程度が高まることになるが、買手による統合には関係がない。すなわち中国型農協への参加程度には関係特殊性は関わりがないことになる。②「企業者機能の委譲による

様々な参加程度での参加」においては、企業が有能であるほど農民は機能を委譲して統合され、委譲の程度すなわち参加程度は高まることになる。また③「農民と企業の間の人間関係による参加」においては、「関係」が高いほど参加程度が高まることになる。なお、中国型農協への農民の参加は企業による垂直的統合の属性を持つが、企業も農民も社員となって中国型農協がつくられ、農民は中国型農協と取引する形で参加する。したがって農民にとっては、実態は企業であっても直面する取引相手は中国型農協であり、中国型農協による垂直的統合としてとらえられることになる。この点も考慮して、以下の作業仮説を立てることにする。

①中国型農協と農民の関係が特殊的であっても、参加程度には関わり合いがない。

②中国型農協が有能であると、より参加程度を強める。

③「関係」が強いほど、参加程度が高まる。

④中国型農協の有能性を求めて参加するためには、「関係」に支えられる必要がある。

これらの仮説をMRを用いて実証するための構成概念を以下検討しよう。

（2） 従属変数

参加への要因を明らかにするのであるから、従属変数は垂直的統合の程度としての参加程度である。一般企業を対象としたMRにおいては、垂直的統合の程度は連続変数としてとらえられ、直接的、間接的なチャネル利用の販売割合、あるいは自社、他社、関連会社のチャネル利用のセマンティック尺度などが用いられている（John and Weitz（1988）など）。しかし、参加農民の中国型農協に統合されている程度に関しては、これまで参考とすべき尺度がないため、本章において独自に「受動的依存性」と「能動的依存性」の2種類を考案した。

垂直的統合とは、取引において一方が他方の資産を所有して支配すること、つまり残余コントロール権の設定である[6]。統合の程度は残余コントロ

ール権の設定の程度によって決まる。中国型農協が農民を垂直的に統合する形での参加程度は、したがって中国型農協の残余コントロール権が農民にどの程度強く設定されているかで判断できる。この程度は、中国型農協に農民がどれだけ管理されているか、あるいは農民が中国型農協に依存しているかによって、観察することができる。依存の程度は、取引が中止になった時に農民が容易には他者に取引相手を切替えできない程度と、中国型農協の命令にどれだけ積極的に従うかという協力の程度によって測ることができる。前者は受動的に依存している程度を表し、後者は能動的に依存している程度を表すので、「受動的依存性」Pと「能動的依存性」Aとして垂直統合としての参加の程度を観察することにする。項目は、Heid（1994）、久保（2011）を参考にしながら、表1-1のように策定した。すなわち受動的依存性を潜在変数とする観測変数は4項目P1～P4、能動的依存性については4項目A1～A4としている。項目の評価に関してはすべて4段階リッカート尺度を用いている。

（3）　独立変数

　垂直的統合としての参加の程度を説明する要因は、仮説1では「関係特殊性」、仮説2では中国型農協の「有能性」、仮説3では「関係」、仮説4では「関係」と「有能性」であり、構成概念におけるそれぞれの含意を以下説明する。

　「関係特殊性」Sは、取引が当該の取引相手にのみ価値を持つ程度であり、特殊性が強いほど取引費用が増加しホールドアップ問題が顕在化するため、それを回避するために売手による垂直的統合が進められる。しかし買手による垂直的統合としての参加であれば、その参加程度は特殊性とは無関係になる。John and Weitz（1998）などに基づき、関係特殊性を潜在変数とする観測変数の4項目S1～S4（表1-1）を策定した。S1、S2は投資した資産の特殊性の強さを表し、S3、S4は取引停止に対しその資産が価値をなくす程度を表している。

表1-1 確認的因子分析

a 従属変数

| | | | 第1項との相関係数 | 最尤法因子負荷量 |
|---|---|---|---|---|
| 受動的依存性 | P1 | 今の合作社との取引をやめても、代わりになる売り先を簡単に見つけることができる | 1.000 | 0.940 |
| | P2 | 今の合作社との取引をやめても、自分の経営に悪影響を受けない | 0.733 | 0.865 |
| | P3 | 今の合作社との取引をやめて、代わりになる売り先と取引をはじめても、手間やコストはかからない | 0.812 | 0.861 |
| | P4 | 今の合作社との取引をやめて、代わりになる売り先と取引をはじめても、いままでと同じやり方で販売することができる | 0.507 | 0.612 |
| | α | | 0.894 | |
| 能動的依存性 | A1 | 価格は、合作社があらかじめ決め、それに積極的に従う | 1.000 | 0.856 |
| | A2 | 品質は、合作社があらかじめ決め、それに積極的に従う | 0.591 | 0.573 |
| | A3 | 取引量は、合作社があらかじめ決め、それに積極的に従う | 0.082 | 0.545 |
| | A4 | 納入時期、場所は、合作社があらかじめ決め、それに積極的に従う | 0.367 | 0.519 |
| | α | | 0.730 | |

| | | 自由度 | p値 |
|---|---|---|---|
| KMO | 0.725 | | |
| 球面性検定 | 282.100 | 28 | 0.000 |
| カイ二乗による適合度検定 | 22.725 | 13 | 0.045 |

b 独立変数

| | | | 第1項との相関係数 | 最尤法因子負荷量 |
|---|---|---|---|---|
| 「関係」 | G1 | 「関係」は合作社との信頼を高める | 1.000 | 0.378 |
| | G2 | 「関係」があるので合作社に売りやすくなる | | |
| | G3 | 「関係」があったから合作社との取引をした | 0.310 | 0.739 |
| | G4 | 「関係」は新技術を手に入れるのに役立つ | 0.201 | 0.991 |
| | α | | 0.764 | |
| 合作社の有能性 | C1 | 合作社は、その品種について専門的なノウハウをもっている | 1.000 | 0.401 |
| | C2 | 合作社が、提供するサービスは満足のいくもの | 0.237 | 0.573 |
| | C3 | 合作社は、自分では実現できないサービスを提供してくれる | 0.361 | 0.824 |
| | C4 | 自分も、販売について専門的なノウハウをもっている | -0.201 | -0.652 |
| | C5 | 合作社に出荷しなくても、自分でもうまく売ることができる | | |
| | α | | 0.134 | |
| 合作社との関係特殊性 | S1 | 売っている生産物を作るのには、専用の土づくりが必要である | | |
| | S2 | 売っている生産物を作るのには、知識を長い時間をかけて習得する必要がある | | |
| | S3 | 今の合作社との取引が取りやめになったら、それまでにその売り先に振り向けてきた努力が無駄になる | 1.000 | 0.998 |
| | S4 | 今の合作社との取引が取りやめになったら、それまでにその売り先のためにした土づくり、技術取得などの投資が無駄になる | 0.655 | 0.607 |
| | α | | 0.791 | |

| | | 自由度 | p値 |
|---|---|---|---|
| KMO | 0.710 | | |
| 球面性検定 | 225.953 | 36 | 0.000 |
| カイ二乗による適合度検定 | 7.371 | 12 | 0.832 |

「有能性」Cは、中国型農協の主幹となっている企業が有能である程度である。有能なほど企業の企業者機能のもとに農民の財産や経営機能をおく方が有利であるので、垂直的統合としての参加程度が進むことになる。久保（2003）などを参考に、有能性を潜在変数とする観測変数の4項目C1～C5（表1-1）を策定した。C4、C5は反転項目である。

　「関係」Gは、中国的人間関係が取引を支える程度である。取引の需要者は自らの面子がおよぶ範囲で供給者とわたりをつけ、供給者は自らの面子が守られる範囲で需要者に供給を行うとされる。その程度が強いほど取引は安定的となりうるため、参加程度が強まることになる。「関係」を潜在変数とする観測変数として、4項目G1～G4（表1-1）を考案した。さらに、有能でない中国型農協に対しては参加を望まず、その場合は「関係」は要らないが、有能な中国型農協に参加してその企業者機能のもとに農民の財産や経営機能を管理してもらうためには特に「関係」が必要とされる。これを説明するためには、「関係」の「有能性」との交差項の検討が必要となる。項目の評価に関してはすべて4段階リッカート尺度を用いている。

## 4　実証への試み

### （1）　確認的因子分析

　以上の項目を中国語に翻訳した質問票に基づき、2013年11月に、湖南省・長沙市周辺のブドウ、落葉果実、野菜、水稲を扱う中国型農協5社、計73戸の社員農民を対象に面接調査を行い、回答を得た。

　回答をもとに、参加要因の構成概念を検討していく。まず第1に、各潜在変数が潜在因子として、各項目によって従属変数また独立変数となるように構成されているかを、確認的因子分析によって検証していく。すなわち各項目が各潜在変数に有意に負荷しているかを、最尤法、プロマックス回転を用いた因子分析によって確認した（表1-1）。

　従属変数である、受動的依存性、能動的依存性については、すべて0.400

以上の有意な負荷量が計算された。内的一貫性を表す$a$は前者は0.894、後者は0.730であり高い信頼性を示している。第1項との相関係数は、A3は低いもののおおむね高い値であり、収束的妥当性は満たしている。KMOは0.725、球面性検定のp値は0.000であり、因子分析を行う妥当性が示されたが、カイ二乗検定のp値は0.045と帰無仮説を採択できず適合性には問題を残した。

　独立変数については、いくつかの項目が因子として形成されず、項目を整理する必要に迫られた。「関係」はG1、有能性ではC5、関係特殊性ではS1、S2が負荷されず、因子を形成しなかった。負荷されなかった項目をすべて取り除いて、独立変数が形成されるとする。「関係」、有能性、関係特殊性についてそれぞれ、内的一貫性を表す$a$は、0.764、0.134、0.791となっており、有能性についてのみ信頼性に問題がある。第1項との相関係数は、それぞれ相関が認められ収束的妥当性はあると判断する。C4は反転項目なので負となっている。KMOは0.710、球面性検定のp値は0.000であり、因子分析を行う妥当性があり、カイ二乗検定のp値は0.832と帰無仮説を採択でき適合していると判断できる。以上の確認的因子分析で因子を形成した項目に基づく潜在変数が、従属変数、独立変数として分析に利用できることになる。

### （2）　仮説の実証

**重回帰分析**

　因子の数値化によって、仮説を検証していくことにする。数値化として、素点合計としての尺度値と因子得点を用いた。まず仮説1、2、3に対し、OLSによる重回帰分析を行った。従属変数は受動的依存性Pもしくは能動的依存性Aであり、独立変数は関係特殊性S、有能性C、「関係」Gである。

$$P_j, A_j = a_0 + a_1 G_j + a_2 C_j + a_3 S_j + u_j \qquad (1)$$

　$a_0$を定数、$a_i$（i＝1〜3）を推定するパラメータ、jを農家番号、$u_j$を攪乱項としている。従属変数として受動的依存性を用いた場合は独立変数がほ

表1-2 能動的依存性の重回帰分析

|  | 素点合計 |  | 因子得点 |  |
| --- | --- | --- | --- | --- |
|  | 係数 | t値 | 係数 | t値 |
| 定数 | 5.887 | 3.560 |  |  |
| 「関係」 | 0.254 | 1.692 | 0.277 | 2.546 |
| 有能性 | 0.314 | 1.997 | 0.397 | 3.532 |
| 関係特殊性 | 0.191 | 1.509 | 0.008 | 0.007 |
| $R^2$ | 0.198 |  | 0.274 |  |

とんど説明力を持っていなかったが、能動的依存性を用いた場合は有意な結果が得られた（表1-2）。すなわち、垂直的統合としての参加程度には、「関係」と有能性が正で有意であるのに対し、関係特殊性は有意ではなかった。関係特殊性は組織の経済学では垂直的統合の主要要因として扱われている。しかし、中国型農協への参加は、買手（企業）による売手（農民）の垂直的な統合であり、脅しや機会主義を防ぐ売手による買手の垂直的統合を説明する関係特殊性は、参加を促す要因としては寄与していないことが確認できた（仮説1の検証）。それに対し、中国型農協の有能性と「関係」は確かに垂直的統合としての参加程度を促すことになり、この二つが主要な参加要因であることが確認された（仮説2、3の検証）。

**単純傾斜分析**

仮説4に対しては、「関係」Gを調整項とした調整効果（moderating effect）を、単純傾斜分析によって検証していく。主効果項と交差項の多重共線性を防ぐために、あらかじめ変数の平均中心化処理をしておく。その上で(1)式で有意でなかったSを除き、CとGの交差項を加えて

$$A_j = b_0 + b_1 C_j + b_2 G_j + b_3 C_j \cdot G_j + u_j \quad (2)$$

を計測する。$b_0$は定数、$b_i$（i = 1〜3）は推定するパラメータ、jは農家番号、$u_j$は攪乱項である。(2)式での交互作用効果を下位検定するために、平均に対して標準偏差（SD）1の上下の単純傾斜を比較することにした

表1-3 単純傾斜分析

|  |  | 係数 | t値 |
|---|---|---|---|
| 平均 | 定数項 | 9.643 | 5.223 |
|  | 有能性 | 0.293 | 1.830 |
|  | 「関係」 | 0.464 | 0.579 |
|  | 交差項 | -0.012 | -0.160 |
|  | $R^2$ | 0.172 |  |
| +1SD | 定数項 | 10.619 | 3.777 |
|  | 有能性 | 0.269 | 1.151 |
| -1SD | 定数項 | 8.674 | 4.062 |
|  | 有能性 | 0.317 | 1.523 |

（単純傾斜分析）。

　結果は表1-3に示した。-1SDでは主効果である有能性は有意ではなかったが、平均では有意になった。その一方で+1SDでは、再び有意ではなくなった。これは、「関係」が小さい（-1SD）と、「関係」が働かず有能性を求めて参加したくとも参加できない状況であるのに対し、「関係」が大きくなって平均的になるとこれが有意に働いて、有能性を求めて参加することを「関係」が支持するようになることを表している。したがって、仮説4が検証されている。ただし、さらに「関係」が大きくなると（+1SD）、再び有意に働かず、有能性を求めて参加することに寄与しないことになっている。これは、「関係」がある程度大きくなると、もはや有能性の追求を支えるにはそれ以上の「関係」が不必要になると解釈できるが、そもそも項目の設計や農民の回答が不確かであった可能性もある。

**共分散構造分析**

　以上得られた因子分析と回帰分析の結果を、さらに共分散構造分析を用いてその頑強性を確認する。測定モデルによって関係特殊性、「関係」、有能

性、ならびに能動的依存性を規定し、前3者と能動的有能性の因果関係を構造モデルとして計算した（多重指標モデル）。しかしながら、関係特殊性、

**図1-1　共分散構造分析でのパス図**

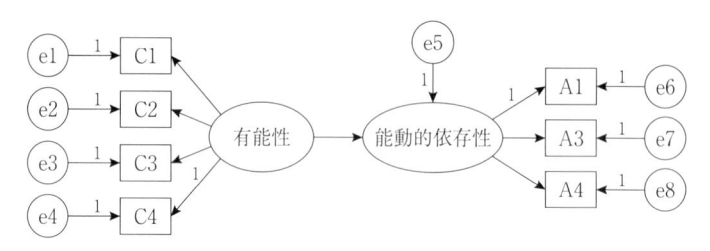

注：e1～e8は誤差変数。

**表1-4　能動的依存性への共分散構造分析**

| 観測変数 | 潜在変数 | パス係数 | t値 |
|---|---|---|---|
| C 4 | 有能性 | 1.000 | |
| C 3 | 有能性 | 1.452 | 4.239 |
| C 2 | 有能性 | 1.427 | 4.101 |
| C 1 | 有能性 | 0.840 | 2.712 |
| A 1 | 能動的依存性 | 1.000 | |
| A 3 | 能動的依存性 | 1.399 | 3.965 |
| A 4 | 能動的依存性 | 0.763 | 3.866 |

| 潜在変数 | 潜在変数 | パス係数 | t値 |
|---|---|---|---|
| 能動的依存性 | 有能性 | 0.659 | 2.673 |

| CMIN | 自由度 | p値 |
|---|---|---|
| 7.961 | 13 | 0.846 |

| GFI | AGFI | RMR | CFI | TLI | RMSEA |
|---|---|---|---|---|---|
| 0.970 | 0.936 | 0.030 | 1.000 | 1.072 | 0.000 |

「関係」を含めたモデルでは識別することができなかったので、有能性と能動的依存性の因果だけを確認することにした（図1-1を参照）。ただし識別を可能とするためA2は除いている。その結果（表1-4）、パス係数は1％水準で正に有意で、カイ二乗値はp値で0.846でありモデルは採択でき、その他の適合性基準も当てはまりのよさを示していた。有能性が能動的依存性に現れる垂直的統合としての参加を促していることが、確認できる。両要因に関連した項目、尺度は適切であったといえよう。ただし本来は、関係特殊性、「関係」も含めた全体の因果関係を実証できる多重指標モデルを設計することが求められる。

## 5　おわりに

　本章では、中国型農協への農民の主体間関係としての参加要因を題材に、フードシステム研究での主体間関係の実証方法として、MRに基づく多変量解析の方法を紹介した。主体間関係を分析するためには、取引費用、関係特殊性、有能性、垂直的統合、「関係」(グアンシ)の視点が必要であり、これらを具体的に数量的にとらえるためにMRによる方法が有効であるからである。しかし、中国農業を対象にした同種の分析は行われたことがないため、新たに項目、尺度、構成概念を設計し、実証方法を確立することにした。その結果、中国型農協の参加要因への仮説はほぼ実証され、本章で設計した尺度、項目、構成概念の妥当性もおおむね確認された。

　一般的なフードシステムでの主体間関係の実証方法として、本章で提唱した枠組みが有効に使える。それを最後に整理して、提示しておこう。①主体間関係を説明する理論を、取引費用、関係特殊性、有能性などの視点に基づき確立する。②その理論を構成概念として定式化し、それを実証できるような項目、尺度、設問を設計する。③それに基づく調査票によって、調査対象者への面接もしくはアンケート調査を行う。④得られた回答に対し確認的因子分析を行い、作成した尺度の妥当性と信頼性、そして構成概念の妥当性を

検討して、有効な従属変数また独立変数となっているかを確認する。④その上で、多重回帰分析と単純傾斜分析によって、変数間の因果関係を検証して、構成概念の実証を行う。⑤同時に回答に対し、共分散構造分析を用いてその因果関係を検証し、実証結果の頑強性を確認する。以上の方法で、様々な領域での主体間関係を実証することを提唱したい。

**注**
1）フードシステムでの主体間関係の研究展望は、斎藤・佐藤（2014）の第1章で総括している。組織の経済学による展望については、浅見（2014、2015）を参照されたい。
2）学会誌「フードシステム研究」の掲載論文は多くが、丹念な事例研究をもとにしている。
3）ただし最近は経済学においても実験によって、望まれるデータを入手して計量分析がなされようとしているが、緒についたばかりである（Hoppe and Schmitz（2011）など）。
4）Williamson（1985）を参照。もともとは資産特殊性として取引相手に特殊化して投資された資産を説明していたが、取引関係全般にわたる相手との特殊性を説明するようになっている。
5）脅すので、ホールドアップ（手を挙げろ）といわれる。中林・石黒（2010）の第6章の説明がわかりやすいが、より厳密な展開として堀・国本・渡邊（2015）の第5章、第6章が参考になる。
6）中林・石黒（2010）の154頁で説明している。

　　本章は浅見（2015b）での計測結果をもとに執筆している。中国型農協の詳細な分析については同論文を参照されたい。

**引用文献**
[1] Aiken, L. S. and S. G. West（1991）, *Multiple Regression: Testing and Interpreting Interactions*, SAGE.
[2] 浅見淳之（2015a）『農村の新制度経済学　アジアと日本』日本評論社。
[3] 浅見淳之（2015b）「中国・農民専業合作社への参加要因の実証の試み―中国的特徴の視点から―」『京都大学生物資源経済研究』19、1-14頁。
[4] 浅見淳之（2014）「フードシステムへの新制度経済学からの接近」斎藤修・佐藤和憲編『フードチェーンと地域再生』農林統計出版。
[5] 浅見淳之（2013）「中国の農民専業合作社の組織デザイン」『フードシステム研究』20（2）、174-187頁。
[6] 浅見淳之（2009）「中国農村のインフォーマルな社会制度に埋め込まれた経済取引」『農業経済研究』80（4）、174-184頁。
[7] Bagozzi, R. P.（ed.）（1994）, *Principles of Marketing Research*, Blackwell.
[8] Chang, X.（2010）, *Guanxi or Li shang wanlai? Reciprocity, Social Support Networks,*

*and Social Creativity in a Chines Village*, Airiti Press Inc.
[9] Heide, J. B. (1994), "Interorganizational Governance in Marketing Channels," *Journal of Marketing*, 58 (1): 71-85.
[10] Hoppe, Eva I. and Patrick W. Schmitz (2011), "Can Contracts Solve the Hold-up Problem? Experimental Evidence," Games and Economic Behavior, 73 (1): 186-199.
[11] 堀一三・国本隆・渡邊直樹編（2015）『組織と制度のミクロ経済学』京都大学学術出版会．
[12] John, G. and B. Weitz (1988), "Forward Integration into Distribution: Empirical Tests of Transaction Cost Analysis," Journal of Law, Economics, and Organization, 4 (Fall): 121-139.
[13] Klein, S., G. Frazier, and V. Roth (1990), "A Transaction Cost Analysis Model of Channel Integration in International Markets," *Journal of Marketing Research*, 27 (May): 196-208.
[14] 久保知一（2011）「卸売業者の買手への依存度」渡辺達朗・久保知一・原頼利編「流通チャネル論　新制度派アプローチによる新展開」有斐閣．
[15] 久保知一（2003）「流通チャネルと取引関係―動的取引費用モデルによる卸売統合の実証分析―」，『三田商学研究』（慶應義塾大学商学会）46（2）、111-132頁．
[16] Langlois, R. and P. Robertson (1995), Firms, Markets and Economic Change: *A Dynamic Theory of Business Institutions*, Routledge.
[17] Lu, H., S. Feng, J. H. Trienekens, and S. W. F Omta (2008), "Performance in Vegetable Supply Chains: the Role of Guanxi Networks and Buyer-Seller Relationships," *Agribusiness*, 24 (2): 253-274.
[18] Majumdar S. K. and V. Ramaswamy (1995), "Going Direct to Market: the Influence of Exchange Condition," *Strategic Management Journal*, 16 (5): 353-372.
[19] 中林真幸・石黒真吾編（2010）『比較制度分析・入門』有斐閣．
[20] 斎藤修・佐藤和憲編（2014）『フードチェーンと地域再生』農林統計出版．
[21] 斎藤修（2011）『農商工連携の戦略　連携の深化によるフードシステムの革新』農文協．
[22] 斎藤修（2001）『食品産業と農業の提携条件　フードシステム論の新方向』農林統計協会．
[23] 渡辺達朗・久保知一・原頼利編（2011）『流通チャネル論　新制度派アプローチによる新展開』有斐閣．
[24] Williamson, O. E. (1985), *The Economic Institutions of Capitalism: Firms, Markets, Relational Contracting*, The Free Press.

## 第 2 章
# サービス・ドミナント・ロジックの視点からみるフードシステム研究
―― 主体間関係分析を対象として ――

清野誠喜

## 1 背景と目的

　企業行動、とりわけマーケティングの視点からフードシステムの垂直的主体間関係をみると、チャネル管理の重要性が高まり、その成否が企業行動やフードシステム全体の成果にも大きな影響を及ぼす。こうしたことから、わが国におけるフードシステム研究では、主体間関係分析やチェーン分析（以下、主体間関係分析）が主要テーマとして展開されてきた[1]。

　しかし、同分析の主たる対象は、農業や食品産業に限定され、消費者との関係性分析については弱いことが指摘されてきた。一方、フードシステム研究における消費者研究としては、主に消費者行動分析などの領域で展開されてきた[2]。

　近年、マーケティング研究においては、新しいマーケティングのフレームワークとして、サービス・ドミナント・ロジック（Service-Dominant Logic、以下「S-Dロジック」）が注目されている。同概念の誕生背景としては、伝統的な有形財マーケティングとサービス・マーケティングの2つの領域からマーケティングを論ずることへの限界が指摘されるようになったことにある。経済活動においてサービスが占める割合が高まり、これまでの有形財マーケティングでは対応できなくなったことに加え、サービスを論ずるとしても、その根底には有形財との対比の中での議論に留まってきたためであ

る。そして、こうした状況のなかで、リレーションシップ・マーケティングの登場といった、様々な議論がマーケティング全体で引き起こされるようになった。これらの視点を統合する試みとして誕生したのが、S-Dロジックである。これまでの有形財の交換を中心としたマーケティングの考え方ではなく、無形で専門的なスキルや知識が、企業と顧客間で交換されていることに Vargo & Lusch は注目し、S-Dロジックと名付けた。そしてそこでは、企業と顧客による「価値共創」が重要な概念となっている[3]。

そこで本章では、「価値共創」概念を取り入れたS-Dロジックの視点から、フードシステム研究、とりわけ主体間関係分析を捉えることで、今後求められるフードシステム研究の方向性について考察することを目的とする。

なお、本章の構成は以下の通りである。まず、S-Dロジックについて、その中心的な考え方となる「公理」を中心としてその特徴を概観する。次いで、価値共創に関する主要な既存研究の整理を行う。そして最後に、価値共創という視点を踏まえ、フードシステムにおける主体間関係分析における今後の研究領域について論じることとする。

## 2　S-Dロジックの特徴

S-Dロジックは、2004年にVargoら[4]により提唱され、基本的前提（Foundational Premises、以下「FP」）を提起することで論理を組み立て、その議論が展開されてきたものである。当初は8つのFPが提唱されその概念普及が図られてきたが、2008年には2つのFPが追加され[5]、そして2014年には、計10個のFPとともに、S-Dロジックの中心的な考え方を捉えた「公理」が提示されるに至った[6]。

図2-1は、公理と基本的前提をまとめたものである。公理を中心として、S-Dロジックの特徴を整理すると以下の通りである。

まず、S-Dロジックでは、「サービス」が主体間で交換されると捉えることに最大の特徴がある（公理1）。しかし、ここでの「サービス」とは、企

図2-1　S-Dロジックにおける公理と基本的前提

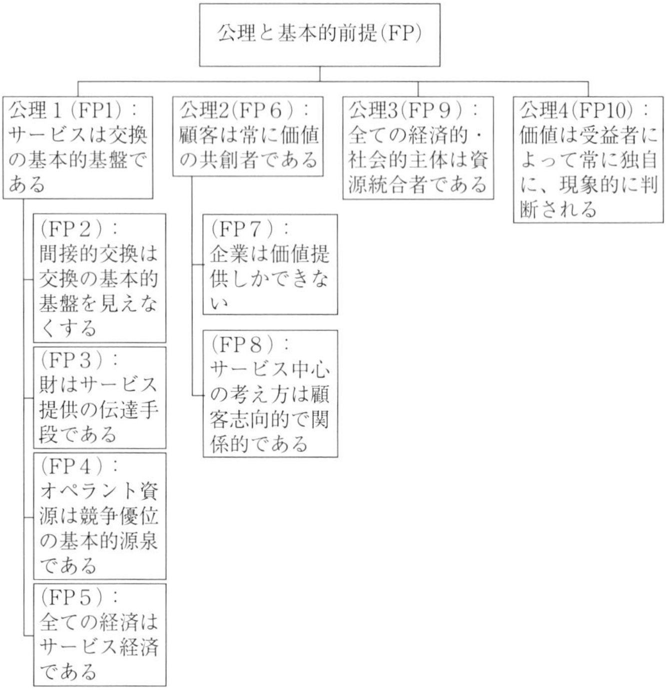

```
                    公理と基本的前提(FP)
    ┌───────────────┬───────────────┬───────────────┬───────────────┐
 公理1(FP1):      公理2(FP6):      公理3(FP9):      公理4(FP10):
 サービスは交換    顧客は常に価値    全ての経済的・    価値は受益者に
 の基本的基盤で    の共創者である    社会的主体は資    よって常に独自
 ある                              源統合者である    に、現象的に判
                                                   断される
    │                │
 (FP2):           (FP7):
 間接的交換は      企業は価値提
 交換の基本的      供しかできな
 基盤を見えな      い
 くする
                  (FP8):
 (FP3):           サービス中心
 財はサービス      の考え方は顧
 提供の伝達手      客志向的で関
 段である          係的である

 (FP4):
 オペラント資
 源は競争優位
 の基本的源泉
 である

 (FP5):
 全ての経済は
 サービス経済
 である
```

資料：文末注(6)の文献を参考に筆者作成。

業や消費者が製品やサービスの根底に共通して内在するナレッジやスキルを適用することを指す。つまり、そこではこれまで"無形のモノ"として取り上げられてきた、サービス産業における諸サービスとは意味が異なることが大きな特徴となる[7]。

　従来、企業と顧客間において、有形財や無形財等のグッズが交換の対象とされてきた[8]。しかし、S-Dロジックでは、企業から提供されたグッズに付随する資源やナレッジを、顧客が"使用"というプロセスを通じ、自身のスキルやナレッジを適用することで価値が創造されるとする。したがって、従来のG-Dロジックにおいては、価値があらかじめ付加されたグッズを交換

するため、企業が価値創造者であると理解されてきたが、S-Dロジックでは、価値は企業と顧客の両者で創造されるため、顧客は価値の共創者（公理2）と位置づけられる。なお、S-Dロジックの価値共創では、自身が持つスキルやナレッジだけではなく、他者のスキルやナレッジを組み合わせることでも価値が創造される。つまり、すべての主体は資源統合者とされる（公理3）。

そして、価値共創プロセスを経ることで形成される価値は「文脈価値」として示される（公理4）。従来の購買時の交換価値に注目したG-Dロジックとは異なり、購入後の使用プロセスを通じて創造される文脈価値に注目することになる。また、文脈価値は、顧客のスキルやナレッジ等の資源によって異なり、個別的で状況依存的な性質、を持つことがその特性として指摘される。

以上、従来のG-Dロジックでは、顧客（消費者）は企業が創った価値を受け取る、受動的な存在として捉えられてきた。しかし、S-Dロジックでは、サービスが交換対象となるため、顧客は企業と一緒に価値を共創していく、価値共創者となる。このことを主体間関係分析にあてはめて考えると、価値共創という視点を取り入れることで、これまで企業から提供された価値を一方的に受け取る受動的な主体とされてきた消費者が、価値共創という双方向のプロセスに関わりをもつ能動的な主体として存在することになる。つまり、価値共創という視点により、フードシステムにおける主体間の関係性、とりわけ消費者との関係性を捉えるひとつの切り口となる。

## 3　主体間における価値共創に関する研究

S-Dロジックにもとづく研究は、2004年のVargoらによるフレームワーク提示をきっかけに、世界的な議論へと発展してきた。その後10年間の研究動向を整理したKryvinskaら[9]によれば、様々な国際シンポジウムやジャーナル特集などで取り上げられ、フレームワークの有用性や概念精緻化とい

った理論的研究が進んできた。前述のように、S-Dロジックにおいては価値共創が中心概念ということから、その研究の多くは価値共創プロセスに焦点をあてたものとなっている。そして、理論的研究としては、企業と顧客（消費者）という二者間の関係だけではなく、多様な主体間における価値共創プロセスに注目した研究や、価値共創プロセスで創造される文脈価値の構成要因に関する議論、が行われてきている。

　一方、近年は実証的研究も展開され、価値共創プロセスについて、B to CやB to Bを対象とした分析が行われている。なかでも、B to Cを対象とした研究はB to Bに比べて多く、価値共創プロセスの実態把握、とりわけ、使用プロセスにおける価値を動態的に捉える研究が行われている[10]。こうした背景には、B to Bにおけるマーケティングでは、生産財というオーダーメイド的な性格が強く、継続的で関係的な取引を行うことから、価値共創概念に近い視点で両者を捉えてきたことがあることを指摘できよう。これに対しB to Cでは、従来のG-Dロジックにおいて、消費者を企業によって創られた価値を一方的に受け取る受動的な存在として捉えてきたことから、能動的で継続的な関係として消費者を捉える価値共創という視点を新たに取り入れた研究が注目され、その推進が図られてきたためと考えられる。従来の消費者行動研究としては、認知やブランド選択等の購買前段階に焦点をあてた研究が多く、代表的な情報処理アプローチにおける最大の関心は購買段階にあった。つまり、購買行動を中心にその議論が展開され、購入後の消費者行動についての研究は不十分であった[11]。そうしたことから、価値共創という購入後に焦点をあて、消費者を捉えようとするS-Dロジックでは、価値共創プロセスや文脈価値の分析に際しては、解釈アプローチを包括した消費文化論（Consumer Culture Theory、以下「CCT」）にもとづく研究が積極的に展開されている[12]。

　それに対しB to Bでは、そもそも経済主体間における長期的で継続的な取引が行われることに特徴がある。このことからも、価値共創の研究としては、長期的な視点で見た際の価値変化や両者の関係性作りに寄与するサービ

ス・エンカウンター（サービスを提供する場）といった、価値共創の管理面に注目した研究がなされている[13]。

以上、S-Dロジックの中心的な考え方となる価値共創については、昨今では実証的研究も展開され、B to C、B to Bの両対象で分析が行われている。従来のG-Dロジックでは、企業が価値創造者であると考えることからも、製品の機能面に関する評価を中心に研究が行われてきた。これに対し、S-Dロジックでは、価値は顧客と一緒に共創されるものと捉えることから、製品の機能面に留まらず、その使用や所有といった生活の文脈から価値を捉えることになる。また、元来生産財においては、顧客固有のサービスを扱うということから、製品の機能的な価値だけではなく、顧客企業固有の文脈の中で価値が創造されるという性格を有している。つまり、前述したS-Dロジックにおける価値の捉え方を踏まえれば、消費財もこのような生産財と同様の視点で価値を把握することができると言える。したがって、S-Dロジックにおける価値の捉え方は、生産財マーケティング（B to B）や消費財マーケティング（B to C）というこれまでの領域区分を取り払い、幅広い対象を統合的に把握・分析するのに有効な理論的なフレームであると考えられる。

## 4　今後のフードシステムにおける主体間関係分析の研究領域

今日、フードシステムの対象となる農産物や食品はコモディティ化が進展し、差別化が困難な状況となっている。前述したS-Dロジックは、商品が有する性能や機能だけではなく、顧客にとっての意味的価値を創造し、マーケティング対応を検討することから、そのフードシステム研究への適用は大きな意味と可能性があると言える。以下、今後の研究領域について論じる。

第1に、価値共創という視点を取り入れることで、主体間関係分析における消費者との関係分析の進展が期待できる点である。

これまでのフードシステム研究における主体間関係分析については、従来

のマーケティング論や流通システム論をベースとして展開しており、消費者を企業のマーケティング活動を一方的に受け入れる受動的な存在として捉えてきた。こうしたなか、斎藤は「ブランド」を媒介とした、消費者との関係分析を積極的に試みてきたと言える。しかしこのことは、分析対象を狭める結果にもなることも否めない。例えば、斎藤がこれまで主たる対象事例としてきた生協は、製品の有する価値と消費者が特定化しやすいケースとも言える。したがって、消費者との関係分析をさらに発展するには、生協以外もケースとした分析が必要となる。つまり、製品の機能的な価値だけではなく、使用や所有といった視点から価値を捉えるS-Dロジックの視点を踏まえた分析が重要となる。

その際、Luschら[14]は、小売業は顧客（消費者）と直接接することから、製造業に比べて価値共創をベースとしたマーケティングの優位性が高いことを指摘している。また、前述したとおり、S-Dロジックはその"起源"のひとつであるサービス・マーケティングの影響を受け、サービス・エンカウンターにおける価値共創プロセスについての分析がなされてきたという経緯があり、その適応性が高い。したがって、消費者との接点主体である小売業や外食店における価値共創を起点として、フードシステム全体を捉えるスタンスが必要となる（図2-2）。具体的には、第1段階として、小売業や外食店と消費者との価値共創プロセスや文脈価値を分析していくことが求められる（図2-2のA）。従来、非計画購買比率の高い農産物や食品においては、店頭マーケティングの研究が進められてきた[15]。しかし、そこでは従来

**図2-2　顧客接点を起点としたフードシステム全体の捉え方（イメージ）**

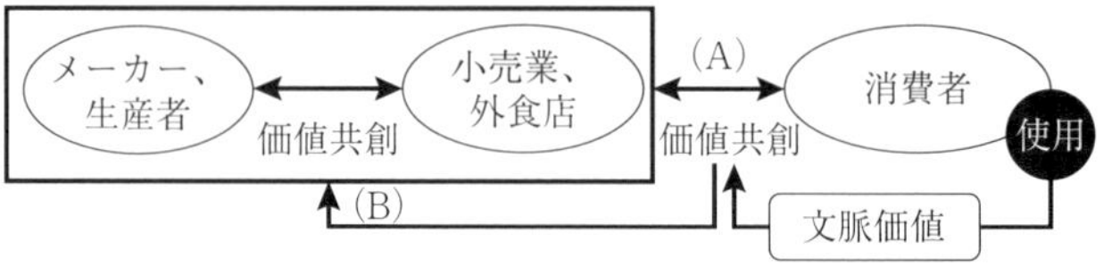

資料：筆者作成。

の「購買時」に焦点を当てた情報処理アプローチにもとづいた消費者行動理解とマーケティング対応が中心課題であり、消費者が有するスキルやナレッジ等の資源（消費者の有する文脈の中で意味的な価値が創造されること）については考慮されてこなかったと言える。その一方で、コモディティ化した市場では、商品が有する価値に加え、顧客接点こそが新たな価値を創造できる「場」であることが強調され、その重要性が増していることも確かである[16]。こうしたことから、これらの主体での店頭における、顧客と直接・間接的な相互作用により、文脈価値、そして価値創造を把握していくことが重要となる。なおその際には、前述したCCT等の解釈アプローチが有効となるであろう[17]。そして第2段階としては、第1段階で明らかになった価値共創プロセスを実現するための、接点主体（企業）内・外のシステムを分析することが必要となってくる（図2-2のB）。例えば、小売業内部での組織体制や、価値共創のために必要な資源を調達・統合するための小売外部のシステム構築についての分析が求められる。こうした分析を通じ、消費者との関係分析を取り込んだ、フードシステムにおける主体間関係分析が深化していくことが期待される。

　そして第2に、農業部門におけるチェーン構築研究への貢献である。これまでのフードシステム研究の主体間関係分析においては、食品産業（食品製造業と流通業者等のいわゆる「コマーシャル・チャネル」）を対象としたものが多く、農業サイドによるチェーン構築を論じた研究については決して多くはないのが実情である。農業という、関連学問領域には含まれることのない（あるいは、想定がされていない）固有の主体を抱えるフードシステム研究であるにもかかわらず、である。しかし近年、農業部門においては、外食・中食需要の高まりにより、生産財としての性格を有する農産物の生産・販売が求められている。元来、生産財においては顧客固有のサービスが必要となることから、製品の機能的な価値だけではなく、前述したように、顧客企業が有する文脈において価値が創造されるという性格を有する。したがって、生産財ではとくに、価値共創プロセスの視点を踏まえた関係性分析が必

要となる。青果物を一例としてみると、農業法人や農協における営業活動を積極的に展開し、そのチェーン構築を図っている事例が見受けられる[18]。そうしたなか、とくに先進的な農協においては、営農指導員等による営業活動は、①顧客企業への"ソリューション提供（商品提案等）"、②"信頼獲得（関係性の深化）"、そして③"ソリューション提案をするための体制構築（生産組織体制の構築や再編）や能力構築"、をその内容としていることが明らかになっている。こうしたことから、S-Dロジックで展開されているB to Bを対象とした価値共創分析は、農業部門によるチェーン構築においても適応性が高いものと考えられる。しかし、現在の農業部門における営業研究は、その実態や管理方法の特徴分析に留まっており、今後は、顧客企業が求める価値自体がどう変化（高度化）しているのか、そしてその対応をどうすべきか、その際の関係性を担保する営業担当者のスキルにも注目した研究が必要となってくる。

　さらには、農業分野においても、消費者と直接接する「場」として、直売所や農家レストランといったサービス部門への進出が注目されている。しかし、それらを取り扱ったこれまでの研究の多くは、構造的な分析や従来のマーケティング論に依拠した、購買前や購買時を対象とした消費者の価値評価に留まってきたと言えよう。サービス部門においては、購買後のみならず接客を受ける購買時にも価値共創が発生する[19]。したがって、価値共創においては、そこで提供される商品だけではなく、店頭や売場、接客に携わる従業員といった幅広い視点が重要となる。このことからも従業員のスキル評価といった、価値共創の管理面についての研究も求められてくる。これらの研究が展開されることで、農業におけるサービス部門の在り方、そしてサービス・デザインの議論が進展することが期待できる。

## 5　まとめ

　コモディティ化の進んだ農産物や食品のマーケティングにおいてこそ、

S-D ロジックは大きな意味を持つ。なぜならば、それまでの機能や性能のみを重視してきた商品づくりやマーケティングに加え、新たな価値（意味的な価値）を創造する領域となるためである。

フードシステム研究の主要課題のひとつである主体間関係分析に、こうしたS-D ロジックの中心的概念である「価値共創」を取り込むことによる効果としては、同分析の"統合化"を図っていくことが期待できる。具体的には、消費者を対象領域として取り込んだ主体間関係分析を進展させ、その過程においては消費者行動論との連携の可能性を秘めていると言えよう。また、これまでの生産財や消費財、さらにはサービスなどの幅広い対象についても、統合的に分析することに寄与することになる。

なお、これらについては、今後多様な事例・実証分析の蓄積を図っていくことが必要となることは言うまでもない。

**注**
1）代表的なものとして以下がある。
・高橋正郎「フードシステム学体系化の課題」高橋正郎・斎藤修編著『フードシステム学の理論と体系』農林統計協会、1998年、第1章。
・斎藤修『地域再生とフードシステム―6次産業、直売所、チェーン構築による革新―』農林統計出版、2012年。
・斎藤修『農商工連携の戦略―連携進化によるフードシステムの革新―』農山漁村文化協会、2011年。
2）フードシステム研究における消費者行動分析についての詳細なレビューは、以下でなされている。
・茂野隆一「食料消費行動分析の新展開」『フードシステム研究』19（2）、2012年、37-45頁。
・大浦裕二「食に関する多様な消費者行動の解明に向けた視点と方法」『フードシステム研究』19（2）、2012年、46-49頁。
3）価値共創という用語は、主に2つの意味で用いられる。1つは、本章の対象であるS-D ロジックでの意味で、そしてもう1つは、オープン・イノベーションに代表される、顧客参加型の共同開発による価値創出という意味で、ある。同じ言葉を用いながらも、2つの顧客価値の考え方は異なる。後述するように、本章で対象とするS-D ロジックでの価値共創とは、購買後に顧客がサービスの使用を通じて価値を創り出すということを意味する。つまり、購買前の製品開発工程で価値を創出する後者とは意味が異なることに注意が必要である。
4）Vargo. S. L., Lusch. R. F., "Evolving to a New Dominant Logic for Marketing", *Jour-*

nal of Marketing, 68, 2004, pp.1-17.
5 ）Vargo. S. L., Lusch. R. F., "The Service-dominant Logic: continuing the evolution", Journal of the Academy of Marketing Science, 36, 2008, pp.1-10.
6 ）Lusch. R. F., Vargo. S. L., Service-dominant Logic: Premises, Perspectives, Possibilities, CambridgeUniversity Press, 2014.
7 ）S-Dロジックにおけるサービスは、「他者あるいは自身のベネフィットのために何かを行うプロセス」を指す。したがって、従来のマーケティングで表現されてきた、「有形財の価値を高めるために提供される無形財」として分類されるものとは意味が大きく異なる。このような区別をするために、S-Dロジックでは、前者を「サービス（単数形）」、無形財を意味する後者を「サービシィーズ（複数形）」と表現し、区別している。
8 ）Vargoらは、これまでのグッズ中心の取引に焦点をあてたマーケティングの考え方を「グッズ・ドミナント・ロジック（Goods-Dominant Logic、以下「G-Dロジック」）」と名付け、S-Dロジックとの相異を説明している。
9 ）Kryvinska. N., Olexova. R., Dohmen. P., Strauss. C., "The S-D logic phenomenon-conceptualization & systematization by reviewing the literature of a decade（2004-2013）", Journal of Service Science Research, 5, 2013, pp.35-94.
10）代表的なものとして以下がある。
・Payne. A. F., Storbacka. K., Frow. P., "Managing the co-creation of value", Journal of the Academy of Marketing Science, 36, 2008, pp.83-96.
・McColl-Kenedy. J. R., Vargo. S. L., Dagger. T. S., Sweeney. J. C., Kasteren. Y. v., "Health Care Customer Value Cocreation Practice Styles", Journal of Service Research, 15（4），2012, pp.370-389.
11）例えば、以下のものを参照ののこと。
・井上崇通『消費行動論』同文舘出版、2012年。
・田口尚史「購買者研究から使用者研究への焦点のシフト」『茨城キリスト教大学紀要Ⅱ社会・自然科学』45、2011年、211-229頁。
12）CCTについては、消費の意味や価値を動態的に捉える点で、S-Dロジックとの親和性が高いことが、以下で指摘されている。
・Akaka. M. A., Schau. H. J., Vargo. S. L., "The Co-Creation of Value in Cultural Context", Research in Consumer Behavior, 15, 2013, pp.265-284.
・Arnould. E. J, "Service Dominant Logic and Consumer Culture heory: Natural Allies in an Emerging Paradigm", Research in Consumer Behavior, 11, 2007, pp.57-76.
13）代表的なものとして以下がある。
・Macdonald. E. K., Wilson. H., Marrtinez. V., Toossi. A., "Assessing value-in-use: a conceptual framework and exploratory study", Industrial MarketingManagement, 40, 2011, pp.671-682.
・Saloman-son. N., Aberg. A., Allwood. J., "Communicative skills that support value creation: A study of B2b increations between customer service represuntatives", Industrial Marketing Management, 41, 2012, pp.145-155.
14）Lusch. R. F., Vargo. S. L., O'Brien. M., "Competing through service: Insights from service-dominant logic, Journal of Retailing, 83, 2007, pp.5-18.

15) 梅本雅編著『青果物購買行動の特徴と店頭マーケティング』農林統計出版、2009年。
16) 恩蔵直人・井上淳子・須永努・安藤和代『顧客接点のマーケティング』千倉書房、2009年。
17) 例えば、青果物購入を対象としたネットスーパー利用について、その文脈価値を分析したものとして以下がある。
 ・滝口沙也加・清野誠喜「食品購入チャネルとしてのネットスーパーの評価―文脈価値把握に向けた予備的考察―」21（3）、2015年、176-181頁。
 ・滝口沙也加・清野誠喜「ネットスーパー利用に関する文脈価値の分析」『農林業問題研究』51（1）、2015年、32-37頁。
18) 佐藤和憲「JAにおける戦略的営業活動の基礎理論と管理論に関する研究」『協同組合奨励研究報告・36輯』2010年、9-55頁。
19) 張婧「価値共創型小売企業システムのモデル化―企業と顧客の新しい関係を踏まえて―」『消費経済研究』3、2014年、145-157頁。

## 第3章
# 野菜フードシステムの構造変動
――業務用とプライベートブランドを中心として――

佐藤和憲

## 1 野菜のフードシステムをめぐる問題状況と課題

　かつて農村地域では野菜の産地形成は、即、農村地域の振興につながっていた。つまり家族経営を担い手とした特定品目への生産集中とその農協等による大都市卸売市場への大ロット出荷が、資材調達や集出荷における規模の経済の実現や卸売市場における価格形成の有利性を通じて、生産農家の農業所得の向上と関連する農協や農業関連産業を潤し、引いては地域経済を活性化させていたのである。

　しかし、生産構造と消費・小売構造の変化によって、こうしたビジネスモデルは成立し難くなっている。まず生産面では、野菜生産の主な担い手である主業的な家族経営とその労働力が弱体化しているため、新たな野菜の導入はおろか既存品目の維持すら困難となっている。ただし、他方では既存の家族経営とは労働力と農地の基盤を異にする異なる農業生産法人や大規模な家族経営が徐々に出現している[1]。

　また消費・小売面では、レストランチェーン等の外食企業の業務用野菜やスーパーマーケット等の小売企業のプライベートブランド野菜の拡大により、個々の顧客ニーズへ適応した多様な品揃えを図りながら、周年安定的な供給を果たす必要性が高まっている。こうしたニーズには、均一な大量生産と大ロット流通を特徴とする従来の農協共販、卸売市場流通だけでは対応が困難となっている。このため外食企業や小売企業は、カット野菜事業者や産

地集荷業者をエージェントとした継続的取引や契約取引、または自ら野菜生産者との直接的な継続取引や契約取引、さらに子会社や関連会社などによって直営生産に参入している例も出てきている[2]。

　以上のような生産と消費・流通の構造変化が、両者を結ぶ中間流通の構造、流通チャネルの変革を促し、生産から消費に至るフードシステムとしての構造変動に結果しているとみられる。こうした構造変動の中で、新たな野菜生産の担い手である農業生産法人や新たな中間流通の担い手であるカット野菜事業者や産地集荷業者の事例分析が少なくないが、両者を結ぶ流通チャネルとサプライチェーン、川下における外食企業や小売企業との取引関係、さらに川上における家族経営と契約取引等について総合的に整理した成果は少ない。

　そこで、本章ではまず野菜の生産と消費・小売の構造変化を確認した上で、両者を結ぶ中間流通について流通チャネルとサプライチェーンの視点から現段階の到達点を整理するとともに今後の課題を提起したい。

## 2　消費・小売構造と生産構造の変化

### (1)　消費・小売の構造変化

　高齢化社会を迎え健康への関心は益々高まっているが、意外なことに野菜の消費は長期的に減少傾向が続いている。食料需給表の1人1日当たり供給純食料（生鮮品だけでなく加工品等も含む）は1993年の104kgから2013年には92kgへと、過去20年の間に1割以上も減少している。

　こうした中で、家計用野菜の主なアウトレットであるスーパーマーケットは、主要品目の数量と価格の安定性に重点をおいた商品戦略をとっていたため、卸売市場の仲卸業者等との継続的取引を主体として調達してきた。1970年代から1980年代にかけは一部のナショナルチェーンが価格訴求のため産地との直接取引も試みたこともあったが、需給調整の困難や割高な物流コスト等の問題から定着するに至らなかった。しかし、1990年代に入ると有機農産

物や特別栽培農産物に対する消費者ニーズを背景として、有機農産物の生産者や生産者団体から直接調達するチャネルを構築し始めた。さらに、1990年代後半以降、食品の安全・安心問題が大きな社会問題となるとともに、GAPやトレーサビリティーシステムといった安全対策やコンテナ利用によるコスト低減といったサプライチェーン構築を図りながら、特定の生産者や生産者団体、産地集荷業者との間に継続的で直接的な取引を卸売市場の内外で進めてきた。これは同時にスーパーチェーンのプライベートブランド戦略の一環として展開されているという側面も持っている。

　また、外食や中食といった食の外部化が進行しており、食料消費支出に占める割合で見ると1975年の28.5％から2013年には44.0％へと上昇している。こうした食の外部化に伴い、外食産業や中食産業で加工・調理され料理や惣菜として消費者に購入・消費される比率が高まっている。野菜の加工・業務用仕向け比率は1965年に23％であったが、2010年には56％と家計用需要を上回っている。このように野菜消費は家庭から外食・中食へシフトしている。

　外食・中食産業は、野菜以外の食材を含めた多数の食材を調理・加工し料理または惣菜として消費者に提供するため、使用される野菜の調達ロットは大手スーパーマーケットチェーンと比較すると小さく、店舗へはダンボール箱から小分け、必要に応じて洗浄、皮むき、カットといったように前処理して納品され、企業によっても調達スペックはかなり異なる[3]。さらに主要な野菜は、一年中食材として使用されるため周年納品が求められる。このため、従来は卸売市場で調達した野菜を小分け、前処理して納品できる仲卸業者等を通じて調達されることが多かった。しかし、スーパーチェーンと同様、食品の安全・安心問題への対応が身と求められる中で、生産者や生産者団体からの直接的な調達チャネルの構築が課題となった。しかも、外食・中食チェーンでは、生で食べるサラダなどのメニューではこだわり食材を使用することによる差別化効果が大きいこと、また使用する主要な野菜の品目数は以外に少ないことから、スーパーマーケットより早い時期から、直接的な取引だけではなく、子会社や関連会社による直営農場や農業生産法人への出

資に乗り出す企業もあった。

### （2） 野菜生産の構造変化

　国内の野菜産出額は、2013年現在2兆2533千万円、畜産に次いで第2位、野菜販売農家43万戸（2010年）の8割以上は主業農家が占めており、我が国の農業を構成する最重要部門の一つである。野菜の作付面積は41.9万ha、国内生産量は1,196万トンに上るが、過去10年間に作付面積、国内生産量ともに1割程度減少している。その主な要因は、販売農家の大幅な減少（2000年から2010年の間に2割弱減）や労働力の弱体化（露地野菜の総従事者に占める65歳以上の比率は42％）にある。こうした国内供給力の減少に反比例して輸入野菜が増加し、現在では国内消費仕向けのうち輸入野菜が2割弱を占めるに至っている。輸入野菜の増加は、価格変動を上方硬直化させており、これが零細な生産者の意欲を低下させ、販売農家や作付面積の減少に拍車をかけているとみられる。

　しかし、他方で徐々にではあるが大規模な野菜生産を行う農業生産法人や大規模家族経営（以下では農業生産法人等）が出現している。その基本的な特徴は大規模な直営生産と委託生産の組み合わせ、そしてスーパーマーケットや外食企業への直接的な販売である。これはアメリカのGrower & Shipperに類似した性格を有していると言える[4]。

　野菜の農業生産法人等の特徴をビジネスモデルとして整理すると、次のようにまとめられる[5]。まず顧客及び顧客との関係については、スーパーや外食・中食企業、またはその納品業者、この中には卸売市場の仲卸業者も含まれているが、少なくとも商談についてはスーパーや外食・中食企業と直接行うのが特徴的である。顧客と直接的・継続的な取引関係、さらに契約取引、戦略的な提携関係を結ぼうとしていることもある。商品・サービスについては、特定スーパーのプライベートブランド商品や特別規格品及び外食企業や中食企業向けの業務用バルク品やカット品にも対応していることである。販売チャネルについては、卸売市場も活用しているものの、スーパーや外食企

業と直接商談を行い直接的な販売チャネルを構築しようとしていることである。経営資源については、特定品目を周年的に生産するために、気象条件の異なる広域に分散した農地及び他の農業経営とのネットワークが資源となっている。さらに農業外部からの人材が有力なマンパワーとなっている点も指摘できる。事業活動については、農業生産法人等による野菜の直営生産が中核的な事業になっているが、一般の家族経営による小規模生産との共同、ないし農業生産法人等による家族経営への委託生産が組み合わせられていることが多い。さらに農業生産法人等は集荷、調製・選別、包装、販売活動、及び加工・サービス事業を展開していることが多い。パートナーシップ（協働関係）については、農業生産法人等と一般の家族経営の間に垂直的な取引関係が形成されているのが特徴的であるが、他の農業生産法人との連携関係、生産資材企業との関係が形成されている例も見受けられる。収益構造については、農業生産法人等の直営生産野菜及び委託生産野菜の販売収入が主体ではあるが、経営によってはカット品等の販売収入もかなり大きなものになっている。コスト構造については、家族経営と比較して雇用労賃、及び機械や施設といった固定費が大きいのが特徴で、このため損益分岐点は高くなりがちである。

　このように大規模な野菜生産販売を行う農業生産法人等も徐々に出現しているが、家族経営の減少を十分補うには至っておらず、依然として野菜の国内供給量は減少し続けている。

## 3　中間流通とサプライチェーンの構造変化

### （1）産地段階

　小売企業や外食・中食企業が産地から野菜の直接的な調達を進め、これに対応して産地にも新たな野菜生産の担い手が登場する中で、中間流通も構造的な変化を遂げている。

　まず産地段階では、従来、農協など出荷団体の多くは、地域を単位とした

共選共販体制によって卸売市場への委託販売を行ってきたが、90年代後半に至るとデフレ下での卸売市場価格の低迷と生産者の高齢化により共選共販体制の維持が困難になってきた。こうした中で、一部の農協や全農県本部は小売企業や外食・中食企業、及びカット野菜事業者や納品業者との直接的な取引に取り組み始めた。こうした取引は、小売企業や外食・中食企業の発注スペックに応じた品質・規格、価格、数量の商品を、納期を守って納品することが不可欠なため、従来の受託集荷ではなく、生産契約や販売契約で確実に生産者から集荷することが必要となる。このため契約の対象となる生産者も、従来の部会組織に組織された家族経営ではなく、契約に対応する能力のある農業生産法人や大規模な家族経営のグループになっていることが多い。また従来の共選共販体制と同様、契約に必要な肥料、農薬などの資材供給や技術指導を行うだけでなく、生産履歴管理や経営指導を行い契約生産の安定化を図っている。

例えば全農茨城県本部では、1996年から生産者との契約による買取集荷、スーパーマーケット向けの規格簡素化を含めた産地パッケージ、加工・業務系実需者及びスーパーマーケットへの契約販売を柱とした直接販売事業（以下ではVF事業と呼ぶ）に取り組み、2010年の販売金額は137.4億円に達し、園芸販売事業全体の18.3％を占めていた[6]。

VF事業の特徴は、単協ではなく全農茨城県本部が事業主体であること、外食・中食企業やスーパーマーケット等との契約に基づいた直接取引を行っていること、生産者とも契約に基づいた買取集荷をしていること、などがあげられる。顧客との取引は、契約と契約外に大別される。契約は実質的に価格が固定される期間の長短によって、シーズン契約と週間契約に分けられる。全農茨城は商談で得られた予想発注量に基づいて作付面積や生産者数を概算設定し、価格、品質・規格、栽培条件等を生産者に提示して参加者を募集する。参加する生産者が決まったら作型毎に播種前の技術講習会を行い、作型ごとに生産者数と栽培面積を確定する。こうして一定期間、安定した出荷体制をつくり上げる。出荷期間中は、週の後半に生産者を集めた定例会を

開き、次週の生産者別の出荷予定数量を把握する。また顧客からも次週の発注予定量を把握する。この発注予定数量と出荷予定数量をすり合わせながら、発注に応じた確実な納品できるように調整する。契約生産者は、数戸から最大30戸程度までの小グループに組織化されている。急に出荷できなくなったメンバーがあるときは、他のメンバーがフォローするという支援体制をとり欠品防止に努めている。なお契約生産者からの集荷は先に述べた県内3ヶ所のVFステーションに直接集荷している[7]。

　他方、農協と同様な機能を持つ産地集荷業者は、その投機的な企業体質や物流の不備等から、野菜流通のメインチャネルからは排除されてきた。つまり従来の産地集荷業者は、系統農協組織の弱い産地に事業拠点を置き、市場相場の動きを予想して、生産者から直接買付、または産地市場でセリ仕入れし、これを卸売価格の高い地域の卸売市場に出荷し、できるだけ大きな売買差益を追求するといった行動をとっていた。しかし、輸送事情の改善や系統農協による全国的な分荷体制が確立するとともに、その存立条件は失われつつあった。ところが、近年、新たな活路を見いだしている。それは小売企業や外食・中食企業からの発注を受け、これに応じたスペックの野菜を生産できる農業生産法人や大規模な家族経営のグループと契約取引し、集荷した野菜を企業に納品するといったもので、先進的な農協や全農県本部が取り組みと基本的には同様なビジネスモデルある。ちなみに資材供給、技術指導、生産履歴管理及び経営指導についても同様な対応をしている。さらに業務用野菜に特有な周年安定的な納品という点では、農協よりも前に進んでいる例もある。すなわち、先進的な産地集荷業者は、特定品目について出荷時期に異なる全国の複数産地と契約取引を結ぶことにより、カット野菜事業者や外食企業に周年安定した納品を実現している。

　例えば丸西産業（株）は長野県飯田市に本社をおく、肥料、農薬を取り扱う農業資材販売事業者であったが、県内のレタス産地である南佐久郡川上村でも資材販売を行っていたことから、平成期に入る頃からレタスの集荷・販売にも着手した[8]。その後、茨城、熊本へと契約取引を広げ、現在では業務

用レタスの周年的な供給システムを確立するに至っている。この取り組みの川下に位置する実需者は（株）ベジテックで、首都圏を中心として外食・中食企業、加工・給食業者、スーパー等に、野菜原体とカット野菜等を販売している。ベジテックはカット野菜の原料野菜を独自に開発した契約産地や卸売市場から調達しているが、丸西産業は主要な調達チャネルの一つとなっている。丸西産業はベジテックの提示する年間計画に基づいて、計画的にレタスを生産し、需給調整しながら納品する仕組みを運営している。具体的には、夏場は長野県、春と秋は茨城県、冬場は熊本県と鹿児島県といったように、出荷時期の異なる全国の産地に契約生産者グループ（作付面積700ha規模）を組織することによりレタスの周年安定供給を実現している。丸西産業と各生産者グループは作付け前に、同社が把握している受注予定数量と納品予定価格、これと産地側の生産計画をすり合わせて作付計画を決定する。契約生産者は、これに基づいてレタスを作付け、栽培管理、収穫・出荷を行うが、各産地には丸西産業の職員が駐在していて、栽培管理、病虫害対策、経営等の指導を行っている。収穫期には駐在職員は生育状況を把握して本社に情報伝達し、本社からの指示によって生産者に収穫・出荷を指示する。天候などにより、どうしても契約産地だけでは不足する場合には、丸西産業が他産地等から調達して納品している。

### （2） 消費地段階

　消費地段階では、従来、卸売市場の仲卸業者等がスーパーマーケット向けの家計用野菜だけでなく、外食や中食向けの業務用野菜も主に取り扱ってきた。しかし、外食向けでは近年、店舗運営の合理化や低コスト化のために、予め下調理された食材の使用が増えており、野菜においては用途別に適宜切断、洗浄されたカット野菜がそれにあたる。それを製造・販売するのがカット野菜事業者であり、産業規模は製造額で約1,330億円、小売段階の販売額で約1,900億円と推定されている[9]。カット野菜の種類は多岐にわたり、かつ頻繁に変化しているが、大きくは業務用のバルクと小売向けのコンシュー

マパックに分かれる。また摂食方法では生食用と加熱調理用にも分けられる。原料野菜構成では、1種類の野菜を原料としてカットした単品、複数の野菜を原料としたミックス、さらにカットした複数の野菜を別々にセットしたキット等がある。その原料を重量ベースで見ると、キャベツが最も多く3割を占め、次いでタマネギ、ダイコン、レタス、ニンジン、バレイショとなっている。

　カット野菜事業者は卸売業や仲卸業を兼業する年商数億円規模の零細事業者が多いが、数十億円以上の事業者も成長してきている。主力製品は、生食コンシューマパック、生食業務用、加熱調理業務用の何れかに特化している。また、1次加工のみに対応する業者、土ものやねぎ等特定の品目のみ扱う業者、多数の原料や製品ジャンルにも対応する業者もある。原料野菜の調達先は、卸売市場の卸売業者と仲卸業者が4割を占めているが、生産者、農業生産法人、農協等も3割強を占めている。取引方法としてみると、契約取引が約5割強、市場取引が4割強となっている。特にキャベツ、タマネギ、ニンジン、ダイコン、レタスで契約取引が多い。さらに農業参入している例もある。ただし、契約取引のウエイトや産地集荷業者の利用については、最終的な実需者である外食・中食企業の意向やカット野菜事業者自身の経営戦略によって大きく異なる。すなわち、自ら農協、農業生産法人、生産者グループと直接、価格、数量、品質・規格だけでなく栽培方法や使用資材、場合によっては栽培面積を決める生産契約方式で契約している事業者がいる一方で、生産者とは直接取引せず産地集荷業者と継続的な取引を行うことにより弾力的に調達している事業者もいる。ただし後者の場合も、産地集荷業者は農業生産法人、生産者グループと契約的な取引を行い、安定調達を図っていることも少なくない。

　例えばサンポー食品（株）は、大手ファーストフード向けの業務用カット野菜からコンシューマーパックサラダまで製造する国内有数のカット野菜事業者で、直営工場2ヶ所の他11ヶ所の協力工場がある[10]。その原料調達を見ると、全国のJA及び生産者組合5団体と直接的な契約取引を行うととも

に、特に主力製品の原料で安定調達が困難な冬期間のレタス類や初夏のキャベツについては、子会社の農業生産法人サンポーファームを設立し、千葉県南房総地域で直営生産と周辺農家との契約取引を組み合わせて数十ヘクタール規模で行っている。

　国内で製造されるカット野菜（調達額ベース）の4割弱は百貨店、スーパーマーケット、コンビニエンスストア等の家計用であるが、約5割は弁当・惣菜業者、外食事業者、給食事業者等の業務用である。業務用の内訳は、外食事業者向けが2割強、中食事業者向けが1割強、給食事業者向けが1割となっている[11]。大手の外食企業は主要な野菜については、特定のカット野菜事業や仲卸業者等と継続的な取引関係を結んで調達している。その場合、カット野菜や野菜の規格・品質、価格、納品方法などは事前に取り決められているが、数量については前年度の取引実績が目安とはなるものの、最終的には店舗での料理や惣菜の販売動向に応じて発注されるため変動がある。特に中食ではコンビニエンスストアやスーパーマーケットで販売されているカップサラダは、主な原料のレタスやキャベツの価格が高騰しても定価販売されるため、かえって販売数量は大幅に増加し、これに応じてカット野菜業者等への発注が急増することがある。しかし、このような場合、悪天候などにより契約産地の収穫量も減少している場合が多く、卸売市場の価格も高騰するため、カット野菜事業者の調達コストは上昇し、採算がとれなくなることが多々ある。

　天候による収量変動を逃れられない露地野菜では、季節毎に特定産地と契約取引するだけでは調達を安定化することはできない。まず同一季節に立地条件の異なる複数以上の産地を配置しリスク分散することが考えられるが、それでも全国的な天候変動には対処できないので、最終的には海外からの輸入を含めた安定化が必要と考えられる。

## 4 野菜フードシステムにおけるサプライチェーン構築の到達点と再編課題

　以上のように、野菜のフードシステムにおいては、消費における食の簡便化や安全性の重視といったニーズに対応して、小売段階ではレストランチェーンの業務需要やスーパーマーケットのプライベートブランド商品が拡大しており、農家等や出荷団体との契約や自社の農業参入によって、最適なスペックの野菜を調達する動きも見られる。他方、農業生産段階では、農業経営の弱体化により野菜の国内供給は全体として減退しており、加工・業務用を主体として輸入に依存せざるを得なくなっている。その主な理由の一つは農協と卸売市場によって構成される既存の流通チャネルは、出荷規格が標準化され大ロットの家計用野菜の生産・流通に特化してきたため、顧客毎にスペックの異なるプライベートブランド商品や業務需要には十分対応できないためである。こうした中で借地と雇用労働を利用して大規模かつニーズに応じた柔軟な生産を行うとともに販売機能も備えた農業生産法人等が展開してきており、これが業務需要やプライベートブランド商品に積極的に対応している。一部ではあるが農協にも同様な動きが見られる。そして、こうした農業生産法人や一部の農協と小売企業や外食企業を結びつけ、業務用需要野菜やプライベートブランド野菜の中間流通を担っているのが、消費地段階でのカット野菜事業者と産地段階での産地集荷業者である。前者は外食企業や小売企業の多様な商品規格の発注に応じて原料野菜を調達し、カット、パッケージ等の加工を行ってから納品する。後者は小売企業、外食企業及びカット野菜業者からの原体野菜の発注に応じて、安定生産能力のある一般農家や農業生産法人と契約ないし生産委託し、これを集荷・選別したうえで納品している。こうのちカット野菜等の業務用野菜では、周年安定供給が大きなポイントであり、産地集荷業者の中には安定した周年生産を実現するため適期適作を原則として全国に契約生産者・生産グループを配置して各産地での集荷を行うだけでなく、納品先への生育情報提供と受注・納品の調整、さらに生産

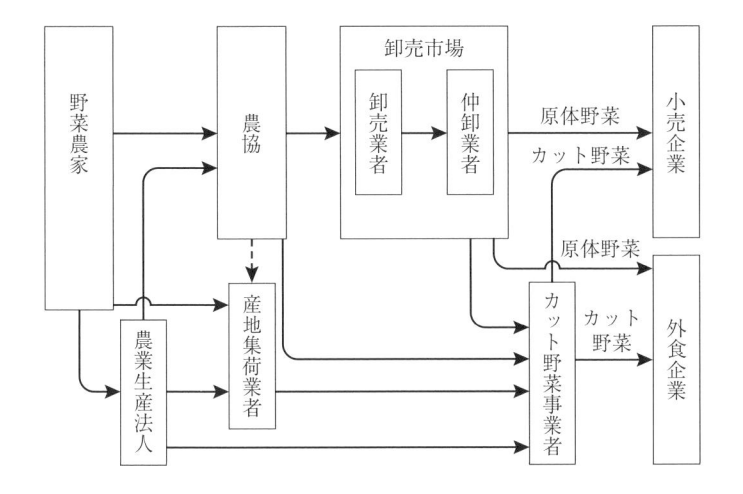

図3-1　加工・業務用野菜の流通チャネル

農家への技術指導、衛生管理、生産資材供給等をシステム化している事業者も出現している。

　以上のように業務用野菜やプライベートブランド野菜の流通では、産地集荷業者や農協とカット野菜業者を実務的なキャプテン・リーダーとし、生産者と小売企業や外食企業を結ぶサプライチェーンが形成されつつあると言えよう。ただし店頭価格の決定権は小売企業や外食企業が握っており、かつ原料野菜の生産は天候に大きく左右される上、仮に書面契約はあっても多くの場合、栽培マニュアルは確立しておらず、現場での製品管理は農家や農業生産法人に任せざるを得ない。したがってカット野菜業者が操作できる生産管理の範囲は技術的にも組織的にも限られている。このため需給ギャップや品質トラブルなどがしばしば発生しており改善すべき問題は少なくない。また流通チャネルとして見ると、管理型チャネルもしくは契約型チャネルの特徴を有するが、物流の管理だけでなく実質的な商流の管理も実質的に中間流通業者に委ねられているにも関わらず、最終的な納品価格の決定権は小売企業や外食企業が握っているため、リスク負担が中間流通業者に集中しやすいと

いった構造的な問題を抱えている。

　最後に野菜のフードシステムをめぐる課題について、業務用野菜とプライベートブランド野菜に焦点を当て三点ほど上げて結びとしたい。

　第一に生産段階では、大規模な農業生産法人の育成を既存産地の維持と併行して図ることである。前者については、農地の流動化と権利調整、雇用労働力の導入と安定化、及び経営体としてのマネジメントやマーケティングの能力向上が今後とも基本的な課題であるが、露地野菜を主幹とした経営の場合、天候や価格による収益変動が極端に大きく経営悪化や倒産を招いていることから、現行の価格安定制度の改善も必要である。後者のうち家族経営につては、家族労働力の弱体化を補完するため機械化を進めるとともに、育苗、移植、収穫、選別・調製といったピーク作業の作業受委託が必要であり、これに応じて農協には家族経営に対する作業支援及び営業指導の強化が求められる。そして作業支援を農業生産法人に委託することにより、家族経営との関係を相互補完に誘導することが考えられる。

　第二に中間流通段階では、産地集荷業者やカット野菜業者は、流通チャネル及びサプライチェーンにおける実務的な管理者であることから、その物流システムを強化するとともに、マネジメント能力を向上させることが基本的な課題である。物流システムの整備については、農協や卸売市場の有休施設の集荷拠点や中継拠点としての活用、事業者間での共同輸送の推進、及び受注と生産管理の情報システム化がポイントである。マネジメント能力の向上については、情報システム化による社内での情報共有進めながら、顧客への営業と生産者への集荷・指導の連携を強化することが必要である。

　第三に生産者から小売・外食の店頭に至るトータルな流通チャネルのリーダー・キャプテンの明確化が課題である。現状のように実務的な管理者（＝中間流通業者）と最終的な納品価格の決定権を持つ者（＝小売企業、外食企業）が異なる状態では前者にリスク負担が集中しやすく、中間流通業者の企業経営としてだけでなく流通チャネル全体としても不安定性を孕んでいる。このため小売企業や外食企業は最終的な納品価格の決定権を持ち続けたいの

なら、応分の商流管理とリスク負担は行うべきではなかろうか。

**注**
1) 香月敏孝、野菜作農業の展開過程、農文教、2005、pp.172-181
2) 盛田清秀、食品関連企業による農業参入の到達点と展望、フードシステム研究、21、2014、pp.102-109
3) 小田勝己、外食産業の経営展開と食材調達、農林統計協会、2004、pp.82-107
4) 佐藤和憲、アメリカにおける食品小売業の変化と青果産業、農業経済研究、査、85（2）、2013、p.110
5) 佐藤和憲、農業におけるビジネスモデルの意義、斎藤修・佐藤和憲編著、フードチェーンと地域再生、農林統計出版、2014、pp.89-105
6) 尾高恵美、JAグループにおける農産物販売力強化の取組み、─野菜の加工・業務用需要対応における連合組織の役割を中心に─、農業金融、2012.4、2012、pp.30-33
7) 佐藤和憲・相田次郎、全農茨城における直販（VFS）事業の取り組み、大西敏夫・代表、流通システム変革期における合併農協共販組織の再構築と展開方向に関する研究、協同組合奨励研究報告 第31輯、2005、pp.44-53
8) 農畜産業振興機構、レタスの周年リレー供給契約取引グループの取り組み事例、月刊野菜情報、2011年1月号、2011、http://vegetable.alic.go.jp/yasaijoho/senmon/1101/chosa03.html
9) 農畜産業振興機構、平成24年度カット野菜需要構造実態調査事業報告概要、2013、p.28
10) サンポーグループのホームページ http://www.sunpofarm.co.jp/ 及び安房農林振興センター、南房総市白浜地域に広がる農業─農業生産法人も参入している白浜の農地─、2009、p.12
11) 農畜産業振興機構、平成24年度カット野菜需要構造実態調査事業報告概要、2013、p.22

# 第4章
## 水産物の資源循環と
## フードシステム

矢野　泉

## 1　資源循環とフードシステム

　我が国では2000年の「食品循環資源の再生利用等の促進に関する法律」(「食品リサイクル法」)の公布以後、食料資源の循環利用が国全体で本格的に推し進められるようになった。従来の生産から消費への流れを動脈流通と呼ぶならば、消費から廃棄あるいは再資源化という静脈流通を含めた循環型フードシステムの構築が政策的にも重要視されるようになってきたのである。

　生産、加工、流通、消費という食品に関わる全体の流れと相互関係を取り扱うフードシステム学の分野では、フードシステム学会設立当初から、循環型フードシステムの重要性が念頭に置かれていた[1]。食品をめぐる川上から川下に至る過程で排出される廃棄物、あるいはみずうみである消費過程から排出される廃棄物を、いかにフードシステム全体に位置づけていくかという視点である。しかし、「川の流れに例えるフードシステムのイメージは、大量生産—大量消費—大量廃棄の20世紀型社会・経済システムと同様のメインストリームの単方向、単線的な流れであって、フードシステム研究もこのようなメインストリームのみを対象にし、それ以外を無視してきた傾向がある」[2]という指摘にもあるように、循環型フードシステムに関する体系的な議論は未だ発展途上にある。この間、食品廃棄物に関する各産業分野での実践的取り組みや技術について学会においてもしばしばとりあげられてきた

が、循環型システム全体を対象とする議論はあまり多くない。

そこで本章では、限られた紙面における試論ではあるが、水産物を対象に、循環型フードシステムの全体構造を明らかにするとともに、循環型フードシステムという社会的視点の有効性を検討していきたい。

## 2　水産物の需給と有用性

水産物を例として取り上げる理由は、第1に世界的な需要が高まり需給がひっ迫した食品であること、第2に食品や資源としての有用性が高いこと、そのため第3にその残さ（廃棄物）も資源として重要視されていることがあげられる。水産物は今日の社会において、資源問題、食料問題、食品廃棄物問題のいずれの分野においても重要な品目であると考える。以下、それぞれの視点についてみていく。

### （1）　世界の水産資源問題

1970年代以降、水産資源の枯渇問題が世界的に深刻化している。1995年のFAO（国連食糧農業機関）総会における「責任ある漁業のための行動規範」に基づき、世界各国は水産資源の持続的開発と利用に向けて様々な政策をとっているが、世界の漁獲量の約24％を占める上位10魚種については、「漁獲を拡大する余地がない」、または「過剰漁獲」の状態にあるとされている[3]。後述する魚粉の原料となる南東太平洋のアンチョビーも、漁獲を拡大する余地がないとされる魚種の1つである。

その背景には、拡大の一途をたどる世界の水産物需要がある。世界の地域別にみるとアジア地域の伸びが1990年代以降特に著しい（図4-1）。日本は世界有数の水産物需要国である。1961年の需要量（年間供給量）は473万tと世界の17.2％を占めていた。現在、その割合は徐々に低下し、2011年では5.3％まで縮小しているが、絶対量でみると683万tと未だ増加している。国民1人当たり年間需要量（供給量）も、50.7kg（1961年）から1988年には

図4-1 世界の年間水産物消費（供給量）の推移及び日本と中国のシェア

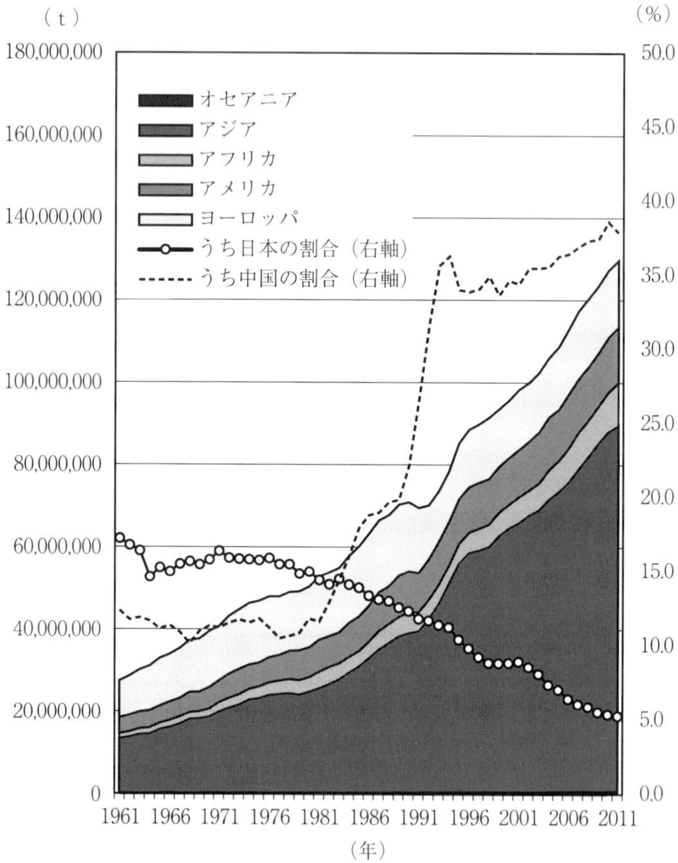

出所：FAOSTAT

72.6kgまで増加し、その後減少するが、現在でも53.7kg（2011年）の高い水準を維持している。一方、アジアの需要を押し上げているのは中国である。中国全体では1961年の340万tから、2011年の4911万tと50年間で15倍弱の増加となっている。中国の需要増は単なる人口増加によるものだけではない。国民1人当たり年間需要量（供給量）でみても、1961年の69.1kgか

ら2011年の194.5kgと約3倍に増大している[4]。その結果、現在では世界の水産物需要の4割弱が中国に集中している計算になる。

　資源の枯渇傾向の中で急激な需要増に対応するために拡大しているのが養殖業である。1990年代以降養殖による水産物生産が伸長している。養殖業は、農畜産業と同様に、人間が水産動植物を飼育管理することにより、質的にも量的にも安定した水産物を生産することを可能にするものである[5]。近年、日本国内における養殖業生産量は停滞あるいはやや減少傾向にあるが、世界全体でみると、1961年に4.8％であった漁業生産に占める養殖業の割合は、9.7％（1980年）、16.4％（1990年）、30.6％（2000年）、49.4％（2012年）と、世界の水産物生産のほぼ半分を占めるまでに増大し、2013年には養殖業が漁船漁業を生産量で上回るまでになった[6]。養殖には給餌養殖と無給餌養殖があり、食用の魚類や甲殻類の養殖はほぼ給餌養殖となっている。養殖魚の生産性や品質に大きな影響を与える餌料（飼料）は、水産物由来の資源に依存している。例えば、2013年の養魚飼料原料のうち、水産物由来の原料は45.8％を占めていた。そのため、世界の水産物需要の増大とともに養殖業が発展すればするほど、一部の水産物の需給がさらにひっ迫する関係にあることも注目すべき点である。

### （2）　水産物の有用性

　なぜ水産物の需要が世界的に高まっているのか。それは、水産物の多様な有用性が影響していると考えられる。

　水産物の有用性の第1は、高い栄養価である。必須アミノ酸をバランスよく含有し、生物にとって重要な栄養素であるタンパク質の栄養価が高いとされている[7]。

　第2に、消費者の健康への関心の高まりにも合致する水産物の機能性である。水産物には「健康によい」というイメージがある。大日本水産会が2011年に実施したアンケート調査[8]では、95.3％の回答者が肉料理よりも魚料理の方が健康によいと回答している。

実際に、水産物（特にマグロ、ブリ、サバ、サンマ、マイワシ等）に含まれるDHA（ドコサヘキサエン酸）やEPA（エイコサペンタエン酸）といった他の動物性脂質や植物性脂質には含有されていない脂肪酸は、血清中性脂肪とコレステロールを減少させ、血液の粘性も低下させることが明らかにされている[9]。

　上述の水産物の栄養価や機能性の高さといった有用性は、OECD加盟国における水産物消費量（供給量）と寿命の長さのゆるやかな相関を示した図4-2にも表れている[10]。水産物の消費が多い国ほど寿命が長くなる傾向があることからも、水産物は実際に生命の維持に効果的に働く食品であるといえるだろう。

　さらに、水産物の栄養価の高さは、単に人間の食用としてだけではなく、近代型畜産や魚の養殖業においても、重要となっている。すなわち、第3に飼料としての有用性である。すでに養魚飼料については簡単に触れたが、近年の配合・混合飼料の原料使用の内訳をみると、魚粉等の水産物由来の原料の使用割合が畜産飼料で0.4％（2013年）、養魚飼料では45.8％（2013年）と

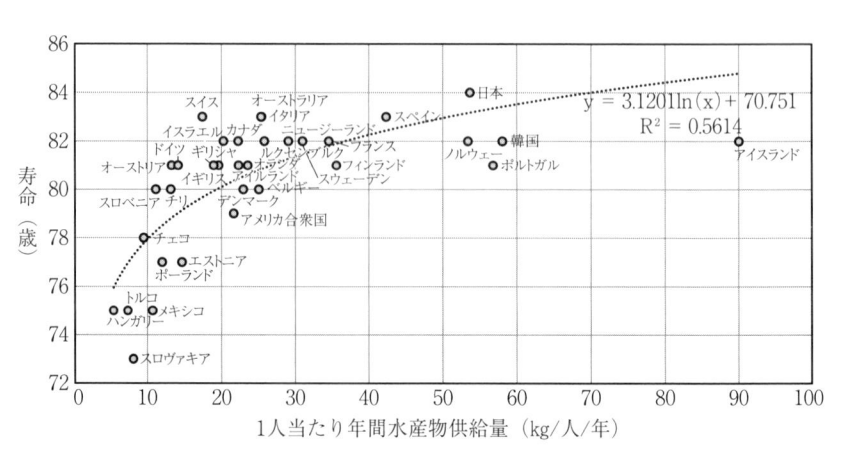

**図4-2　水産物の供給量と寿命の関係性**

$y = 3.1201\ln(x) + 70.751$
$R^2 = 0.5614$

出所：1人当たり年間水産物供給量についてはFAOSTAT、寿命についてはWHOSISより作成
注：水産物供給量については2011年、寿命については2013年の数値

なっている[11]。動物性タンパク質に占める割合だけをみると、それぞれ28.5％と96.4％となる。特に日本では、国内でBSE感染牛がみつかった2001年から水産物由来原料への依存が高くなっている。今日、水産物資源[12]は、特に養殖業にとって飼料原料として欠かせないものであるといえる。

### （3） 水産物残さの有用性と課題

　食品リサイクルが社会的に注目される以前から、日本ではニシンやマイワシ等から作られる魚粉が肥料として利用されてきた長い歴史がある[13]。養殖飼料原料として利用される魚粉の製造は、元々は安価で潤沢な水産物を主原料として発展した。

　しかし、マイワシ等当該水産物の漁獲量減少によって原魚が不足してきた。そこで注目されてきたのが、水産物に由来する食品廃棄物（以下、水産物残さ）[14]の有効利用である。水産物残さにも貴重な動物性タンパク質が含まれており、現在、水産物残さは魚粉、魚油、フィッシュソリュブル等として再資源化[15]され、飼肥料原料として広く利用されている。図4-3に示したように、近年、魚粉の製造は、95％前後の原料を水産物残さに依存していることがわかる。

　水産物残さは、水産物の生産や水揚げから、加工、流通、消費に至る過程で発生する。産地においては、廃棄される市場価値の低い魚類や一次加工処理（消費地への移送のための不可食部分の切り落としや加工原魚の前処理等）からでる魚あらが水産物残さとなる。いずれも水揚げからの時間経過が短いため、鮮度がよく製品歩留まりもよいことから、魚粉等原料としては質の高い残さとなる。水産加工場等、加工過程で発生する水産物残さ（加工残さ）も、発生量が多く、魚種も均一な場合が多いため、質の高い原料となる。一方消費地では、流通過程の多様な段階や最終消費場所としての家庭で残さ（都市残さ）が生じる。流通過程では、取引されなかった廃棄魚や、店舗加工する際に発生する魚腸骨が残さとなる。スーパー1店舗における1日当たりの水産物残さの量は、30～60kg程度であるとされる[16]。しかし、流

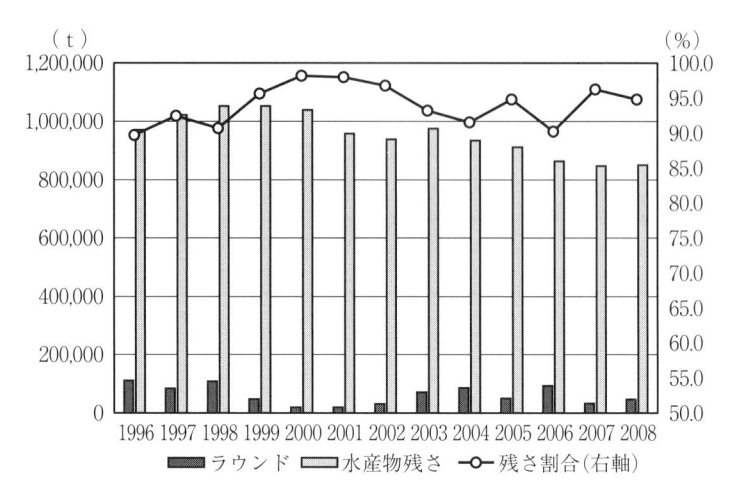

**図4-3　魚粉原料の内訳と残さ割合の推移**

出所:「水産油脂統計年鑑」(財団法人日本水産油脂協会)
注:日本フィッシュミール協会調査による原料別処理量。「ラウンド」とはそのままの状態の魚(丸魚)のこと。

通過程で発生する水産物残さは、魚粉等の原料としては不都合な残さ(イカ・タコ・貝の内臓等)や水産物以外の食品[17]、ビニールや包丁等の器具等の混入可能性が高いといった問題点を抱えている。家庭ではさらに水産物残さとその他の食品廃棄物との仕分けは難しく、他の食品廃棄物と混合処理されることがほとんどである。このように質の高い資源として利用するためには、水産物残さを他の食品廃棄物と区別し、適切な管理の下、コンタミネーションを避ける等の課題を克服しなければならない。しかし、その上で再資源化すれば、「魚粉」という需要の大きい商品となる点で、経済的にも有用性が高い資源であるといえよう。

## 3　水産物をめぐる循環型フードシステム

　日本国内における水産物需給の大まかな規模を商品のフローとして整理し

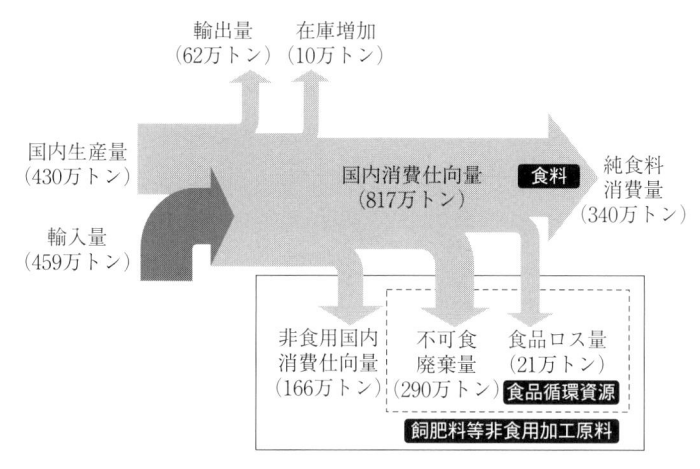

図4-4 水産物の需給フロー（2012年）

輸出量（62万トン）　在庫増加（10万トン）
国内生産量（430万トン）
輸入量（459万トン）
国内消費仕向量（817万トン）　食料
純食料消費量（340万トン）
非食用国内消費仕向量（166万トン）
不可食廃棄量（290万トン）
食品ロス量（21万トン）
食品循環資源
飼肥料等非食用加工原料

出所：農林水産省「食料需給表」、「食品ロス統計調査」より筆者作成
注1：「不可食廃棄量」は「国内消費仕向量」のうち粗食料総量から純食料量を除いた量。
注2：「食品ロス量」は、「国内消費仕向量」から「非食用国内消費仕向量」と「不可食廃棄量」を除いた数量に、「食品ロス統計調査」の「魚介類」食品ロス率5.8%（2014年）を乗じたもの。

たものが図4-4である。2012年度の水産物の国内生産量は漁業・養殖業を合わせ約430万tであり、これに輸入量459万tを加えた合計889万tが全体的な供給量となる。うち62万tが輸出され、在庫として10万tが留保されるため、1年間に国内市場に出回る水産物は817万tとなる。同様のフローを用いた水産庁の『水産白書』の水産物需給の解説では、国内消費仕向量を非食用と食用に区分し、それぞれ166万tと652万t[18]と推計している。ここでは食品ロス統計を用い、食用に仕向けられたものから魚腸骨等の不可食部分と可食部のロス部分を算出した[19]。その結果、実質的に食料として私たちが消費する純食料部分は340万tとなる。一方、水産物の加工、流通過程で排出される不可食部分は290万t、食品ロス量は21万tとなり、純消費量とあまり変わらない合計311万tが水産物由来の再資源化商品原料、すなわち食品循環資源となりえる。

実際には、非食用国内消費にむけられた166万tも魚粉等に加工され、飼

料や肥料の原料として利用されているため、先の水産物由来の食品廃棄物を再資源化した製品と合わせて、飼肥料向けの加工原料の市場で取引される。

　非食用の飼肥料等加工原料は厳密には食品ではないため、フードシステムとして取り上げることが適切であるかどうか、議論の余地があるかもしれない。また、そもそも漁業関連の副産物であることから、農業関連産業を扱うアグリビジネス論のなかでもあまり積極的に取り上げられてこなかった。しかし、その製品は飼料や肥料として農業と漁業の両産業に欠かせない資材となり、すでに述べたその栄養面での有用性から、農産物や水産物の生産システムの重要な要素として位置づけることができるであろう。

　こうした実態を把握するためには、水産物としての動脈流通、水産物に立脚すれば静脈流通であり飼肥料原料としては動脈流通としてとらえられる水産物残さの流通、飼肥料原料の動脈流通とそのみずうみとしての農漁業生産をあわせた1つの循環型フードシステムとしてとらえることが肝要である。

## 4　グローバルな水産物資源の循環型フードシステム

### （1）　循環型フードシステムの構成主体

　上述した水産物の循環型フードシステムを取引主体と取引される商品の形態に注目して改めて整理したものが、図4－5である[20]。

　水産物の循環型フードシステムの主な主体は、水産物の生産者である漁業者・養殖業者、水産物を利用し水産物残さの排出業者でもある水産物加工業者・食品流通業者・外食企業、水産物残さを乾燥加工し魚粉を製造する業者、魚粉を原料として他の栄養物質とあわせて飼料を製造する配合飼料メーカー、飼料販売業者である。

　水産物加工業者や水産物卸売市場・鮮魚店・スーパーマーケット・百貨店等小売業者等の食品流通業者、外食企業等は、水産物のフードシステム（動脈流通）の重要な構成主体である。しかし、彼らは一方で魚腸骨等いわゆる魚あらを水産物残さとして排出する排出業者、すなわち静脈流通のスタート

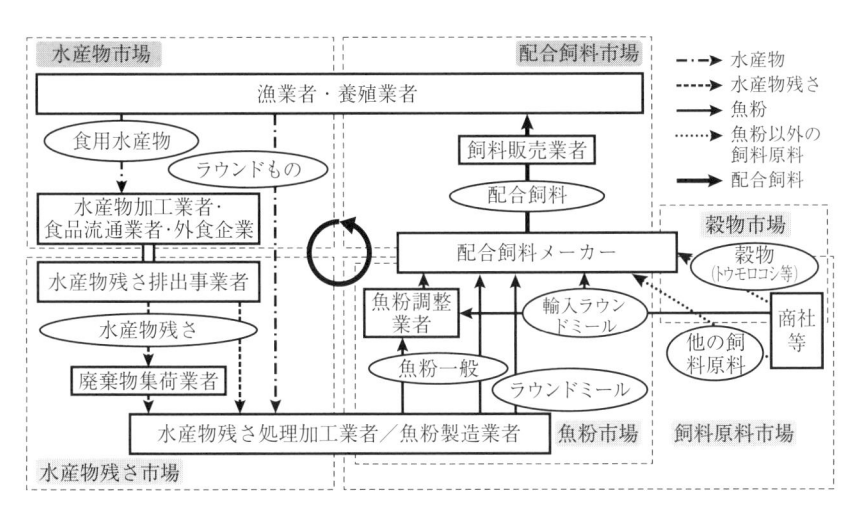

第4章 水産物の資源循環とフードシステム 71

図4-5 水産物の循環型フードシステム

出所：聞き取り調査等から筆者作成

ポイントでもある。

　排出業者から排出された水産物残さは、多くの場合（特に都市残さの場合）、小規模な収集業者（廃棄物集荷業者）によってまず収集される。加工業者や卸売市場等を除く多くの排出業者の毎日の水産物残さ排出量は少量であり、かつ腐敗性が高い。

　排出業者にとって残さの保管や輸送への投資はすなわち残さ処理コストの増大であるため、可能な限り回避したい支出である。このように小口分散的な水産物残さの収集段階においては、小回りのきく収集業者が必要不可欠な存在となっている。西日本の複数事例に共通にみられた収集業者は、多くが水産物残さを専門に収集する業者であり、2tまたは4tトラックで数十件の排出業者を回る収集形態である。

　水産物残さ処理加工業者は、収集業者が持ち込んだ水産物残さから魚粉や魚油等を製造する業者である。歴史的にみれば水産物残さだけではなく、元々魚粉製造を目的とし原魚を購入し加工する「魚粉製造業者」であった場

合が多いが、今日では「残さ処理加工業者」としての性格が強くなっている。全国魚粉製造業者名簿によると、2011年4月現在で、全国に68事業者ある[21]。

　水産物残さとその他の魚粉用原魚が加工され、魚粉等になって取引される市場は魚粉市場であると同時に、畜産業や養殖業のための飼料原料市場である。その中心は配合飼料メーカーであり、水産物残さ由来の魚粉あるいは国内外のラウンドミール[22]の他、トウモロコシ等の穀物や大豆油かす等を原料として、配合飼料を製造する。配合飼料メーカーが高品質（タンパク質割合が高い）魚粉のみを買い取る場合が多いため、品質の不安定な水産物由来の魚粉をブレンド等で調整し、配合飼料メーカーに販売する魚粉調整業者を経由する場合もある[23]。

### （2）　市場間及び主体間の相互関係

　水産物残さは、元々ラウンド原料に代わる魚粉原料として、水産物残さ処理加工業者（魚粉製造業者）が有価で買い付けることが多かった[24]。すなわち有価物としての取引が主流であったといえる。しかし1990年代半ばまでに、排出業者が収集業者や処理加工業者に対し収集・処理料を支払う形での取引が急速に拡大した。

　この取引の変化には、再資源化製品である魚粉の価格が大きく影響していると思われる。図4-6に示すように、魚粉の国内価格は1980年代から90年代を通じて全体的にt当たり50000円前後で低迷していた。このため、この時期加工処理業者の経営が悪化し、水産物残さを買い付けるのではなく、反対に排出業者から収集・処理料を徴収しなければ継続的な残さの処理加工を行えない状況が生じたのである[25]。

　食品ロス部分以外の大部分の水産物残さは、水産物の下処理、加工、調理の各段階で発生を避けることができないものである。そのため、排出業者が処理料を負担し処理加工業者の機能を維持する取引が成立したと考えられる。

図4-6　魚粉価格の推移（1982-2013年）

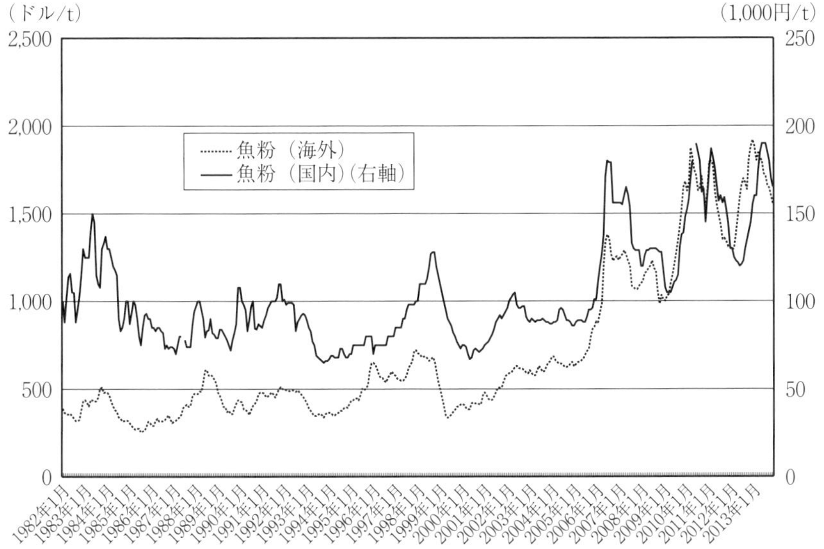

出所：魚粉（国内）についてはタンパク65%（89年以前は60%）の消費地価格、単位：千円／t、日本水産油脂協会調べ（2002年以降は日刊実業報知による）魚粉（海外）については、1982-1994年はタンパク65/70%、1995年以降はタンパク64/65%、C&Fハンブルグ価格、単位：ドル／t、オイルワールド誌による

　しかし、今日では有価での取引と「廃棄物処理」的取引が混在している。この背景にも、やはり魚粉価格の変動がある。2000年代後半から、排出業者や収集業者から再び有価での買付、収集業者への収集奨励制度等によって水産物残さの調達努力を行う処理加工業者がみられるようになった[26]。図4-6が示すように、この時期は魚粉価格が国内外ともに連動して高騰した時期である。当時魚粉価格の高騰に影響を与えたのは、トウモロコシ等の穀物価格の高騰であると考えられる。2006年から2008年にかけて、小麦・トウモロコシ・大豆等の国際価格は2倍前後に高騰した。その主な要因は、バイオエタノール需要の拡大やオーストラリアにおける大規模な干ばつであった。穀物は水産物資源ではないが、飼料原料という同じ取引システムの中で、魚粉等

の水産物資源のフードシステムに大きな影響を与えていることがわかる。以前の国内の魚粉価格は、海外の魚粉価格の動きに一致していたわけではなかったが、近年では国内外の魚粉価格が連動して推移し[27]、またその変動は国際穀物価格にもより大きな影響を受けるようになってきた。先にみた水産物の循環型フードシステムの図（図4-5）に穀物市場を加えたのはこうした影響を重視したからである。

## 5　水産物資源の持続的な循環型フードシステムにむけて

　以上みてきたように、水産物資源の流れをフードシステム的視点からとらえることによって、複雑な循環構造と主体間関係、またその関連市場の広がりが明らかになった。

　本稿では主に資源としての水産物に注目したが、商品としての水産物の循環型フードシステムを検討する場合には、包装材や抗生物質等関連する産業分野を視野に入れた、さらに広範囲なシステムとしてとらえる必要があるだろう。

　また、現在、世界の水産物生産が増加している一方で、日本国内でみれば水産物残さ等を含めた水産物資源全体は、漁業の縮小、水産物消費の減少や廃棄物減量化政策の推進によって減少傾向にある。水産物残さに関しては、廃棄物の減量という環境的には好ましい事態が、魚粉原料のひっ迫と飼料価格の高騰、すなわち畜産業や養殖業における生産コスト増に影響を与えている事態が生じている。実際、高値で取引される魚粉の製造を増やそうとする処理加工業者間における原料獲得競争が今日ますます激化している。

　本稿では紙面の都合上言及することができなかったが、水産物残さやその再資源化製品については、「食品リサイクル法」や「廃棄物の処理及び清掃に関する法律（廃棄物処理法）」の他、「飼料及び飼料添加物の成分規格等に関する省令」、「飼料の安全性の確保及び品質の改善に関する法律（飼料安全法）」、「食品残さ等利用飼料の安全性確保のためのガイドライン」、「化製場

等に関する法律（旧へい獣処理場等に関する法律）」等、多くの法制度が関連している。これらの法制度は、食品廃棄物のシステム、飼料のシステム等各々のシステムに対応して形作られてきたため、現在では法制度間に多くの矛盾が生じている。今後は制度面においても、一体的な循環型フードシステムに対応する形での整備が求められるであろう。

**注**
1）高橋正郎「静脈系を考えたフードシステム」『農林統計調査』12月号、1994年。
2）2008年の学会シンポジウムの座長解題。廣政幸生・牛久保明邦、「循環型社会におけるフードシステムの課題と展望」『フードシステム研究』第15巻2号（通巻36号）、2008年、p.2。
3）水産総合研究センター『国際漁業資源の現況』（2014年度）p.01-2。
4）FAOSTAT、Balance Sheet より。
5）『水産白書』（2013年度版）、p.4。
6）漁業・養殖業生産量に占める養殖業生産量の割合。『水産白書』（2013年度版及び2014年度版）。
7）魚の消費を考える会『現代サカナ事情』新日本出版社、1997年、pp42-50。
8）大日本水産会が、子育て世代の母親1000名を対象に2011年に実施した「水産物消費嗜好動向調査」の結果より。『水産白書』（2013年度版）。
9）魚の消費を考える会『現代サカナ事情』新日本出版社、1997年、pp42-50。ただし、水産物に多く含まれる上記多価不飽和脂肪酸だけを多量に摂取するのではなく、他の動物性脂質や植物性脂質に含まれる飽和脂肪酸や一価不飽和脂肪酸等とバランスよく摂取することが好ましい。
10）相関係数は0.554。1％水準で有意（両側）。
11）農林水産省生産局畜産部畜産課資料。
12）本稿では、水産物に由来し資源として利用可能なものを、一般的な「水産資源」と区別し、「水産物資源」と呼ぶ。
13）昭和初期において、日本は世界最大の魚粉生産国であり、輸出国でもあった。ただし、イギリスやノルウェー等日本に次ぐ欧米の魚粉生産国が魚粉を飼料として利用していたのに対し、当時の日本は主に果樹、稲作、茶、桑等の栽培に肥料として利用していた（大島幸吉『魚粉と魚粕』丸善、1938年、pp 2-8）。
14）本章での水産物残さは、主に魚類の残さを意味する。ヒトデやクラゲ等の非有用物、イカ、タコ等の甲殻類や貝類は成分的に異なってくるため、ここでは基本的に除外して考える。
15）魚油は主に油脂原料や燃料として利用され、フィッシュソリュブル（濃縮タンパク液）は、飼料原料として販売される場合や、魚粉のたんぱく質割合を上げるための添加剤等として利用される。
16）食料品スーパー3社からの聞き取り調査より。

17）肉骨粉の飼料への混入が禁止されて以降行われるようになった魚粉のDNA検査（通常年1回行われる）では、牛・豚・鶏・鯨の肉片の混入があった場合に陽性反応が出てしまうため、混入しないよう注意が必要である。
18）652万tのうち、「生鮮・冷凍」消費が266万t（40％）、「塩干・くん製・その他」が352万t（54％）、「缶詰」向けが33万t（5％）となっている。
19）統計上の制約から、食品ロス率については2014年のロス率を利用している。
20）再資源化された魚粉は、実際には飼料や肥料と多用途に利用されるが、ここでは統計的な把握が可能な飼料利用を中心に整理している。
21）農林水産省ホームページより。http://www.maff.go.jp/j/shokusan/recycle/syokuhin/s_houkoku/pdf/1104_gyofun_meibo.pdf （2015年10月23日最終確認）。
22）漁獲されたイワシ等の新鮮な水産物（バージン原料やラウンド原料と呼ばれる）をそのまま直接加工した魚粉（ミール）。
23）聞き取り調査より。ラウンドミールのタンパク質割合は70％程度であるのに対し、水産物残さを原料とする魚粉のタンパク質割合は60％前後となる。魚粉の価格は、このタンパク質割合5％ごとに段階的に設定される。
24）中部地方以西の複数の関連事業者からの聞き取り調査より。魚粉原料として「ラウンドもの」と「残さ」が統計上区別されるようになったのは1996年以降であるため、実際いつ頃魚類残さの比重が大きくなったのかは明らかではないが、聞き取り調査によると、1980年代後半から徐々に残さへの依存が高くなったということである。
25）聞き取り調査より。また古林英一「魚腸骨処理事業の現段階―千葉県銚子市の事例から―」（『漁業経済研究』第42巻第3号、1998年）にも、1993年に銚子市内のミール業者3者が排出業者に対し、収集・処理料金を徴収したいという要望書を提出したことが指摘されている。
26）中部地方以西の複数の関連事業者からの聞き取り調査より。
27）国内魚粉価格と海外魚粉価格の連動性については、拙著「グローバル経済下の水産系残渣リサイクルの現状と課題」（泉谷眞実編著『エコフィードの活用促進』農文協、2010年）参照。

# 第 5 章
# フード・マイレージと地産地消


中田哲也

## 1 フード・マイレージを考える背景

### （1） 背景と目的

　日本は、経済の高度成長の過程で食料供給の大きな部分を輸入に依存するようになった。これは主として、日本人の食生活パターンが米を中心としたものから畜産物や油脂を多く消費するものへと大きく変化したことに伴い、飼料穀物や油糧種子等の輸入が増加したためである。

　この結果、日本の食料自給率は主要先進国のなかで最も低い水準となっており、国内では農業労働力の減少・高齢化、耕作放棄地の増加など、食料生産基盤の脆弱化が進行している。

　また、近年、食品の安全性や信頼に関わる事故・事件が相次いで発生し、消費者・国民の間に不安感が高まっているが、その背景には「食と農の間の距離」が拡大しているという事情がある [1]。

　さらに、地球環境問題の重要性が広く認識されるようになっているものの、次節に述べるようなフードシステムと地球規模の資源・環境との関わりについては、これまで十分には意識されていなかった。

　本章[1]は、以上のような問題意識の下、食料の量及び輸送距離を総合的・定量的に把握する「フード・マイレージ」[2]という指標を提示し、今後の食料の安定供給のあり方について考えるための一つの素材を提供しようとするものである。

## （2） フードシステムと地球環境との関わり

　日本が行っている大量の輸入食料の長距離輸送は、3つの局面で地球規模の資源・環境に負荷や悪影響を与えている。

　第1は輸出国等の資源・環境に与えている負荷で、日本が輸入している主な農産物の生産に必要な海外の作付面積は国内農地面積の2.7倍に当たる [2]。また、日本の仮想水の総輸入量は国内において使用している水資源量のほぼ3分の2の量に相当するとされる [3]。さらに、日本人1人当たりのエコロジカル・フットプリントは4.3haで、これは地球の環境収容力を全人類に公平に割り当てた場合の面積の2.4倍に当たる [4]。

　第2は日本の環境への影響という面で、食料を含め資源の多くを海外に依存している日本の物質収支は極めて不均衡なものとなっており [5]、特に窒素収支は大幅な流入超過となっている [6]。

　第3が輸送に伴う地球環境への負荷という面であり、運輸部門においても二酸化炭素排出量の削減が重要な課題となっているなか、この点に着目し、食料の輸送に伴って排出される二酸化炭素等の環境負荷の大きさを定量的に把握しようとする指標がフード・マイレージである。

## （3） フード・マイレージに関連する既存研究等のレビュー

　1990年代にイギリスで始まった「フードマイルズ運動」は、なるべく地域内で生産された食料を消費することにより輸送に伴う環境負荷を低減させていこうという先駆的な市民運動である [7]。

　2002年、谷口・長谷川 [8] は日本において初めてフードマイルズを計測し、アメリカ産ブロッコリーは輸送の過程で国産品の8倍の二酸化炭素を排出していること等を明らかにした。また、根本 [9] は、「旬」が消失し遠隔地からの輸送が増加したことから生鮮野菜のフード・マイレージが増大していることを考察している。さらに、フード・マイレージを消費者教育や学校教育に活かす観点からの研究や取組もある（神山 [10]、特定非営利活動法人 開発教育協会 [11] 等）。

表5-1 食料のライフサイクルにおける輸送段階での二酸化炭素排出量

| 出典 | 輸送段階のシェア | 備　考 |
|---|---|---|
| Weber et al. [13] | 15% | アメリカの家庭における食料消費に係る温室効果ガス排出量 |
| Martin et al. [14] | 14% | アメリカの食料供給に係るライフサイクル・エネルギー |
| Saunders et al. [15] | 8.8% | NZで生産した乳製品をイギリスに輸出する場合の海上輸送に伴う二酸化炭素排出量 |
| 吉川ら [16] | 30% | 日本国内における野菜の生産・輸送時における二酸化炭素排出量 |
| 吉川ら [17] | 15.5% | 国産青果物の国内消費に伴う二酸化炭素排出量 |
| 椎名ら [12] | 10.9%（雨よけ）<br>3.7%（温室） | 国内産生鮮トマトの生産流通を通じた二酸化炭素排出量（いずれも移出） |

注：出典は章末の参考・引用文献参照。

　一方、フード・マイレージ等に対してはLCA（Life Cycle Assessment）の観点からの批判的な論調もある。表5-1によると、食品のライフサイクル全体における二酸化炭素排出量に占める輸送段階のシェアは1～2割程度となっている。この点に関連し、椎名ら [12] は生鮮トマトについてのLCA分析を基に、温室栽培では暖房器の運転等が二酸化炭素排出量の90％を占めていることから暖房を必要としない地域でトマトを生産することで大きな二酸化炭素削減効果が得られることを明らかにし、「いわゆる地産地消をやみくもに推進することは得策ではない」としている。

## 2　日本の輸入食料のフード・マイレージ

### （1）　輸入食料のフード・マイレージの概念と特徴

　輸入食料のフード・マイレージとは、輸入相手国毎の食料輸入量に当該国から日本までの輸送距離を乗じ、その数値を累積した数値で、単位はt・

km（トン・キロメートル）で表される。

　量と輸送距離を総合的に把える指標であることから、仮想的にではあるが「食と農の間の距離」を計測でき、食料輸入が環境に与える負荷を定量的に把握できるという特徴がある。なお、食料自給率には距離の要素は含まれていないため、例えば、ドイツが陸続きのフランスから輸入する場合と日本が大洋を隔てたアメリカから輸入する場合とでは事情が大きく異なるものの、その違いは自給率の計算結果には反映されない。

### （2）　計測方法

　計測対象とした国は、日本のほか、日本と同様に食料の大きな部分を輸入に依存している韓国、世界最大の農産物輸出国で同時に大輸入国でもあるアメリカ、欧州の先進国であるイギリス、フランス、ドイツの各国である。

　用いた統計は、日本については財務省「貿易統計」であり、諸外国についてはアメリカの民間会社が提供している"World Trade Atlas"によった。

　計測の対象とした年次は各国とも2001年であるが、その後、日本のみは2010年の数値を追加的に計測している（2010年値の考察は次節参照）。

　「食料」の範囲については、HS条約（商品の名称及び分類についての統一システムに関する国際条約）品目表の4桁ベース（項）で、主として食料として消費されているとみられる項を対象とした。なお、直接には人間の口には入らないとうもろこし等の飼料（畜産物として間接的に消費）や大豆等の油糧種子（国内で搾油され油脂として消費）についても食料に含めている。

　輸入相手国は、貿易統計に表章されている全ての国・地域である（日本の2001年の貿易統計では226の国・地域）。

　次に、輸入食料の実際の輸送経路や手段は極めて多様であるが、原則として船舶によって海上輸送されるものと仮定し、その輸送距離は海上保安庁［18］の数値を用いた。また、輸出国内の産地から輸出港までの輸送距離については、便宜的に当該国の首都と輸出港との間の直線距離によって代替し

## （3） 計測結果

2001年における日本の食料輸入総量は約5,800万トンで、これに国毎の輸送距離を乗じ累積したフード・マイレージの総量は約9,000億 t・km となった（表5-2）。これは、日本の国内における1年間の全ての貨物輸送量の約1.6倍、食料輸送量の16倍に相当する。

韓国及びアメリカは日本に比べて3割強、イギリス、ドイツは約2割、フランスは1割強となった（図5-1）。また、人口1人当たりでみると、韓国は比較的日本に近くなるものの、イギリスは5割弱、フランス及びドイツは3割弱、アメリカは1割強の水準である（図5-2）。

次に、このフード・マイレージを輸入量と平均輸送距離に分割してみると、輸入量はそれほどの格差はないが、日本の平均輸送距離は欧米各国に比べて非常に長くなっている。ちなみに日本の平均輸送距離（約1万5千km）は東京からアフリカ大陸南端のケープタウンまでの直線距離にほぼ等しい。

さらに、フード・マイレージの品目別の構成をみると、日本については穀

表5-2　各国のフード・マイレージの概要

|  | 単位 | 2010年 日本 | 2001年 日本 | 韓国 | アメリカ | イギリス | フランス | ドイツ |
|---|---|---|---|---|---|---|---|---|
| 食料輸入量<br>[日本（2001）＝1] | 千 t | 56,111<br>[0.96] | 58,469<br>[1.00] | 24,847<br>[0.42] | 45,979<br>[0.79] | 42,734<br>[0.73] | 29,004<br>[0.50] | 45,289<br>[0.77] |
| 同上（人口1人当たり）<br>[日本（2001）＝1] | kg/人 | 438<br>[0.95] | 461<br>[1.00] | 520<br>[1.13] | 163<br>[0.35] | 726<br>[1.58] | 483<br>[1.05] | 551<br>[1.2] |
| 平均輸送距離<br>[日本（2001）＝1] | km | 15,450<br>[1.004] | 15,396<br>[1.00] | 12,765<br>[0.83] | 6,434<br>[0.42] | 4,399<br>[0.29] | 3,600<br>[0.23] | 3,792<br>[0.25] |
| フード・マイレージ（実数）<br>[日本（2001）＝1] | 百万 t・km | 866,932<br>[0.96] | 900,208<br>[1.00] | 317,169<br>[0.35] | 295,821<br>[0.33] | 187,986<br>[0.21] | 104,407<br>[0.12] | 171,751<br>[0.19] |
| 同上（人口1人当たり）<br>[日本（2001）＝1] | t・km/人 | 6,770<br>[0.95] | 7,093<br>[1.00] | 6,637<br>[0.94] | 1,051<br>[0.15] | 3,195<br>[0.45] | 1,738<br>[0.25] | 2,090<br>[0.29] |

注：筆者推計による。

図5-1　各国のフード・マイレージの比較（品目別）

（百万t・km）

日本（2010年）

日本（2001年）
- 日本
- 韓国
- アメリカ
- イギリス
- フランス
- ドイツ

凡例：
- 畜産物（1、2、4類）
- 水産物（3）
- 野菜・果実（7、8、20）
- 穀物（10、11、19）
- 油糧種子（12）
- 砂糖類（17）
- コーヒー、茶、ココア（9、18）
- 飲料（22）
- 大豆ミール等（23）
- その他

注：筆者推計による。

図5-2　各国の1人当たりフード・マイレージの比較（輸入相手国別）

（t・km／人）

- 日本（2010年）：①アメリカ　②カナダ　③ブラジル
- 日本：①アメリカ　②カナダ　③オーストラリア
- 韓国：①アメリカ　②ブラジル　③アルゼンチン
- アメリカ：①タイ、②フィリピン、③オーストラリア
- イギリス：①アメリカ、②ブラジル、③イタリア
- フランス：①ブラジル、②アメリカ、③アルゼンチン
- ドイツ：①ブラジル、②アメリカ、③インドネシア

凡例：1位／2位／3位／その他

注：筆者推計による。

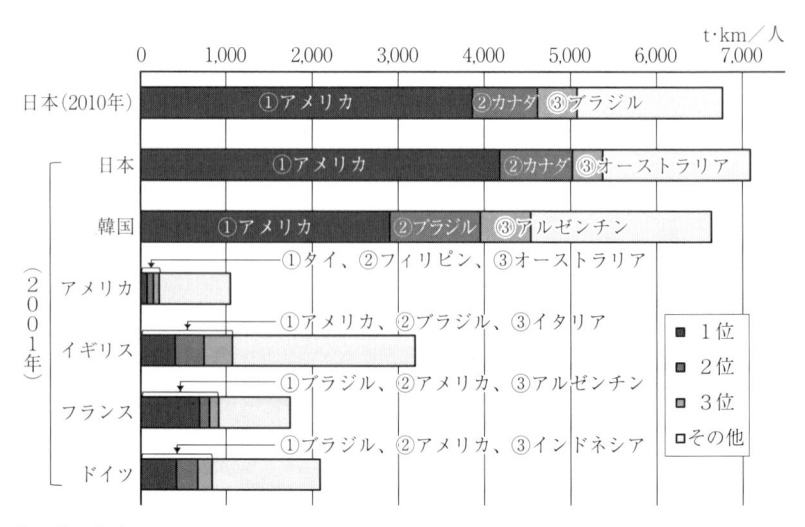

物51％、油糧種子21％と、この２品目で全体の７割強を占めているのに対し、欧米各国は総じて特定の品目には偏っておらず、食料分野のなかで水平的な貿易が行われている状況が見て取れる（図5－1）。

同様に、輸入相手国別の構成についても、日本においてはアメリカが59％、カナダ、オーストラリアと合わせた上位３カ国で全体の76％を占めているのに対して、欧米各国では多くの国に分散している（図5－2）。

### （４） 輸入食料の輸送に伴う二酸化炭素排出量の試算

国内における食料輸送（輸入食料の国内輸送分を含む。）に伴い排出されている二酸化炭素の量について、貨物流動量に占める食料品のシェア等から

表5－3 食料の輸送に伴う二酸化炭素排出量の推計

(単位：百万t)

| | | | 排出量 | 備　考（出典等） |
|---|---|---|---|---|
| 国内輸送 | 国内CO2排出量総計 | | 1,237.1 | 環境省［19］ |
| | 運輸部門計 | | 256.0 | 同上 |
| | うち貨物輸送 | | 91.6 | 国土交通省［20］のエネルギー消費量シェア（35.8％）で按分。 |
| | | うち食料 | 9.0【A】 | 国土交通省［21］の貨物流動量に占める食料品のシェア（9.9％）で按分。 |
| 輸入 | 食料 | | 16.9【B】 | フード・マイレージを基に、以下の仮定及びCO2排出係数から試算。 |
| | うち輸出国内の輸送 | | 6.7 | トラックと船舶による輸送が半々であるものと仮定し、国土交通省［20］の係数を用いて試算。<br>［トラック：180g-CO2/t・km］<br>［内航船舶：40g-CO2/t・km］ |
| | うち輸出港～輸入港の海上輸送 | | 10.2 | シップ・アンド・オーシャン財団［22］の係数を用いて試算。 |
| | | うちバルカー輸送分 | 6.2 | 第10（穀物）、12（油糧種子）及び23類（大豆ミール等）を輸送。<br>［バルカー：9.6g-CO2/t・km］ |
| | | うちコンテナ船輸送分 | 4.1 | 10、12、23類以外を輸送。<br>［コンテナ船：20.7g-CO2/t・km］ |
| 排出量比【B/A】 | | | 1.87倍 | |

注：１） おおよその傾向を把握するため、上記の各種資料を基に筆者が試算したものである。
　　２） 各種資料の出典は章末の引用・参考文献一覧参照。

表5-4 輸送機関別にみた二酸化炭素排出係数の比較

g-CO2/t・km

|  | 1トンの貨物を1km輸送する際に排出する二酸化炭素の量 |
| --- | --- |
| 営業用普通トラック | 179.8 |
| 鉄道 | 22 |
| 内航海運 | 40.4 |
| 外航船舶（バルカー） | 9.6 |
| 外航船舶（コンテナ） | 20.7 |
| 航空 | 1460.7 |

出典：外航船舶についてはシップ・アンド・オーシャン財団 [22]、その他は国土交通省 [20] による。

試算したところ、約9.0百万tとなった（表5-3の【A】）。

これに対し、輸入食料の輸送に伴い排出される二酸化炭素の量について、輸入食料のフード・マイレージに二酸化炭素排出係数（1tの荷物を1km運ぶのに排出する二酸化炭素の量、表5-4）を乗じて試算したところ、16.9百万tとなり、これは上記の国内における排出量の倍近い水準に相当することが明らかとなった（表5-3の【B】）。

この試算は多くの仮定を置いた上での機械的なものであるが、冷蔵や保管に伴うエネルギー消費は考慮していないこと等を考え合わせると、日本の大量かつ長距離の食料輸入は地球環境に対して相当程度の負荷を与えている事実は確認されたと言えよう。

## 3 輸入食料のフード・マイレージの最近の状況と長期的な推移

### （1） 日本の輸入食料のフード・マイレージの最近の動向

2010年における日本の輸入食料のフード・マイレージは約8,700億t・km

と2001年から3.7％減少した（表5-2）。輸入量は4.0％減少したのに対し平均輸送距離は逆に0.4％長くなっており、最近における穀物等の国際価格の高騰、新興国の需要急増等の事情を反映して、より遠隔の輸入相手国にシフトしつつある状況がうかがえる。

### （２） 長期的にみた輸入食料のフード・マイレージの状況

小麦、とうもろこし、大豆及び菜種の輸入量は、経済の高度成長が始まる頃の1960年の571万 t から2010年の2,746万 t へと4.8倍に増大した。また、これら4品目のフード・マイレージも1960年の約1,000億 t・km から2010年には約5,200億 t・km へと5.4倍に増大している（図5-3）。輸入量以上にフード・マイレージが大きく増加しているのは、平均輸送距離が伸びていることを示している。なお、近年ではこれら4品目で日本の輸入食料のフード・マイレージ全体の約6割を占めている。

また、その内訳（寄与率）をみると、品目別ではとうもろこし（69％）、

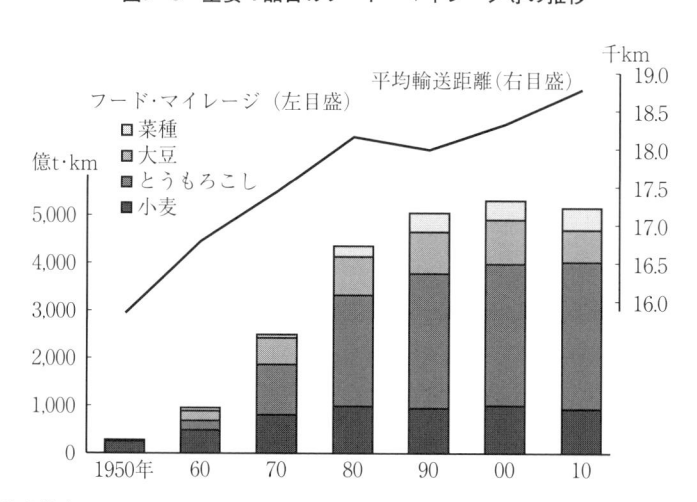

**図5-3 主要4品目のフード・マイレージ等の推移**

注：筆者推計による。

輸入相手国別ではアメリカ（79％）が大きい。

このことは、経済の高度成長と所得水準の向上に起因する食生活の変化（畜産物及び油脂消費の拡大）に伴って、これら品目の輸入が大きく増加してきたことを示している。

## 4　フード・マイレージ指標を用いた地産地消の効果計測

### （1）地産地消、伝統野菜等とフード・マイレージ

近年、地産地消の取組が盛んとなっている。また、伝統野菜等を復活・普及させようという取組が各地でみられるようになっているが、これは地産地消の典型であるのみならず、地域の歴史や風土、食文化について再認識しようとする意図とも結びついている。

本節では、フード・マイレージ指標を用いて、地産地消が有する輸送に伴う環境負荷低減効果について、伝統野菜を含む地元産の食材を用いた具体的な献立に即して定量的な計測を試みる[3]。

### （2）伝統野菜を用いた献立のフード・マイレージ等の計測

計測の対象とした献立は、2008年1月、金沢市在住のフードライター・つぐまたかこ氏が監修し自ら調理された「ネオ和食」で、主な食材は全て石川県産のものであり、源助大根、小坂れんこん等の加賀野菜、能登地方のブランド豚肉等が用いられている。

例えば源助大根は、産地（金沢市安原）から消費地（金沢歌劇座）まで8.6kmをトラックにより道路輸送されるものと仮定した結果、フード・マイレージは3.4 kg・km（0.4kg×8.6km）と試算される。同様に全ての食材について計算し足し上げたものが、この「ネオ和食」全体のフード・マイレージ（16.9kg・km）となり、これにトラックの二酸化炭素排出係数を乗じると、輸送に伴う二酸化炭素排出量3.0gと試算される（表5-5のケース1）。

次に、地元産にこだわらず市場流通に委ねて国産食材（2008年1月におい

第5章 フード・マイレージと地産地消　87

**表5-5　フード・マイレージ等の計測結果**
**（地産地消の効果についてのケーススタディ）**

| 主な食材 | 使用量 g | ケース1 [地産地消] 産地 | 輸送距離 km | フード・マイレージ kg・km | CO2排出量 g | ケース2 [仮に市場で国産食材を選んで調達した場合] 産地 | 輸送距離 km | フード・マイレージ kg・km | CO2排出量 g | ケース3 [仮に市場で輸入品を含めて調達した場合] 産地 | 輸送距離 km | フード・マイレージ kg・km | CO2排出量 g |
|---|---|---|---|---|---|---|---|---|---|---|---|---|---|
| 豚肉 | 200 | かほく市 | 21.6 | 4.3 | 0.8 | かほく市 | 21.6 | 4.3 | 0.8 | アメリカ | 19,422.4 | 3,884.5 | 79.5 |
| ねぎ | 70 | 七尾市 | 70.0 | 4.9 | 0.9 | 埼玉 | 466.1 | 32.6 | 5.9 | 埼玉 | 466.1 | 32.6 | 5.9 |
| れんこん | 30 | 金沢市小坂 | 4.8 | 0.1 | 0.0 | 金沢市小坂 | 4.8 | 0.1 | 0.0 | 金沢市小坂 | 4.8 | 0.1 | 0.0 |
| にんじん | 40 | 小松市 | 33.1 | 1.3 | 0.2 | 愛知 | 234.0 | 9.4 | 1.7 | 中国 | 2,877.7 | 115.1 | 7.5 |
| 大根 | 400 | 金沢市安原 | 8.6 | 3.4 | 0.6 | 徳島 | 436.9 | 174.8 | 31.4 | 徳島 | 436.9 | 174.8 | 31.4 |
| しいたけ | 40 | 小松市 | 33.1 | 1.3 | 0.2 | 小松市 | 33.1 | 1.3 | 0.2 | 中国 | 2,877.7 | 115.1 | 7.5 |
| 春菊 | 30 | 金沢市三馬 | 5.7 | 0.2 | 0.0 | 岐阜 | 210.9 | 6.3 | 1.1 | 岐阜 | 210.9 | 6.3 | 1.1 |
| せり | 30 | 金沢市諸江 | 5.4 | 0.2 | 0.0 | 金沢市諸江 | 5.4 | 0.2 | 0.0 | 金沢市諸江 | 5.4 | 0.2 | 0.0 |
| 米 | 100 | 白山市 | 11.4 | 1.1 | 0.2 | 白山市 | 11.4 | 1.1 | 0.2 | 白山市 | 11.4 | 1.1 | 0.2 |
| 計 | 940 | | | 16.9 | 3.0 | | | 230.2 | 41.4 | | | 4,329.9 | 133.2 |
| ケース1=1 | | | | 1.0 | 1.0 | | | 13.6 | 13.6 | | | 255.8 | 43.8 |

注：筆者推計による。

て金沢市中央卸売市場［23］に最も入荷量の多かった都道府県産のもの）を調達すると仮定（ケース2）すると、例えば大根の輸送距離はケース1の8.6km（金沢市内産）から437km（徳島県産）へと大幅に伸びる結果、フード・マイレージは230kg・km、二酸化炭素排出量は41gと推計され、ケース1の約14倍の水準となる。

　ケース3は輸入食材（おおむねカロリーベース自給率70％以下の食材については最も輸入量の多い国からの輸入食材を使用するものと仮定）を含めて調達した場合（ケース3）である。例えば豚肉の輸入距離は、ケース1の21.6km（かほく市産）から19,422 km（アメリカ産）へと大きく増大する結果、フード・マイレージは4,330kg・km、二酸化炭素排出量は133gと、それぞれケース1の256倍、44倍の水準となった。

　以上のように、同じ献立で同じ食材を使用する場合であっても、地元産の食材を選択すること（地産地消）により、二酸化炭素排出量は大幅に削減されることが明らかとなった。

## 5　フード・マイレージの限界と有用性

　本章では、輸入食料のフード・マイレージを計測し諸外国と比較した結果、長距離輸送される大量の輸入食料に依存しているという日本の食料供給構造の特異な状況を明らかにするとともに、それが地球環境に対して相当程度の負荷を与えていることを示唆した。また、伝統野菜等を用いた地産地消の取組が輸送に伴う環境負荷を削減する効果があることを定量的に明らかにした。

　一方、フード・マイレージ指標には限界もある。1つは表5-4に示したとおり輸送機関によって二酸化炭素排出係数が大きく異なることである。現在の食料輸送の大部分を担うトラックの排出係数は鉄道の約8倍等と非常に大きい。つまり、輸送に伴う環境負荷を低減させるには、地産地消よりも環境負荷の小さな輸送機関に転換（モーダルシフト）する方が直接的な効果は大きいのである。

　もう1つの限界は、フード・マイレージ指標は輸送の過程に限定されていることである。食料は、その生産から流通、加工、包装、消費、廃棄の全ての過程（ライフサイクル）で二酸化炭素を排出しており、輸送の過程における排出量のシェアは1～2割程度である（前出の表5-1）。つまり、地元で生産された食料であっても、仮にそれがハウスで加温されたり化学肥料や農薬を多投されたりして生産されたものである場合は、海外で粗放的に生産された食料を環境負荷の小さな船舶で輸入した場合に比べて、トータルでみた環境負荷は結果として大きくなり得るのである。

　これら限界を踏まえた上で、なお、フード・マイレージ指標には以下のような有用性が認められる。

　まず、食生活という日々の身近な営みが全人類的な課題でもある地球環境問題と関連していることに気付くきっかけとなることである。そのことにより、地産地消だけではなく、旬産旬消（生産段階における環境負荷が小さい旬の食材をなるべく選ぶこと）や、なるべく食べ残しはしない（廃棄または

リサイクル段階での環境負荷の低減につながる。）といった具体的な行動に繋がっていくことが期待されるのである。

　また、消費者がその食品の産地や来歴を意識する手掛かりにもなる。消費者が生産者や産地のことに関心を持つことは、離れてしまった「食と農の間の距離」を再び近づけ、食に対する消費者の安心感を回復することに繋がり、ひいては、いわゆる産消提携等を通じて国内における安定的な食料供給体制の構築に資することも期待されるのである。

　なお、LCAについては、その概念や計算方法が複雑で一般消費者等にとっては直ちに理解し難い面があるのに対し、フード・マイレージは分かりやすく誰にでも簡単に計算でき、具体的な行動（地産地消）に結びつけやすいというメリットがあり、ワークショップ等の素材としても適している。


注
1）2～4節の初出は以下の通りであるので、詳細な計測方法等については必要に応じ以下を参照されたい。
　　2節：「食料の総輸入量・距離（フード・マイレージ）とその環境に及ぼす負荷に関する考察」『農林水産政策研究』No.5、2003年、45-59頁
　　3節：「日本の輸入食料のフード・マイレージの変化とその背景」『フードシステム研究』第18巻3号、2011年、287-290頁
　　4節：「フード・マイレージ指標を用いた地産地消の環境負荷削減効果の計測」『フードシステム研究』第17巻3号、2010年、250-253頁
2）輸送量に輸送距離を乗じ累積することから、単に距離を表す「マイルズ」より、道のり、輸送されてきた経路といった含意のある「マイレージ」の方が語感として適切と思われる。なお、本用語は農林水産政策研究所の篠原孝所長（当時）の造語である。
3）本節は、2009年2月に金沢市の金沢歌劇座で開催された北陸農政局主催「伝統野菜サミット」における筆者の報告を基にしている。

引用・参考文献
[1] 高橋正郎『フードシステム学の理論と体系』農林統計協会、2002年、5-6頁
[2] 農林水産省「平成19年度食料・農業・農村白書」、2008年、80頁
[3] 沖大幹「世界の水危機、日本の水問題」東京大学生産技術研究所、2002年
[4] NPO法人エコロジカル・フットプリント・ジャパンウェブサイト http://www.eco-foot.jp/
[5] 環境省『平成27年版 環境・循環型社会・生物多様性白書』、2015年、190頁
[6] 独立行政法人農業環境技術研究所「食料生産・消費に伴う環境への窒素流出と水質汚

染の変化を推定するモデルについて」、2009年
[7] Paxton, A "The Food Miles Report: The danger of long distance food transport", The SAFE Alliance, 1994
[8] 谷口葉子、長谷川浩「フードマイルズ試算とその意義―地産地消の促進を目指して―」『有機農業研究年報』Vol.2、2002年
[9] 根本志保子「フードマイルズにみる生鮮野菜消費と環境負荷の変化」『生活経済学研究』22・23、2006年、225-235頁
[10] 神山久美「消費者市民の育成を目指した授業デザイン―フード・マイレージに関するニュース番組を教材として」『消費生活研究』12 (1)、2010年
[11] 開発教育協会『フードマイレージ―どこからくる？私たちの食べ物』、2010年
[12] 椎名武夫、ロイ・ポリトシュ、根井大介、中村宣貴、岡留博司「日本国内で消費される生鮮トマトのLCI」『日本LCA学会研究発表会講演要旨集』、2007年
[13] Weber, C. L. and Matthews, H. S., "Food-miles and the Relative Climate Impacts of Food Choices in the United States", Environmental Science and Technology, Accepted Mar. 2008
[14] Martin C. Heller, M C. and Gregory A. Keoleian, G A., "Life Cycle-Based Sustainability Indicators for Assessment of the U. S. Food System", Center for Sustainable Systems, University of Michigan, 2010
[15] Sounders, C., Barber, A., Taylor, G., "Food Miles - Comparative Energy/Emissions Performance of New Zealand's Agriculture Industry", Lincoln Univ., July 2006
[16] 吉川直樹、天野耕二、島田幸司「野菜の生産・輸送過程における環境負荷に関する定量的評価」『環境システム研究論文集』vol.34、2006年
[17] 吉川直樹、天野耕二、島田幸司「日本の青果物消費に伴う環境負荷とその削減ポテンシャルに関する研究」『環境システム研究論文集』vol.35、2007年
[18] 海上保安庁『距離表』、1995年
[19] 環境省「2000年度（平成12年度）の温室効果ガスの排出量について」、2002年
[20] 国土交通省『交通関係エネルギー要覧 平成13・14版』、2002年
[21] 国土交通省『第7回全国貨物純流動調査（物流センサス）結果』、2002年
[22] シップ・アンド・オーシャン財団『平成12年度 船舶からの温室効果ガス（CO2等）の排出削減に関する調査研究報告書』、2001年
[23] 金沢市中央卸売市場『金沢市中央卸売市場年報』、2008年

# 第 2 部　流通システムとマーケティングの新展開

## 第6章
# 買い物難民対策としての移動販売事業と地域の流通システム

菊池宏之

## 1　はじめに

　日常生活での「買い物」が、身体的にも経済的にも高齢者を中心に深刻な問題になっていることを、杉田（2008）は『買い物難民』で初めて指摘した。杉田は買い物難民を、「商店街の衰退や大型店の撤退などで、その地域住民、特に車の運転が出来ない高齢者が、近くで生活必需品を買えなくなって困っている状態」と定義し、自動車等の移動手段を持たず[1]身体的にも経済的にも対応困難な高齢者を主体に深刻になりつつあると指摘している。

　「買い物」が困難になると、高齢者の健全な生活に不可欠な生鮮品や季節性食品の購入の困難度が高まり、健康に害を及ぼすと指摘[2]されており、社会的対応の必要性が高まり、近年では「買い物」支援策が取組まれているが必ずしも十分ではない。2030年には60歳以上の人口比率は、35％に達すると推計され[3]、買い物難民問題対応の重要性が高まっている。特に、過疎化の進展や小売店舗展開の大型化が進展する中では、都市部に比較して地方部で問題化し易く、買い物の場としての意味がより高まっている。これら問題の発生と具体的な対応策は、2010年5月に経済産業省が「地域生活インフラを支える流通のあり方研究会報告書」[4]（以下「経済産業省報告書」という。）等で検討されている。先行ケースから、買い物難民地区では店舗運営の困難度が高い経営環境にあり、食品提供事業の継続性が困難である。しかも、地域における買い物難民への対応を考慮すると、地域密着で地域特性に

対応することの必要性が高く、全国展開型小売業等が品揃えや店舗運営面等から、地域毎に対応する困難度が高い。

その意味では、地域に密着した流通業の買い物難民への対応策の継続性と適応性に関する検討が必要になる。そこで、本章では、買い物難民に関する先行研究から買い物難民対応策に関して移動販売車を主体に検討し、先行事例の分析から継続性のある事業展開に関して検討する。

## 2　買い物難民問題に関する先行研究と研究課題

買い物難民に関わる先行研究を分析することで、研究視点毎に類型化し確認する。

### （1）　買い物弱者[5]視点で買い物難民に関する研究

杉田（2008）による『買物難民』などが契機となり、経済産業省が2009年11月に地域で買い物に不便を感じる人々が増加している課題に対応するために「地域生活インフラを支える流通のあり方研究会」を設置し報告書を取りまとめた。そこでは、都市部と農村部に分けて、ⅰ．宅配サービス、ⅱ．移動販売、ⅲ．店舗への移動手段の提供、ⅳ．便利な店舗立地が提示されている。

これらの視点に立脚して、工藤（2011）や経済産業省（2010）は、買い物弱者への支援策としてⅰ．店舗を設定、ⅱ．商品の宅配、ⅲ．店舗へのアクセス容易性の確保を提示している。

さらに、農林水産省（2013）では、『食料品の買い物における不便や苦労を解消するための先進事例』として、ⅰ．店舗販売、ⅱ．食品宅配、ⅲ．移動販売、ⅳ．共食・会食と類型化して提示している。それに加え、全国の先行事例分析から、取組み経緯、取組みの内容・効果、取組みにおける工夫などに関して解説し、買い物弱者対応策として流通業者としての取組みに関して大変示唆に富んだものになっている。

## （2） フードデザート視点での買い物難民に関する研究

　岩間らはフードデザート[6]を、ⅰ．社会的弱者（高齢者、低所得者など）が集住し、ⅱ．商店街の消失などに伴う買い物環境の悪化（食料品アクセスの低下）と、家族・地域コミュニティの希薄化に伴う生活支援の減少（ソーシャル・キャピタルの低下）のいずれか、或は両方が生じたエリアとしている。その意味では、本論の買い物難民と同義語と理解できる。

　さらに、岩間らは、食品スーパーの郊外進出が顕在化した英国で、1970-90年代半ばinner-city / suburban estate 立地の中小食料品店やショッピングセンターの倒産が相次いだ（Guy 1996）。その結果、郊外の食品スーパーに通えないダウンタウンの貧困層は、値段が高くかつ野菜やフルーツなどの生鮮品の品揃えが極端に悪い雑貨店での買い物を強いられており（Wrigley 2003ほか）、貧しい食糧事情がガン等の疾患の発生率増加の主要因であると指摘する研究報告が多数見られている（Davey Smith, D and Brunner, E 1997）。その一方で、米国ではフードデザートエリアにジャンクフード店が出店し肥満問題発生の背景との指摘（Swinburnほか2004、等）がある。

　わが国におけるフォードデザート問題について、岩間（2010）は、地理学の視点からフードデザートマップを提示すると共にアンケート調査を基にした地域コミュティの重要性を指摘し、コミュニティビジネスの可能性を論じている。その後岩間（2013）は、『フードデザート問題〜無縁社会が生む「食の砂漠」〜』で、フードデザート問題の発生要因を整理し、具体的な研究事例を基に栄養学の視点から問題提起をし、フードデザート問題への対応として、主体間連携、人と人の繋がりの重要性に関して論じている。木立（2010）は、わが国のフードデザート問題に関して、英国等の海外事例から特徴を整理したうえで、フードデザート問題の発生した地域の地域再生の必要性を指摘している。さらに、木立（2011）は、フードデザートの対応策としてⅰ．小規模店の再評価、ⅱ．移動販売、ⅲ．宅配、ⅳ．交通機関、ⅴ．コンパクトシティに関して検討すべきと提言されている。

また、フードデザート問題で地域コミュニティとしての農山村の生活基盤確保の視点から、買い物難民対策に関して検討したのが、小田切ら（2011）であり、経済活動を基盤として公共サービスを総合的に提供するような新たな地域コミュニティ作りを指向すべきであると論じている。

### （3）　先行研究からの示唆と残された研究課題

先行研究から、幾つかの論点があるので、以下整理する。第一に、杉田（2008）、木立（2010）、岩間（2010、2013）等が、買い物難民問題が顕在化した背景を踏まえて多面的な視点から示唆に富んだ考察がなされている。

第二に、買い物難民への対応策として行政や公的機関をも含めた組織的連携化や地域のコミュニティの重要性に関しての提言がなされている。コンパクトシティ等の都市計画の視点からであり、岩間（2011）や小田切ら（2011）等の考察がある。さらに、商業的な対応策の視点からは経済産業省（2010）や工藤（2011）によって考察されている。

第三の視点は、買い物難民への対応策の先行的取組み事例の整理であり、経済産業省（2011）、工藤（2011）、農林水産省（2013）において、地域の特性に対応した対応策が分析されている。

以上の先行研究は、買い物難民問題への対応として示唆に富んだものであるが、小売業者者が買い物難民への対応を図るには、経営継続の困難性が高い商圏を前提とすることに加え、主として高齢者を主体に食料品を提供し続けることである。それらの状況は、小売業としての事業継続性の難易度が高いことが指摘できるにも拘らず、先行研究では小売業等の継続性に関しては十分な検討がなされているとは言えないこともあり、継続性が重要な課題である。なぜなら、取組み企業や展開組織が撤退すると、より大きな買い物難民問題が顕在化することで、一層解決の困難度が高まる問題になると言える。

そこで、本論では先行研究において残された課題として、買い物難民問題への対応に当たっての継続性のある事業の在り方に関して検討していく。

## 3　買い物難民問題と対応策の実態

　本節では、買い物難民問題に関する先行研究と実態調査から、その対応策に関して小売業視点でその継続性における方策を検討する。

### （1）　買い物難民への流通業としての対応策の検討軸

　ここでは経済産業省（2012）「地域生活インフラを支える流通のあり方研究会報告書」から、買い物難民問題への対応方策を検討する。

　第一の軸は流通業視点の軸であり、「宅配サービス」、「移動販売」、「店舗への移動手段の提供」、「便利な店舗立地」の軸を前提とする。

　第二の軸は、買い物難民問題への対応策として買い物機会の提供を主体とするか、買い物提供の範囲を超え地域との連携化（地域特性や地域住民の安否確認の提供等）への対応までを担うのかの検討の有効性を考える。第三の軸は、買い物難民である利用者の状況を主体に検討することが有効であり、買い物のために外出することの難易度が高いか否かを軸に検討することが有効である。

　第三の軸である外出の難易度が高い場合には、第一の軸である流通業の提供サービス対象外であると考えるのが妥当であり、流通業を主体としての検討に絞ることを目的としているので、上記、第一と第二の軸を主体に検討する。その上で、第二の軸を考えると、流通業主体は買い物機会の提供であり、それら提供実績に対応して地方自治体や公的法人などが活用を打診してくるケースが多いことが、各法人・組織への実態調査の結果明らかになっている。第一の類型軸を流通業の視点で確認すると、提供サービスでは移動販売対応が基本で宅配サービスの提供や地域の見守り対応を可能としている。買い物移動手段の提供は、単独企業のみで対応することは困難であり、今回の事例調査でも一事例のみであった。次に便利な店舗立地は、商圏的に経営継続性の困難度が高いことが前提にあり、一般化して検討することが困難である。

98

　以上を整理すると、流通業の買い物難民対応に関して、上記分類軸の第一の軸である、移動販売を主体として買い物難民への買い物機会の提供を主体に、事業継続性の可能性に関して実態調査をもとに検討する。

## （2）　買い物難民への対応策の先行事例の実態

　本論では、小売業としての買い物難民対応策で先行的な取組み組織を主体

**表6-1　ヒアリング調査による事例調査先と概要一覧（事業開始年順）**

| 事業主体 | 宅配サービス対応 | 移動販売（名称）等 | 買物移動手段提供 | 便利な店舗立地 | 特記事項 | 自立型事業継続可能性 |
|---|---|---|---|---|---|---|
| サンプラザ | ― | 1985年から「ハッピーライナー号」 | ― | ― | 展開期間は長いものの継続は検討中、見守り協定 | △：最古の展開も、困難な継続性 |
| 安達商事 | 要請で対応 | 2006年3月から「ひまわり号」 | ― | ― | 全国の先行事例、見守り協定締結 | △：「超高齢社会」該当過疎地区展開 |
| 福井生協 | 班配・個配で展開 | 2009年10月から「ハーツ便」 | ― | ― | 組合員年齢層別に対応した事業展開、見守り協定 | ○：組合員サービスの一環での対応 |
| コープさっぽろ | 班配・個配で展開 | 1997年開始事業・2011年現在形態に、全国最大規模「おまかせ便」 | 「お買物バス」運行等 | 大型店撤退後あかびら店居抜出店等 | 社会貢献事業として買物難民対応策全メニュー対応済、見守り協定 | ◎：班配主体で、買物難民対応策に対応 |
| コープ大分 | 班配・個配で展開 | 2011年4月から「ふれあいコープ便」 | ― | ― | 九州地区個人経営以外の取組み、見守り協定締結 | ○：組合員サービスの一環での対応 |
| とくし丸 | ― | 2012年から「とくし丸」地域SMと連携化モデル確立 | ― | ― | 移動販売ビジネスモデルを全国展開、見守り協定 | ◎：継続性高いビジネスモデル確立 |

　出所：移動販売車事業を主体に買物困難者（難民）対応の先進事例に対するヒアリング調査及び移動販売車の同乗又は追尾と利用者へのヒアリング調査を基に作成

にヒアリング調査主体の実態調査により、類型軸に対応して調査対象先の取組状況を整理したものが表6-1である。この中で、安達商事における移動販売事業は、全国の先進的取組みとしてほとんどの流通業者の展開モデルとなっていることが、今回の実態調査により裏付けられた。その背景には、同社社長の移動販売車事業普及促進のため、可能な限りの情報を開示する方針によるものである。しかし、同社の移動販売車の取組みに関して事業継続性の視点から確認すると、人口減少地区を商圏としていることもあり、単独事業での困難性が高いことが実態調査から確認することができた。

以上の点及び先進取組みの実態調査から考慮し事業継続性の視点から、とくし丸及びコープさっぽろの取組みを主体に検討したい。しかし、紙幅の関係もあり移動販売車事業単体の展開でありながらも、事業継続性の確保を図っている事例である「とくし丸」に焦点を当てて分析していく。

### （3） とくし丸による持続可能性の高い移動販売事業

とくし丸は、徳島市内で2012年2月に発足した、相対的に歴史の浅い移動販売事業体である。代表者の住友氏[7]は小売事業や物販事業に携わった経験が無いが、高齢者を買い物に連れて行った折に、「次に、いつ買い物できるか分からない」と持ちきれないほど大量の買い物をする様子に「尋常ではない」と、新たな事業機会の可能性を見だしたのが契機である。そこで、先行モデルである安達商事から直接運営ノウハウを学び、試行錯誤する中で「とくし丸モデル」として事業展開を図ったので、その特徴を整理すると以下になる。

とくし丸による移動販売車事業は、3者のステイクホルダーから構成されている。第一に、商品を供給する「地域食品スーパー」、第二に、とくし丸の名称の移動販売車で商品を顧客に届ける「販売パートナー」、そして第三に、事業全体をプロデュースする

「とくし丸本部」である（図6-1参照）。とくし丸は店舗を持たない移動販売車事業展開であり、朝に提携の食品スーパー等で車両（軽トラックを改

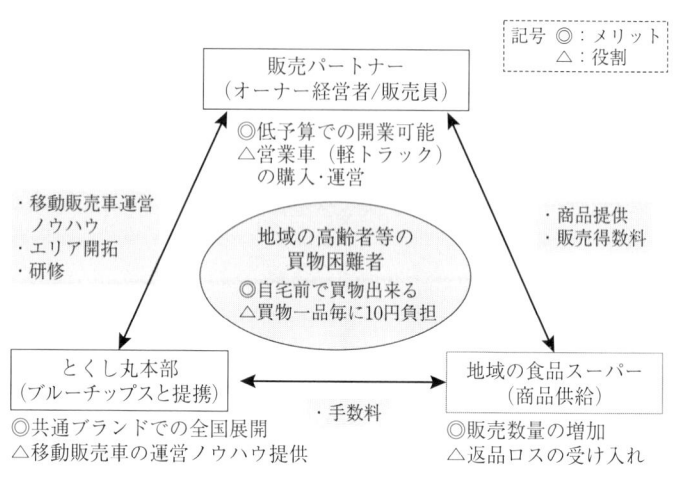

図6-1 とくし丸の移動販売車の運営モデル

```
                    販売パートナー
                (オーナー経営者/販売員)           記号 ◎：メリット
                ◎低予算での開業可能                  △：役割
                △営業車（軽トラック）
                  の購入・運営
                ┌─────────────┐
・移動販売車運営    │ 地域の高齢者等の │       ・商品提供
  ノウハウ         │   買物困難者    │       ・販売得数料
・エリア開拓       │◎自宅前で買物出来る│
・研修             │△買物一品毎に10円負担│
                └─────────────┘
     とくし丸本部                        地域の食品スーパー
  （ブルーチップスと提携）    ・手数料      （商品供給）
  ◎共通ブランドでの全国展開              ◎販売数量の増加
  △移動販売車の運営ノウハウ提供            △返品ロスの受け入れ
```

出所：同社住友社長へのヒアリング調査及び日経流通新聞記事などを基に作成

造）に、青果物や総菜、美子、パン、カップ麺、調味料に加え、刺し身や肉類、乳製品などの生鮮食品、さらにはトイレットペーパー等の日用雑貨品も品揃えし、積み込み商品は400アイテム程度になっている。使用車両は、軽トラックの改造により荷台は扉が三方に開く形態にし、自宅前で買い物を可能にする小回り性をねらい軽トラックでの運営としている。

　運営の三者の役割とメリットを確認すると、食品スーパーは、店舗立地は採算的に困難度の高いエリアで、地域住民への買い物機会を提供することが可能になる。しかも、それらを自らが移動販売車事業として展開するには多額の初期投資や運営コストなどの投資リスクを負うことになるが、とくし丸の移動販売車展開で、それらのリスクを最小化することが可能になる。さらに、移動販売車での売上金額が店舗の売り上げにプラスされるメリットがある。

　次に、移動販売車の推進者である販売パートナーは、車両購入費用約300万円を用意する。その上で、とくし丸本部による顧客開拓を受けた移動販売

車事業の展開可能性が高い営業エリアで優先的な顧客対応を図る権利を得ている。移動販売車は、１コースを週２回ずつ巡回販売し３コースを担当する。各コースの顧客数は50人程度となっている。移動販売車事業は、販売時の売れ残り品が大きなリスクになるが、とくし丸は食品スーパーの販売を代行する経営形態であり、食品スーパーが売れ残り品を引き取る契約である。そのことは、販売パートナーは売れ残り品の処理リスクを強く意識すること無く、営業活動に邁進することを可能としたビジネスモデルである。

　最後に、とくし丸本部の役割は商品構成や販売のノウハウの構築及び提供、移動販売車担当への研修推進があるが、とくし丸本部の最大の役割は、移動販売車事業の継続性のある事業モデルの確立にある。本事業の継続性を可能にしている第一点は、巡回ルートの開拓である。移動販売車の一日の巡回ルートは、１コース当り50件程度の購買者を開拓することが必要になり、特定エリアにおいてそれら購買者の居るコースを、３コース開拓することが前提になる。当然、事前調査段階での購買者は、購買予定者であり、週２回の巡回時に購買することが無い、或は購入しなくなることもあるので、定期的にコースの見直しを前提に、事前調査をすることで移動販売車のコース当りの購買者の確保に努めている。

　第二点は利益配分システムの構築である。三者の推進の担い手毎に利益配分を決定しており、商品粗利率を約28％と設定した上で、販売パートナーが17％、食品スーパーが８％、とくし丸本部に３％を分配するものであった。しかしながら、店舗運営が困難な状況にある商圏での展開でもあり、販売パートナーが取組むにあたっての採算売上高を確保することが困難であった。そこで、スタート２ヶ月後に新たな課金制度を導入した。それが、「プラス10円ルール」であり、販売商品毎に一律に10円を顧客に上乗せして販売する方式である。元値に関らず、一品に一律に10円を課金することに関し食品スーパー側から困難であるとの指摘があった。しかし、とくし丸の事業推進を支えることが、買い物困難の状況を打破する有効な方策であるとの認識の理解を求まることで顧客の協力が得られており、同社のシステムの継続性が保

持されている。

## 4　むすびにかえて

　本論では、買い物難民問題に関する先行研究と実態調査から、その対応策に関して小売業視点でその継続性における方策に関して検討してきた。

　先行研究からは、買い物難民問題が経済化している背景を踏まえて実態に関する研究蓄積がなされていることが確認できたこともあり、買い物難民への対応策に関して行政も含めての有益な提言として、宅配サービス、移動販売、店舗への移動手段の提供、便利な店舗立地がなされていた。それらの提言を受けて、具体的な買い物難民対応に関する事例研究がなされていることが確認できた。

　先行研究では小売業経営の在り方やその継続性が重要な課題であるものの、それらの視点に関しての十分な研究や検討がなされていないことが明らかになった。そこで、本章では先行研究において残された課題として、買い物難民問題への対応に当たっての継続性のある事業の在り方に関して、先行的移動販売事業を主体に検討してきた。

　先行事業の事例研究から、事業の継続性は収益性として考察すると、事業としての採算が合うと言うことである。収益は、販売額とコストの差で求められ、収益性を高めるには、販売額の増加とコスト削減のアプローチがあるので、先行事例から売上向上とコスト削減の視点からの考察が求められる。

　販売額増加の視点では、とくし丸で見るように移動販売事業活動展開にむけ、移動販売車のコース当りの購買者の確保のために、個別訪問での事前調査を元に移動販売車の運行コースの調整を調整・決定している。それら取組みにおいても十分な売上確保が困難と予測されるのが移動販売事業である点を考えると、とくし丸におけるプラス10円ルールが顧客に受け入れられた点を考えると、移動販売事業の意義を再認識する契機になる[8]。一方、各地の生活協同組合では、組合員の拡大展開と地域情報の取得が効果的であると考

えられることに加え、地域住民の組合員による直接的な買い支え行動が、売上向上確保に有効であることが確認できた。

次に、コスト削減の視点では、移動販売事業に対応した車両の確保コストに加え、生鮮品を主体とした売れ残りリスクの最小化がポイントになる。その意味では、移動販売事業を個別組織が展開するには困難度が高い。しかし、とくし丸の事業モデルは、3者による役割分担を明確化することで、コスト削減化及び運営リスクを最小化することを可能としている。また、各地の生活協同組合においては、地域のコミュニティへの転嫁する方法が採用されることで、コスト削減化を図る取組みがなされていた。また、コスト削減化策としては、行政支援や補助金を受給することも有効な方策であるといえるが、支援策の継続性は望めないことを前提とすべきである。

今回の実態調査から、移動販売事業の継続性を確保するには、従来型の販売者と購買者と言う関係での解決策には限界があり、両者が相互に生活インフラを堅持する関係者であるとの当事者意識への変革が必要であることが示唆されていると理解すべきであると考えられる。それは、需要者側の構造変化と供給側の構造変化を俯瞰すれば、移動販売事業の必要性が一層高まることが容易に想像できるからである。

最後に、今後の研究課題として次の点を指摘したい。今後の需要側における構造変化の進展を考えると、高齢化の進展による買い物難民への対応に留まらず、介護福祉と言った視点での検討も必要度が高まると考えられる。さらに、買い物難民対応策として、継続性の高い事業展開に当たっての詳細な取組みに関するノウハウに関わる研究蓄積が必要であると認識している。

謝辞：本論は、平成26年度井上円了記念助成の成果の一部であり、実務家の方々には移動販売車への同乗や追尾さらには、様々な疑問点にご対応頂いたことを、この場をお借りして心よりお礼申し上げます。

注
1) 高齢者は健康上の問題など様々な事情から車を手放すことが多く、平均免許取得率が

73.6％に比べ、65～69歳は65.9％、70～74歳は50.2％、75歳以上は23.0％といずれも平均を下回っている。(『平成21年警察白書』(警察庁))
2) 岩間信之を主体としたフードデザート問題研究グループのHP (http://www18.atwiki.jp/food_deserts/pages/1.html) を参照のこと。
3) 国立社会保障・人口問題研究所、人口統計資料集、2012年版
4) 2009年11月経済産業省は、地域で買い物に不便を感じている人々が増加しているという地域の新たな課題へ対応するため「地域生活インフラを支える流通のあり方研究会」を設置し、我が国の流通のより大きな発展の方向性・在り方について検討し、2010年5月に報告書を取りまとめた。報告書では、地域生活のインフラを発展させていくため、国、地方自治体、民間事業者、地縁団体やNPO法人、地域住民それぞれの立場からの取組の方向性について提言している。
5) 経済産業省の報告書では買物弱者、
6) フードデザート問題研究グループHP：http://www18.atwiki.jp/food_deserts/pages/1.html を参照のこと
7) 同社社長へのヒアリング調査によると、人口約6千人の町において、65歳以上の年齢比率が38.6％を占めていると共に、毎年300人規模(人口の約5％)の人口自然減となっており、移動販売事業の継続性の困難度を明言している。現実的に、日野町から車両関係費用の一部を福祉事業予算として支援を受けることで継続性を保持している実態がある。
8) とくし丸のネーミングは、創業地の徳島と篤志家の「篤志」にかけたものである。住友達也社長は地元でタウン誌の創刊や吉野川の可動堰(ぜき)建設の反対運動などを手掛けた名物起業家である。とくし丸の住友社長へのヒアリング調査及び2015年1月30日の日経流通新聞(日経MJ)による。

## 参考文献

[1] 岩間信之『フードデザート問題──無縁社会が生む「食の砂漠」』農林統計協会、2011年
[2] 小田切徳美編著『農山村再生の実践』JA総研研究叢書、2011年
[3] 菊池宏之「鮮魚の流通」住谷宏編著『流通論の基礎第2版』中央経済社、2103年
[4] ──「食品スーパーにおける寡占化の進展」『産業経済研究』第15号2013年
[5] ──「買い物難民問題と小売経営」『経営論集』85号2015年
[6] 木立真直「フードデザートとは何か──社会インフラとしての食の供給──」『生活協同組合研究』)(公財)生協総合研究所、vol.431
[7] 佐々木保幸・番場博之編著『地域の再生と流通・まちづくり(日本流通学会設立25周年記念出版プロジェクト第1巻)』白桃書房、2013年
[8] 杉田聰『買物難民』大槻書店、2008年
[9] 経済産業省『日本商業統計』昭和63年以降各調査年版
[10] 経済産業省『買物弱者を支えていくために～24の事例と7つの工夫』2010年
[11] ジョンベンソン、ギャレスショー、John Benson & 5その他　Gareth Shaw、前田重朗(翻訳)、薄井和夫(翻訳)、辰馬信男(翻訳)、木立真直(翻訳)中央大学企業研究所翻訳叢書『小売システムの歴史的発展─1800年～1914年のイギリス、ドイツ、カナダ

における小売業のダイナミズム』中央大学出版部1996年
[12] ダイヤモンドフリードマン社『チェーンストアエイジ』各号
[13] 田村正紀『日本型流通システム』千倉書房、1986年
[14] ──『流通原理』千倉書房、2002年
[15] ──『業態の盛衰』千倉書房、2008年
[16] 中央大学企業研究所翻訳叢書『流通の理論・歴史・現状分析』中央大学出版部2006年
[17] 吉村純一・竹濱朝美編著『流通動態と消費者の時代（日本流通学会設立25周年記念出版プロジェクト第2巻）』白桃書房、2013年
[18] 日経BP「日経ビジネス」2012年1月24日号
[19] みずほ銀行『Mizuho Industry Focus vol157』2014年

## 第 7 章
# 中国農村イーコマースの展開と地域経済への影響

張　秋柳

## 1　はじめに

　近年、中国経済の発展スピードが鈍くなるのに対し、イーコマースが急速な発展を遂げた。中国商務部「中国イーコマース報告2013」によると、2013年イーコマース取引総額が10兆元を突破し、去年より26.8％増加した[1]。うち、ネット小売（e-tailing）総額が41.2％ともっと高い成長率を上げ、同年全社会小売総額の7.8％を占め、無視できない重要な存在に成長した。農村イーコマースもイーコマースの発展の波に乗り、加速し始めた。2012年前後から生鮮品を含む農産物や食品が残された最後のイーコマース市場機会として民間投資が盛んになり、各領域からの進出が活発になった。京東、当当、Paipaiなど大規模イーコマース企業や物流企業の順豊などが他領域から食品農産物販売関連イーコマースに入り、中国最大の農産物輸出入と生産企業の中糧集団（COFCO）も川中と川上からさらに川下へ進出し、womai.comを開設した。ほかには、生鮮品を主に取り扱うB to B（Business to Business）やB to C（Business to Customer）イーコマース企業が次々と設立された。資本の進出と起業の活発により、農産物と食品イーコマースが急速に注目を集め、農村イーコマースの普及と一層の発展に大きな促進力となった。

　「農村イーコマース」については明確な定義がまだないが、本文では農村、農業および関連産業、農民に関係するイーコマースと定義する。具体的

には主に農村地域で展開されるか、農産物や農産物を原料とする製品を取り扱うか、農民が主導か主体とするイーコマース行動を指す。農村は行政管理上県以下の地域を指す。農村イーコマースの発展が一般的に農産物を主な商品として扱うが、一部の農村地域において他産業の展開によって大きいな発展をとげ、産業集積まで形成される事例もある。

本文では、中国における農村イーコマースの発展現状、発展方式と特徴をまとめ、その上農民の参加形式と受益程度、地元の産業形成や雇用促進などの面から農村イーコマースの発展が農村地域経済に与える影響を検討した。

## 2　中国における農業関連イーコマースの発展状況

イーコマースの発展が20世紀90年代後半に遡ることができる。政府主導の下で1996年に中国国際電子商取引センター（CIECC）の設立が幕開けとされる[2]。その後、中国商品発注システム（CGOS）、中国商品取引センター（CCEC）などのサイトが続いてネット上に開設されたほか、民間にもアリババ、中国化学工業、当当などのプラットフォームやイーコマースサイトが登場し、1999年末にはB to C（Business to Customer）ネット会社が370社を超え、中国のイーコマースが本格的に成長し始まった。しかし、安定的な発展が2003年以降とされ、SARSの蔓延によって、ネットショッピングが多くの消費者に認識されるようになったのがきっかけとなった。また、TaobaoなどのCtoC（Customer to Customer）プラットフォームサイトの出現によって個人によるイーコマース創業が簡単になり、さらに、第三者支払い保障システムと消費者による販売業者への評価システムなどの開発によって無対面販売による不信感と品質問題がある程度解決できたことによってオンライン小売の成長基礎を築いた。

また、2004年以降政府主導のもとで農村における電信基盤整備が始まり、農村地域の通信通話能力が高められ、2010年ごろに99％の郷鎮と80％の村にブロードバンド接続能力が整備された[3]。中国ネット情報研究センターの

統計データによれば、2013年12月末までに中国におけるインターネット利用者数が6.18億人になり、そのうち農村地域にいる人数が1.77億人で、全部の28.6％となる[4]。また、移動設備の普及により、全国のインターネット普及率が45.8％に上昇し、うち農村が27.5％と前年度より約4ポイントがアップした。2012年から農村にいるインターネット利用者数の増加が都市を越えるようになった。インターネット利用者のうち、ネットショッピングを行う比率が48.9％と約半分を占め、オンライン小売利用者規模がおよそ3億人と世界最大規模となる。2013年イーコマース取引総額が10兆元に達して、前年度より26.8％増と依然として高い増加率を保つ。そのうちわけをみると、BtoB（Busyness to Busyness）が8兆元で、同30％増加したほか、オンライン小売規模が1.85兆元と同41.2％増となり、もっと高い増加率を示し、全社会小売総額の7.8％を占めるようになった。

　農業部ホームページに披露した情報によると2010年までに中国農村イーコマースサイトが3.1万個がある[3]。分類からみると農業情報サイト、アグリビジネス企業サイトとイーコマース企業サイトの三種類がある。2012年時点で、約70％の食品と農産物イーコマース市場がTaobaoによって占められ、Paipaiと京東がその次であり、農業情報類サイトのシェアがもっとも少ないとされる[5]。アリババグループのプラットフォーム（Taobao（CtoC）、Tmall（BtoC）、1688（BtoB））において食品と農産物領域が連続2年高い伸び率を出して、2012年には農産物取引額が約200億元を実現した。2013年にはさらに112％増を達成し、そのうち、生鮮農産物販売が195％の伸び率を示し、とくに増加が著しい。また、中糧集団のWomai.comが、2012年度の販売総額が前年度より300％増を実現した[6]。ほかには、他領域からも京東、当当、拍拍などのイーコマース企業が全商品戦略の一環として川下から農産物と食品販売に参入し、物流企業の順豊も自己物流の優位性を利用して、生鮮品を含む世界調達を特徴とした食料品販売サイト「順豊優選」を開設した。ほかには、生鮮品を主に取り扱う「本来生活」、「菜管家」などのBtoCオンライン小売会社や、「一亩田」などBtoB関連ネット会社な

どが次々と設立された。

　さらに、農村におけるイーコマース創業も活発である。アリババの公表によると、2013年末までにアリババのプラットフォームで登録かつ取引が活発に行う農村ネット商店（登録地が県と県以下の地域にある）が72万店で、そのうち Taobao（CtoC）には48万店で、1688（BtoB）には24万店である。また、農産物を取り扱うネット商店が39.4万店、前年度より45％増となった[7]。

## 3　農村イーコマースの展開モデルと特徴

　農村、農業および関連産業と農民をめぐる農村イーコマースの展開モデルが主に以下の四つがある：政府主導方式、アグリビジネス企業主導方式、イーコマース企業主導方式と農民主導方式である（表7‐1を参照）。

　(1) 政府主導方式は、商務部と農業部をはじめとして、各地域政府や協会の公共情報サイト、あるいは電子政府サイトなどを中心とする。これらのサイトは総合情報の提供を目的として、需給情報コラムを設けて、需給両方に情報発信の場を提供する。(2) アグリビジネス企業主導方式の場合、生産加工企業が中心的で、卸売市場経営企業（北京新発地など）もある。これらの企業がイーコマースサイトを自分で建設運営するか、第三者プラットフォーム上でネット商店を開設する行動がとられる。前者は主に初期に多く、自己サイトを建設し、サイト上に商品を展示し、オフラインで取引を完成するなど、情報展示型 BtoB である；後者は最近主流になり、第三者プラットフォームでネット商店を開設し、実需者と直接取引きを行う取引型 BtoB と BtoC である。(3) イーコマース企業主導方式も二種類に分けられ、自己経営型とコーディネート型である。自己経営型はおもにイーコマース企業によって農産物や食品の調達、経営とオンライン販売を行い、この場合イーコマース企業がアグリビジネス企業や卸売業者、代理店などと提携するが、場合によって産直を行う企業もある。コーディネート型はプラットフォーム企業

表7-1 農村イーコマースの展開モデル

| | 政府主導 | アグリビジネス企業主導 | イーコマース企業主導 | 農民主導 |
|---|---|---|---|---|
| 主導者 | 中央および各地政府 | アグリビジネス企業 | イーコマース企業 | 農民オンライン創業者 |
| 構成主体 | 中央および各地政府、大規模農家、合作社、アグリビジネス企業 | アグリビジネス企業、合作社、生産基地 | 自己経営型：イーコマース企業、アグリビジネス企業、合作社／生産基地、卸売；コーディネート型：イーコマース企業、地方政府、アグリビジネス企業、生産基地／合作社 | 農民オンライン創業者、プラットフォーム運営者、工場、周辺農民 |
| 主な形式 | 総合情報サイト、電子政府サイト | 情報型サイト、取引型サイト | オンライン総合マーケット、生鮮マーケット、Taobao「特色中国」など | プラットフォーム上ネット商店を開設し、自産品か地元製品の販売を中心（CtoC、BtoC、CtoB） |
| 発展特徴 | 総合情報サイトに需給コラムを設け、利用者に情報交換の場を提供；全国各地に存在し、県、郷鎮と一部の村に情報サービスステーションを設ける。 | 情報型サイト：多数のアグリビジネス企業がホームページで製品を展示し、取引がオフラインで行う；取引型サイト：顧客と即時に情報交流、取引とアフターサービスができる。 | イーコマース企業が産地選択、調達、マーケティング企画、オンライン販売。 | 農民が自発的に創業し、ネット上で商店を開設、生産、ネット販売とアフターサービスを行う。 |

出所：筆者が調査と資料に基づき作製。

と地方政府が手を組んで共同で地域ブランドの開発を行い、地域アグリビジネス企業や合作社などを巻き込んで消費者と直接取引きを行う。(4) 農民主導型は農民個人が第三者プラットフォームを利用して開店し、自分で原料調達、生産組織、製品調達とオンライン販売、アフターサービスなどを行う。

これら農業関連イーコマースの展開モデルがそれぞれ異なる展開特徴をもっている。

（1）政府主導の総合情報サイトは、主に農家や流通業者などの必要者に農業関連情報を提供するのが目的で、卸売市場情報、農業政策、農業関連ニュースと生産資材情報などを提供する。このほかに、多くのサイトに登録制で「需給情報コラム」が設けられ、農家と国内外の実需者（卸売業者、アグリビジネス企業など）との間に情報を交換と獲得する場を提供している。この場合、交渉と取引がオフラインでおこなわれる。この方式が比較的に早期に政務電子化に伴って開始され、政府の支持があって、国レベルから、各省、市、場所によって県レベルでも情報サイトが建設され、県、鎮と一部の村に情報サービスステーションが設置され、農家に便利に利用できるように広範な地域で展開された。たとえば、中国農業部には中国農業情報サイト、商務部には全国農産物ビジネス情報公共サービスフラットフォーム、各地方政府主催の農産物情報サイトなどがある。

これらのサイトが実需者によってどれくらい利用されているかを判断するために、筆者がいくつかの代表的なサイト上で登録している需給情報の数を計算した（表7-2を参照）。これらのサイトが情報発信の場として利用されるだけで、実際の最終取引の状況が反映されるわけではないが、情報発信の数と活躍度合いがある程度利用状況を反映できる。2014年9月中旬から11月中旬の2ヶ月における需給情報登録の数から見ると、全国農産物ビジネス情報公共サービスプラットフォームが128万本あるほか、中国農業情報サイトが6210本、広西農産物情報サイトが3651本がある。需給両方の利用に分けてみると、中国農業情報サイトの供給対需要の割合が約5倍と一番小さく、広西農産物情報サイトが7倍、全国農産物ビジネス情報公共サービスフラットフォームが19倍と、供給者と需要者の利用が非均衡的で、需要者に対して、供給者の利用が明らかに多い（表7-2を参照）。利用者の構成からみると、利用量がもっとも多い全国農産物ビジネス情報公共サービスフラットフォームを例に、サイトの利用者のうち、大規模農家が需給両方の利用とも多く、それぞれ83.1％と81.4％を占める。その次に、ブロッカーであり、それぞれ15.3％と16％になる。アグリビジネス企業と農業協会の利用が小さく、1％

くらいにとどまる（表7-3を参照）。従って、これらの公共情報サイトが大規模農家の情報交換と取引の場となり、大口実需者のブロッカーや企業の利用がそれほど多くないため、取引規模もまだそれほど高くないと判断できる。反面、大規模農家が新しい販売チャネルへの需要が強く、しかし総合情報型サイトには簡単な生産品紹介と写真しか発信できなく、差別化が難しく、取引が依然として機会的である。

表7-2　政府主導型農村イーコマースサイトの利用状況

|  | 中国農業情報サイト（農業部） | 全国農産物ビジネス情報公共サービスプラットフォーム（商務部） | 広西農産物情報サイト（広西農業庁） |
| --- | --- | --- | --- |
| 供給情報 | 5,092 | 1,218,118 | 3,171 |
| 購買情報 | 944 | 63,953 | 452 |
| その他 | 208 | - | 28 |
| 供給情報総数 | 6,036 | 1,282,071 | 3,623 |
| 需給比 | 5 | 19 | 7 |

出所：2014年9月17日から2014年11月17日までインターネット公開データにより整理。
注：需給比は供給情報数／需要情報数。

表7-3　利用者分類別利用状況

| 利用者分類 |  | 情報発信数 | 累計% |
| --- | --- | --- | --- |
| 供給者 | 大規模農家 | 990,104 | 83.1% |
|  | ブロッカー | 181,751 | 98.4% |
|  | 企業とほか | 13,487 | 99.5% |
|  | 農業協会 | 6,002 | 100.0% |
| 需要者 | 大規模農家 | 89,955 | 81.4% |
|  | ブロッカー | 17,696 | 97.4% |
|  | 企業とほか | 1,542 | 98.8% |
|  | 農業協会 | 1,347 | 100.0% |

出所：全国農産物ビジネス情報公共プラットフォーム
2014年8月25日から11月25日まで公開データにより整理。

(2) アグリビジネス企業主導の場合、主に製造、加工と卸売などの伝統的企業がイーコマースの発展を背景に、経営形態の転換を図ってネットに進出し、情報型か取引型サイトを建設する。情報型サイトが主に企業のホームページを利用し、製品を展示し、オフラインで交渉と取引を行う。このような形をとる企業が販売促進のチャネルとしてインターネットの低コストのメリットを利用しようとする。たとえば、湖北省襄陽の万宝料油、福建省仙游古典家具などの企業がある。企業によって自ら取引型イーコマースサイトを建設し、インターネット上で顧客と直接交渉と取引を行う場合もある。たとえば雲南省の双江勐庫茶葉公司や湖南省の怡清源茶葉公司などである。取引型サイトが即時性、顧客サービスと顧客情報獲得の利便性などのメリットがあるが、サイト建設の投資コストの高さ、メンテナンス技術の不足、顧客吸引の難しさなどで、近年自己建設より第三者プラットフォームでのネット商店の開設に転換しつつある。たとえば、雲南省の大益茶業、湖北省の周黒鴨食品などアリババグループの BtoC プラットフォーム Tmall を利用して専門店を開設し、メンテナンスや運営業務を専門の会社に依頼している。

　企業によってこの二種類の方式を同時に採用する場合もある。たとえば、上海農産物中心卸売市場の場合、第三者プラットフォームの Tencent のイーコマースアプリケーションを利用してスマートフォン端末店舗を開設する方式を採用したが、北京の新発地卸売市場の場合、電子取引サイトを建設したほか、大規模オンライン小売プラットフォーム京東でネット商店も開設し、それぞれ大口需要者（BtoB）と個人消費者向け（BtoC）と分けられている。

(3) イーコマース企業主導型の場合、自己経営型とコーディネート型がある。自己経営型にはイーコマース企業が自主的に農産物や食品を調達し、BtoC オンライン販売を行う。2012年以降このモデルをとって他領域から農村イーコマースへ参入する企業が多い。京東、当当、拍拍などのイーコマース小売企業が全商品戦略の一環として川下から農産物と食品販売に参入し、物流企業の順豊も自己物流の優位性を利用して、生鮮品を含む世界調達を特

徴とした食料品販売サイト「順豊優選」を開設した。中国最大の食料輸出入と生産企業の中糧集団が加工と卸売段階から入り、womai.comを開設し、BtoC販売によって、発展が著しい。ほかには、生鮮品を主に取り扱う「本来生活」と「菜管家」などのBtoCオンライン小売会社が次々と設立された。しかし、他領域から入る大多数の企業が完全に企業や生産者から直接調達するのが難しく、一般的に既存の卸売や代理店を利用せざるを得なく、流通段階の短縮効果が限定される。でも、womai.comが食品農産物における中糧集団の調達能力を利用し、消費者と直接取引きすることによって、コスト優位性が明確である。もう一方、「本来生活」や「菜管家」など生鮮品を特色とする企業が産地まで遡り、特色ある商品や産地（生産基地）選択、産地直送、自己物流などを行い、産直活動によって急速に成長し、2社とも設立2年で生鮮品小売販売額が3億元を突破した。

　このモデルを採る企業が既存の卸売や代理店と取引すると、流通段階の短縮効果が限定され、物流コストの上昇により、実体店舗の運営コストと在庫コストなどのコスト節約効果が相殺される。生鮮品の場合鮮度維持のコストと中間ロスがさらに重なり、価格優位性が現れていない。今の段階では農産物食品BtoCイーコマースが保存に耐える乾燥食品、包装加工食品と高価格代の輸入食品（粉ミルクなど）などを中心に取り扱い、生鮮品の場合、ブランド食品と有機食品など高級品販売を中心としている。現段階ではこのモデルが農家や農村地域に与える影響がまだ不明確で、流通コストの低減が実現できれば、伝統的流通チャネルに大きな影響を与える可能性もある。

　もう一方コーディネート型という新しいモデルがtaobaoに現れた。このモデルでは地方政府とプラットフォーム企業のプロジェクト運営部門がコーディネーターとなり、地域資源を利用して、地域ブランド構築と原産地販売を展開した。地方政府が積極的にプラットフォーム企業にプロモーションを行い、産地情報に対する情報の非対称性を補っただけではなく、産地組織、品質監督と食品安全性確保など多くの重要な働きを担う。また、プラットフォーム企業の運営部門が生産品選択、マーケティング企画、ポロモーショ

ン、さらに顧客サービスシステムの構築などを担当する。地方にあるアグリビジネス企業や、合作社と大規模農家が参加し、生産組織と加工を担い、消費者むけに BtoC と CtoC オンライン取引を行う。2014年末まで全国25の地域が参加し、11の省、7つの地と7つの県の単独の特産品販売館がネット上で開設され、主に原産地製品、地理ブランド製品と特色ある特産品販売が行われた。

このコーディネート型にはプラットフォーム企業が単純に取引のプラットフォーム構築に満足せず、川上の生産資源と川下の技術サービス資源をコーディネートし、ブランド化運営によって顧客を吸引し、取引を促進した。

(4) 農民主導方式の場合、一般的に都市からUターンの農民を主体として、taobao などの第三者プラットフォームを利用してネット商店を開設し、自家産のほか地元の特産品をインターネットによって全国(世界)に販売し、従来の伝統的販売チャネルより良い効果と収益をもたらした。このモデルがコストや技術における参入障壁が低く、CtoC により直接最終消費者と取引できるため、現金収入源となり増収効果が明らかである。早期にこのように創業した一部の農民が成功し、規模の拡大に伴い、いくつものプラットフォームを同時に利用し企業化経営に転換するようになった。これらの成功者の模範的役割によって、周りの農民の模倣を招き、産業集積が形成されつつある。今全国でオンライン販売規模が1000万元以上に達する村が20箇所が現れ、1.5万の taobao 店舗が開設された。これらのオンライン店舗の需要が地元の生産、加工、原材料、物流と関連サービス業などを興し、約6万人の直接雇用をもたらした[8]。この20の村が2012年にオンライン販売総額が50億元を超えた。中身を見ると、55％の村は本来にある産業を利用してオンライン化によって一層な発展を遂げたが、残りの45％の村は産業基礎のない状況下で発展してきた。例えば、江蘇省睢寧沙集鎮東風村が2006年にUターン者によって組み立て家具の加工場とネット商店が開設され、村民の模倣を招き、村で2000以上のネット商店が開設され、2012年には8億元の販売規模を達成した。規模の拡大に伴い東風村の創業者たちが生業型から現代的企

業化経営に転換しつつある。

## 4　農村地域経済への影響

農村イーコマースの発展が農民を巻き込んで、地域経済にどのような影響を与えるかについて、農民増収、地域産業促進と雇用機会の創造の側面から発展モデルごとに検討してみる。農民への増収効果についてデータが分散的で収集が困難なため、ここでは農民の参加方式と受益方式が直接なのか間接なのかによって判断することにする（表7‐4を参照）。

まず、農民増収への影響について、どの展開モデルでもインターネットを通して需給双方が直接つながることによって流通経路がある程度短縮されるため、理論的に農民への増収にプラスの効果がある。しかし、農民の参加方式によって、その増収程度が影響される。アグリビジネス企業主導型とイーコマース企業主導型の場合、伝統的卸売や小売段階が短縮されたが、農民が依然として企業を介して参加しているため、市場地位が依然として弱く、市場情報へのアクセスや価格形成における主導権がない状態である。従って、この二つのモデルでは農民の受益程度が限定される。

表7‐4　農村イーコマースの農民、地元産業と雇用への影響

| 展開モデル | 農民参加方式 | 受益方式 | 地元産業促進 | 雇用促進 |
|---|---|---|---|---|
| 政府主導 | 大規模農家／合作社経由 | 直接 | ある程度ある | 明らかでない |
| アグリビジネス企業主導 | 企業経由 | 間接 | ある程度ある | ある程度ある |
| イーコマース企業主導 | 生産基地／アグリビジネス企業経由 | 間接 | ある程度ある | ある程度ある |
| 農民主導 | 農民主導 | 直接 | 促進作用あり、新しい産業形成 | 明らか |

出所：筆者が調査と資料により整理。

政府主導型と農民主導型の場合、農民が直接関与し、情報の非対称性や、価格交渉での主導権など伝統的流通より大きくなり、受益程度がより明確である。しかし、政府主導型の場合、大口需要者対応のため、参加する農民がほとんど大規模農家であり、小規模農家が経営規模の制限により参入することが難しい。小規模農家が大規模農家経由か合作社に参加することでイーコマースに参入する場合、それらの経営者の組織能力と経営能力に大きく影響される。また、政府主導型では農民が情報取得と発信する場合、各地にある情報ステーションを利用するため、情報の即時性が影響される。一方、農民主導型の場合、農民が直接的に消費者とCtoC取引するため、規模の制限がなく、価格形成に主導権をもっているため、受益がもっと直接的である。かつ、成功者が身近にいるため、ほかの農民への影響が大きく、オンライン開店への積極性が高い。しかし、多数の農民がビジネス経験が不足で、価格競争に入ると価格形成での優位性がなくしてしまう可能性があるため、農民の受益程度が地元の内部競争の程度と調整者の働きにかかわる。調整者が早期成功者や、協会と地方政府などが担うのが普通である。

　その次、四つの展開モデルが地域産業への促進作用も異なる。農民主導方式以外に、ほかの三つのモデルがほとんど本来にある産業基礎の上にチャンネル拡大行動としてイーコマースが展開され、製品の販売チャネルと市場範囲が拡大され、本来の産業に対して一定の促進作用がある。また、直接実需者と取引するためのイーコマースビジネス経験、ビジネスモデルのイノベーション能力、マーケティング企画能力などの面から、イーコマース企業主導モデルが優位性をもっている反面、食品農産物を取り扱う知識や資源の面から、イーコマース企業主導モデルがもっとも弱い。それに、地元資源の集約利用の点から産直を行うイーコマース企業が地元産業への促進作用が大きい。農民主導モデルが地域本来の産業への促進だけではなく、関連産業や新産業の創生にも大きな作用が働いた。例えば、革製品加工中心の河北省の白溝や雑貨品加工販売中心の浙江省義烏青岩劉村など、2012年オンライン販売額がそれぞれ20億元と15億元に達し、国内経済と輸出低迷の中に強い産業促

進作用を示した。ほかにも、自然資源や地理資源、産業基礎などに優位性をもっていない一部の地域もイーコマースの展開により、新しい産業の創出に成功した。例えば、組み立て家具加工を中心とする江蘇省睢寧の東風村が2012年にオンライン販売が8億元に、浙江省縉雲県北山村もアウトドア用品の販売に1億元規模に成長した。こられの地域がイーコマースによって生産加工だけではなく、原材料、物流、電子商取引サービス業をもたらし、さらに地元の飲食業、宿泊業、商業などを促進した。

　最後に、雇用機会創造への影響についてである。政府主導モデルの場合、各主体が参加へ積極性が弱く、大規模農家が中心となるが、取引が機会的で、地域の産業化と生産の大規模化発展が難しく、雇用創出作用も不明確である。アグリビジネス企業主導モデルとイーコマース企業主導モデルの場合、農民がアグリビジネス企業や合作社を経由して参加し、雇用機会の創出がアグリビジネス企業の経営能力に頼る面がある。アグリビジネス企業のイーコマース取引経験が積むにつれ、能力が高くなれば地元に新しい雇用創出をもたらす可能性がある。農民主導モデルはもっとも雇用創出効果が高く、生産加工、原料、物流、撮影、アートデザイナー、顧客サービスなどのイーコマース関連業務の雇用だけではなく、飲食業、宿泊業と地元商業の雇用も促進した。今多くのイーコマースで発展した村鎮には地元労働力が足りなく、周辺地域やもっと遠隔地域から労働力を雇用するケースもある。

## 5　まとめ

　中国における農村イーコマースが主に、政府主導方式、アグリビジネス企業主導方式、イーコマース企業主導方式と農民主導方式の四つのモデルによって展開されてきた。

　政府主導方式の場合総合情報提供が目的として、簡単な需給情報しか発信できなく、取引がオフラインで行われ、実需者の利用がそれほど積極的ではない。アグリビジネス企業方式が企業の販売チャネル拡大戦略として展開さ

れ、自己取引サイト建設より第三者プラットフォーム利用へ転換しつつある。イーコマース企業主導方式が近年多くの資本の進出によって急速に発展し、自己経営型とコーディネート型に分けられるが、いずれにして、物流段階のコスト低減に難しく、高級品販売を中心に展開されている。一部の企業によって産地と提携し、特色ある商品を選択し、ブランド化運営で、産直活動を行うことによって成長しつつある。農民主導方式の場合、農民が第三者プラットフォームを利用してネット商店を開設し、自家産のほか地元の特産品などをインターネットによって全国（世界）に販売することによて豊かになり、模範効果で周辺の農民をつれて、産業集積が形成されつつある。

　地域経済への影響については、農民への増収効果、地域産業への促進と雇用機会の創造など三つの側面から検討した。農民への増収効果について理論的に四つのモデルともにプラスの効果があるが、農民が間接的に参入するイーコマース企業主導型とアグリビジネス企業主導型より直接参入し、実需者と直接取引きする政府主導方式と農民主導方式のほうが増収効果が明らかである。しかし、取引の継続性と即時性、価格決定権と参加の積極性などからみて農民主導のほうがより増収効果が大きいである。地域産業への促進について、農民主導方式以外のほかの三つのモデルがほとんど本来にある産業基礎の上にチャンネル拡大行動としてイーコマースが展開され、製品の販売チャネルと市場範囲が拡大され、本来の産業に対して一定の促進作用がある。でも農民主導方式の場合、模範効果で産業集積が形成されつつ、地元にある本来の産業を促進するだけではなく、一部の地域に新しい産業も形成され、さらに関連産業やサービス業への促進効果も大きい。地元雇用機会の促進効果には農民主導方式が地元中心に展開されるためもっとも明らかで、アグリビジネス企業主導とイーコマース企業主導方式も販売拡大と産直や産地提携で雇用促進効果がある。

**参考文献**
[1] 中華人民共和国商务部 http://www.mofcom.gov.cn/article/ae/slfw/201309/20130900

325416.shtml
[2] 孟慶准「イーコマースの発展状況」現代通信、pp.20-22、No. 1 、2003。
[3] 中華人民共和国農業部 http://www.moa.gov.cn/sjzz/scs/tzgg/201111/t20111125_2417515.htm
[4] 中国インターネット研究センター《第33次中国互联网络发展状况统计报告》2014.7.
[5] 張瑞東、陳亮『農産物イーコマース白書2012』AliResearch 、2013.1.
[6] Eguan, womai.com『食品オンライン販売白書』2013.2.18.
[7] 張瑞東、陳亮『アリ農産物イーコマース白書2013』AliResearch、2014.3.
[8] 張瑞東、陳亮『Taobao 村研究報告2.0』AliResearch、2013.12.

# 第 8 章
# 食料品販売店の動向と将来

薬師寺哲郎

## 1 食料品販売店の動向

### (1) 食料品販売店の動向と食料品アクセス

近年、食料品の買い物に不便や苦労をしている高齢者等が増加している。この問題は、買い物難民、買い物弱者、フードデザート問題などと呼ばれているが、これらの用語の間には、その要因と結果に関する認識に若干の違いがある。食料品の買い物での不便や苦労の発生要因としては、食料品の小売店舗の減少という供給面の要因と、高齢化など住民自身の状況変化という需要面の要因の2つの側面があるが、「買い物難民」は、買い物が困難になる理由として規制緩和による大規模店舗の開店に伴う中小小売店の閉店といった住民にとって外的な供給面の要因を強調している一方（杉田（2008））、「買い物弱者」は自動車を持たない高齢者の増加といった住民の側の状況を強調している（経済産業省（2010））。一方、「フードデザート問題」は、イギリス等欧米において用いられている用語であり、規制緩和に伴う大型店の郊外出店に伴う旧市街地での店舗閉鎖を要因として指摘しつつ、さらに、それがもたらす貧困層の栄養事情の悪化とがんや心臓血管疾患などの疾患発生率の増加を指摘していることが特徴である（岩間編著（2013））。表現は様々だが、これらはすべて食料品へのアクセスに関わる問題で共通しているため、筆者らはこの問題を「食料品アクセス問題」と呼んでいる[1]。

本章では、このような食料品アクセス問題の供給面の要因である食料品販

売店舗の動向に焦点を当てる。その中で規制緩和による大規模店発展の影響も検討する。食料品の小売は、食料供給システムの末端に位置し、消費者と直接の接点を持つという意味で、我が国のフードシステムのなかで極めて特異な位置にあり、その動向を明らかにすることは、我が国の世帯レベルでの食料供給の安定性を確保する上からも重要な課題である。本章では、減少が著しい生鮮品専門店の動向に特に焦点を当てつつ、必要に応じ他の業種・業態の動向も取り上げる。ここで、生鮮品専門店は、商業統計でいう野菜・果実小売業、鮮魚小売業、食肉小売業である。

### （2） 高度成長期における生鮮品専門店の増加

まず、これまでの生鮮食料品販売店舗数の変化を確認する（図8-1）。野菜・果実小売業、鮮魚小売業、食肉小売業は、高度成長期に増加を続けた後、1970年代後半をピークとして、高度成長の終焉とともに減少に転じ

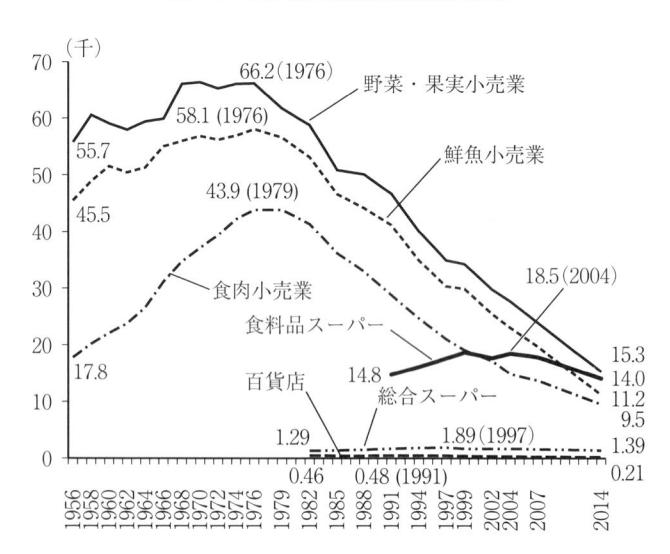

図8-1　生鮮食料品販売店舗数の推移

資料：商業統計

た[2]。1997年以降をみても、生鮮品専門店数は大幅に減少し、1997年の約8万6千店から2007年には5万7千店、2014年に3万6千店へと大幅な減少を見た。これに対し、食料品スーパーは、2004年に約1万8千店まで増加した後、2014年には1万4千店へと減少したものの比較的安定している。この間、総合スーパーや百貨店といった大規模小売店舗は大型化を伴いながら減少している。

以上で注目すべきは、生鮮品専門店が高度成長期に増加を続けたというこ

図8-2 総需要と店舗数（食肉小売業）

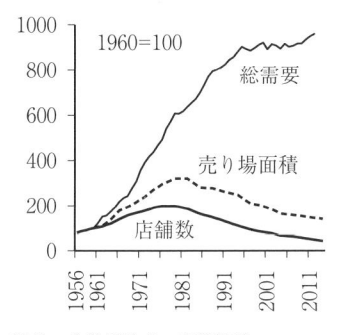

図8-3 総需要と店舗数（鮮魚小売業）

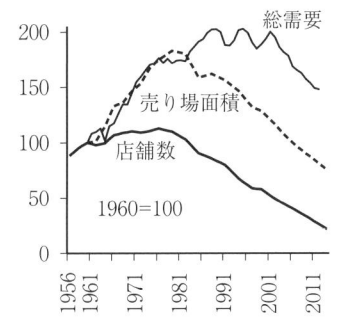

資料：食料需給表，商業統計

図8-4 総需要と店舗数（野菜・果実小売業）

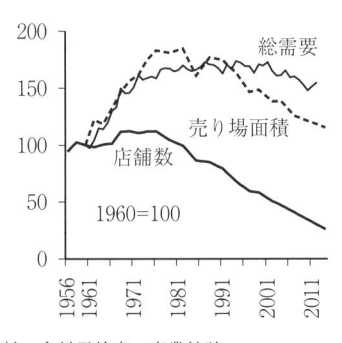

資料：食料需給表，商業統計

とである。田村（1986）は、経済成長とともに小売店舗密度が低下してきた他の先進諸国とは対照的に、日本で60～70年代に小売店舗密度が増加した理由として、①免許・許可制（酒、米穀、たばこ）や中小企業優遇税制などの制度的初期条件が零細小売商の残存に貢献した、②長期にわたる需要の急速な拡大が「市場スラック（ゆるみ）効果」を生み、これが生産性の低い中小小売店の広範な残存に貢献した、③大型店の出店規制（1973年大店法）が行われ、中小小売商の広範な残存を保証する重要な制度的装置となったとした。

これらの理由のうち、②の需要の急速な拡大との関係を確かめてみよう。図8-2～図8-4は、食肉、鮮魚、野菜・果実小売業について、総需要（食料需給表の国内消費仕向量）の変化と売り場面積、店舗数の変化を1960年を100とする指数によって比較したものである[3]。食肉を除き、1970年代までの店舗数拡大期には店舗数の増加と店舗あたりの売り場面積の増加が同時に進み、売り場面積は総需要の拡大と歩調を合わせて増加したことを示している。食肉の売り場面積の伸びが総需要の伸びよりも小さいのは、食肉の消費の多くが、ハム・ソーセージなどの加工食品や外食を通じて行われることを反映していると考えられる。

### （3） 生鮮品専門店の減少要因

高度成長期を過ぎると、総需要の変化が緩やかになった。総需要の伸びの鈍化は、生鮮品専門店の売り場面積の変化に対して高度成長期とは逆方向に作用したと考えられる。その上でさらに、食肉と同様、鮮魚や野菜・果実小売業の店舗数や売り場面積の変化も総需要の変化との間に乖離が生じ、いずれも大きく減少することとなった。このような乖離が生じた理由としては2つ考えられる。

第1は、食肉のように、加工食品や外食を通じて消費される割合が高まったことである。食肉、野菜、魚介類の総需要に占める生鮮品の形態での購入割合は徐々に低下してきており、特に食肉は大きく低下した（図8-5）。つ

第8章 食料品販売店の動向と将来　125

**図8-5　総需要に占める生鮮品の購入割合の推移**

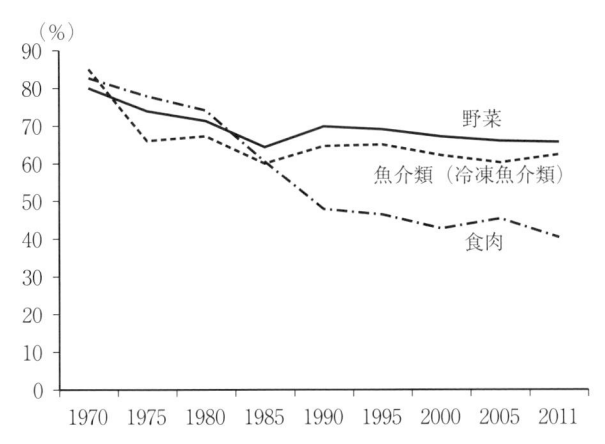

資料：産業連関表

**図8-6　生鮮三品の販売シェアの推移**

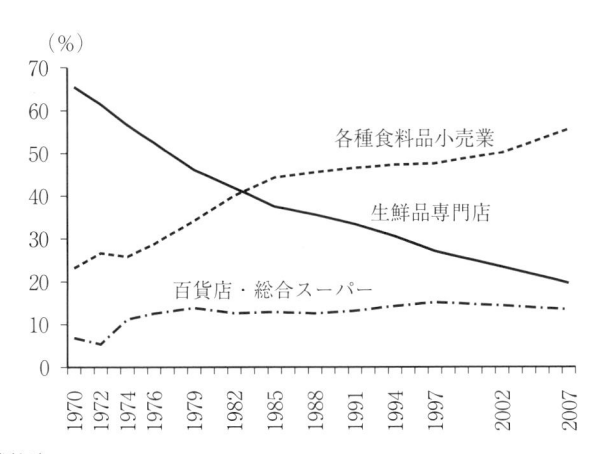

資料：商業統計
注：「百貨店・総合スーパー」の生鮮三品の販売額は，百貨店・総合スーパーの食料品販売額を百貨店・総合スーパー以外の店舗の食料品販売額に占める生鮮三品販売額の割合で按分したもの。

まり、これらの消費形態が、生鮮品を購入して調理する形態から、加工品や総菜、外食を通じて消費する形態に変わっていく中で、生鮮品専門店がこの変化に対応するのには限界があったと考えられる。

第2は、大型店が発展し、消費者の購入先が生鮮品専門店から食料品スーパー等の量販店に変わってきたことである。図8-6は、生鮮三品(食肉、野菜・果実、魚介類)の業種別販売シェアの推移を商業統計をもとに試算したものであるが、生鮮品専門店は1970年代から一貫して減少している。一方で各種食料品小売業は大きな伸びを示した。各種食料品小売業は、「様々な食料品を一事業所で小売りする事業所」であり、食料品スーパーなどがここに入る。一方、百貨店・総合スーパーのシェアは70年代前半と90年代前半に上昇したが、それほど大きな伸びは示していない。食料品スーパーや総合スーパーのシェアの増加は、これらの店舗における加工食品を含む幅広い品揃えが消費者のワンストップ・ショッピング志向と合致した結果と考えられる。

## 2 大型店発展が生鮮品専門店に及ぼした影響

### (1) これまでの分析手法

このように、1990年代の大型店出店の規制緩和以前にも、すでに生鮮品専門店の減少傾向は明らかになっており、このなかで、すでに食料品スーパーとの競合は始まっていた。それでは規制緩和による大規模な総合スーパーの発展は生鮮品専門店の動向にどのような影響を与えたのであろうか。この点を考えてみる[4]。

大型店の出店が地域に及ぼす影響については、アメリカにおいて、Wal-Martの出店が地域の雇用に及ぼした影響等が分析されている(Basker(2005)、Neumark et al.(2008))。しかし、これらは郡(County)単位のデータを用いて、郡への出店がその郡の雇用に与えた影響を分析したものであり、その出店自体が郡の経済状況の影響を受けている(出店が外生変数ではなく内生変数である)可能性がある。このため、その内生性処理のために、

いずれの分析も操作変数法を用いているが、用いる操作変数の違いにより異なった結論が導かれる場合がある。例えばBasker（2005）は、Wal-Martの参入は、小規模店舗の店舗数を減少させつつも、郡レベルでは小売業の雇用にわずかに好影響をもたらし、卸売業の雇用にわずかに悪影響をもたらしたとしたが、Neumark et al.（2008）は、Wal-Martの参入は地域の雇用を減少させたとした。

日本の状況については、Flath（2003）は、都道府県単位のデータを用いて、店舗面積3,000㎡未満の大型店舗の増加が全体の小売店舗数を減少させたとした。また、Igami（2011）は、東京近郊202地区のデータから、大規模店の出店によって大・中規模のスーパーマーケットは悪影響を受けたが、小規模のスーパーマーケットはむしろ恩恵を受けたとし、その理由を、規模に応じた店舗の差別化に求めた。

## （2） 店舗間の空間関係を考慮した分析手法

以上のような都道府県単位や地域単位のデータによる分析では、外生変数の内生性の問題を適切に処理しなければならない。本節では、このような地域単位のデータではなく、商業統計の地域メッシュ統計を用いることにより内生性の問題を可能な限り避けるとともに、大規模店舗と中小小売店の空間的関係を明示的に導入した分析を行う。地域メッシュ統計は、緯度・経度に基づき地域を隙間なく網の目（メッシュ）の区域に分けて、それぞれの区域に関する統計データを編成したものである。地域メッシュはほぼ正方形の形状であるため、距離に関連した分析を容易に行うことができる。

ここでは、2分の1地域メッシュ（一辺約500m）を用い、対象メッシュに隣接するメッシュからなる領域（ゾーン）をZ01、その外側をZ02等として環状の領域をZ10まで設定して、それら遠隔地における2002年の総合スーパーの有無が、2002年から2007年にかけての対象メッシュの生鮮品専門店数の増減にどのような影響を及ぼしたかを検討する。このようにゾーンを設定した場合、総合スーパーとの距離は同じメッシュ内の平均は約250m以内、

Z01の場合の平均が約500m、Z02の場合約1km、Z03の場合約1.5km、そしてZ10の場合は約5kmである。

検討には、メッシュごとの生鮮品専門店数の増減を質的な被説明変数(減少=1、不変=2、増加=3)とする順序ロジットモデルを用いる。説明変数は、上記のゾーン別総合スーパー立地の有無の他、対象メッシュの人口、自動車保有率、生鮮品専門店数、食料品スーパー店舗数、総合スーパー店舗数とする。

この場合、大都市のメッシュのみの場合と中小都市・農山村のメッシュのみの場合の2通りのデータについて分析を行う[5]。なぜならば、人口集中地区 (DID) のメッシュが連続していて市場規模も大きい東京、大阪、名古屋などのような大都市と、人口集中地区の範囲が小さい中小都市やこれが設定されていない農村地域とでは状況が異なると考えられるからである。

## (3) 遠隔地の大型店が生鮮品専門店に与える影響

生鮮品専門店数の増減を被説明変数にして順序ロジットモデルにより推定した結果は図8-7に示した。ここには、それぞれの変数値が1増加した場合に(あるいはダミー変数の場合は1に該当する場合に)、減少、不変、増加のうちどの確率変化が最も高いかをその確率変化とともに示している。ただし、大都市と中小都市・農山村に分けて、統計的に意味のある要因のみを示している。

まず、大都市については、生鮮品専門店数の増減に最も大きな影響を及ぼしたのは同じメッシュ内(約250m内)の生鮮品専門店の数であり、同じ業種・業態であるこれらの間の競合が減少の確率を高めていることがわかる。同じメッシュ内の食料品スーパーや総合スーパーの存在は、減少でも増加でもなく、現状維持の確率を高めていた。また、周辺メッシュにおける総合スーパーの存在は影響を及ぼしていなかった。これは、当該メッシュ及び周辺メッシュの人口が多く、生鮮品専門店周辺に十分な市場が存在することによるものと考えられる。

第 8 章　食料品販売店の動向と将来　129

**図8-7　生鮮品専門店数の変動要因**

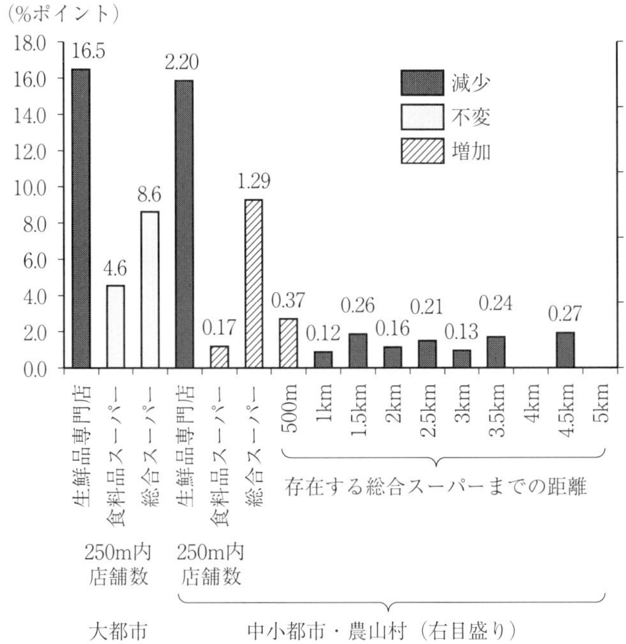

凡例：■減少　□不変　▨増加

大都市（250m内店舗数）
- 生鮮品専門店：16.5
- 食料品スーパー：4.6
- 総合スーパー：8.6

中小都市・農山村（右目盛り）

250m内店舗数
- 生鮮品専門店：2.20
- 食料品スーパー：0.17
- 総合スーパー：1.29

存在する総合スーパーまでの距離
- 500m：0.37
- 1km：0.12
- 1.5km：0.26
- 2km：0.16
- 2.5km：0.21
- 3km：0.13
- 3.5km：0.24
- 4km：—
- 4.5km：0.27
- 5km：—

資料：商業統計メッシュデータから推計
注：500mメッシュ内において，それぞれの要因が2002年から2007年にかけての生鮮品専門店数の変化に及ぼした影響を，「減少」「不変」「増加」のうち取り得る確率変化が最も高いものの確率変化により示した。

　一方、中小都市・農山村においては、大都市と同様同一メッシュ内の生鮮品専門店の数が減少の確率を最も高めていたが、食料品スーパーや総合スーパーの存在はむしろ増加の確率を高めた。周辺メッシュまで含めると、半径500mまでの総合スーパーの存在は生鮮品専門店の増加の確率を高める一方、それを超える距離にある総合スーパーは生鮮品専門店の減少の確率を最も高めた。近距離の食料品スーパーや総合スーパーの存在は、その集客効果により、生鮮品専門店数の維持ないし増加方向に影響していると考えられる。しかしその影響は約500mまでしか及ばず、それを超えると自動車利用

を前提にした総合スーパーの広い商圏によって当該メッシュの生鮮品専門店の減少要因となっている。

## 3　食料品販売店の将来

### （1）　生鮮品専門店の将来

　以上のように、生鮮品専門店は、需要の急速な拡大を背景に、店舗数、売り場面積とも高度成長期に増加した。1970年代以降食肉を除き需要の増加は緩やかになったが、需要の伸びの鈍化に加えて消費者の消費形態が生鮮品から加工食品や外食の形態を通じたものになったこと、また、食料品スーパーなどの幅広い品揃えを備えた店舗が発展したことによって生鮮品専門店の販売シェア、店舗数、売り場面積とも急激に低下した。

　この生鮮品専門店の減少は、1990年代の規制緩和以前のものであるが、このことは、1990年代以降に大規模店の郊外展開の影響がなかったことを必ずしも意味しない。特に市場規模の小さな中小都市や農山村においては、少なくとも半径1～5kmくらいまでの総合スーパーの存在は減少要因となっている。しかし、大都市でも中小都市や農山村でも、生鮮品専門店減少の最も大きな要因は、近くの生鮮品専門店の存在、言い換えれば、先に述べたこれらの店舗への需要の減少の中で生じた生鮮品専門店同士の競合であった。一方、中小都市や農山村では付近の食料品スーパーや500mまでの総合スーパーの存在が生鮮品専門店数を増加させるように働いており、生鮮品専門店は近隣のこれらの店舗とむしろ補完的な関係を築いている可能性がある。

　それでは、今後生鮮品専門店はどうなるのであろうか。おそらくこの減少のトレンドは変わらないであろう。筆者が、1997年、2002年、2007年の5年ごと10年間の市区町村別店舗数の傾向を延長して2022年の店舗数を求めたところ、全国で3万3千店にまで減少することとなった（薬師寺編著（2015）p.103）。2007年が5万7千であるから、年率3.6％の減少である。しかし、その後2014年商業統計の速報が公表され、すでに2014年には3万6千店にま

で減少していることが明らかになった。これは7年間に年率6.5％と想定の2倍近い減少となっている[6]。

## （2） 大型店の抱える問題

しかしながら、中小都市や農村部の生鮮品専門店の減少に影響を及ぼしてきた郊外型の総合スーパーやショッピングモールも今後の我が国の人口減少や高齢化の進展を前に、大きな課題を抱えている。表8-1は、積極的に郊外にショッピングモールを開発してきたイオンの135のショッピングセンター（SC）の周辺10kmの2010年から2025年までの人口変化を示したものである。人口予測には、国立社会保障・人口問題研究所の市区町村別予測をもとに、2分の1地域メッシュ単位の予測を作成して利用した[7]。半径10kmは自動車があれば買い物に苦労しない距離である。これによれば、135のSCのうち今後人口が増えるか少なくとも減少しないSCは22とわずか16％であった。それでも人口構成は高齢化が進み、そのうち半分以上の12で65歳未満人口割合が5～7％ポイント低下し、8割弱の17で75歳以上人口割合が6～

表8-1　商圏人口の将来変化別ショッピングセンター（SC）数

| 人口<br>変化率<br>（％） | SC数 | 65歳未満割合変化 ||| 75歳以上割合変化 |||
|---|---|---|---|---|---|---|---|
| | | Δ5～Δ7<br>％ポイント | Δ7～Δ9 | Δ9～Δ12 | 4～6％<br>ポイント | 6～8 | 8～11 |
| 0～3％ | 22<br>(100.0) | 12<br>(54.5) | 7<br>(31.8) | 3<br>(13.6) | 2<br>(9.1) | 17<br>(77.3) | 3<br>(13.6) |
| Δ10～0 | 97<br>(100.0) | 36<br>(37.1) | 51<br>(52.6) | 10<br>(10.3) | 11<br>(11.3) | 50<br>(51.5) | 36<br>(37.1) |
| Δ20～Δ10 | 16<br>(100.0) | 1<br>(6.3) | 10<br>(62.5) | 5<br>(31.3) | 6<br>(37.5) | 6<br>(37.5) | 4<br>(25.0) |
| 合計 | 135<br>(100.0) | 49<br>(36.3) | 68<br>(50.4) | 18<br>(13.3) | 19<br>(14.1) | 73<br>(54.1) | 43<br>(31.9) |

資料：国勢調査メッシュデータから推計。
注：イオンのSC135カ所についての、2010年から2025年にかけての15年間のSCからおよそ半径10kmの人口変化を示した。

8％ポイント上昇する。また、大部分を占める97のSCでは半径10km人口が0～10％の減少となる上に、より高齢化が進む。すなわち、そのうち半数以上の51で65歳未満人口割合が7～9％ポイント減少し、3分の1強の36で75歳以上人口割合が8～11％ポイント増加する。このように、これらのSCは、近い将来商圏人口の減少や急速な高齢化に直面するとみられる。

また、このようなショッピングセンターに限らず、総合スーパーも大きな困難を抱えている。本章執筆中に、セブン＆アイが40店舗閉鎖、ユニーグループも最大50店舗閉鎖するという報道[8]があった。その経営不振の背景には衣料品販売の不振があると伝えられている。食料品以外、特に衣料品の販売動向が経営に影響を与えるという問題は、ある意味食料品販売拠点の存続にとっての大きな不確実性である。

このように、巨大SCや総合スーパーとて、今後は安泰ではない。それでは、今後の食料品供給の担い手として何に期待すべきか。もともと百貨店・総合スーパーの食料品販売シェアは低下してきており、2007年で13.6％しかない。これに対し、シェアを伸ばしたのは食料品スーパーで、36.7％に達している。また、コンビニエンスストアも特に中食の供給主体としてシェアを伸ばし12.0％となっており、これらの2業態で飲食料品販売額の約半分を占めるに至っている。今後ともこれらの業態の動向に注目する必要があろう。

**注**
1）この表現は「食料・農業・農村白書」でも用いられている。また、この問題についての筆者らの詳細な分析は、薬師寺編著（2015）を参照。
2）ピークの年と店舗数は、図中に示した。
3）総需要には、生鮮のまま購入されるもののほか、加工を経て、あるいは外食を通じて消費されるものも含まれる。
4）本節の詳細は、薬師寺編著（2015）第2章の2.を参照。
5）本節の都市と農村の区分は、市区町村単位ではなく、人口集中地区（DID）かそれ以外かで分けている。そして、人口集中地区の中でも、それが広い地域にわたって連続しているものをここで大都市、それほど面的な広がりを持たないものを中小都市とした。ここでいう大都市はほぼ政令指定都市の人口集中地区に相当する。
6）この違いの大きな要因は、筆者が傾向値を計算するに当たり減少率を用いたことにある。しかしながら、現実はほぼ直線的な減少となっている。

7）詳細は、薬師寺編著（2015）p.102を参照。
8）2015年9月21日付け日経MJ。

**参考文献**
[1] 岩間信之編著（2013）『改訂新版　フードデザート問題　無縁社会が生む「食の砂漠」』、農林統計協会。
[2] 経済産業省（2010）『地域生活インフラを支える流通のあり方研究会報告書』。
[3] 杉田聡（2008）『買物難民　もうひとつの高齢者問題』、大月書店。
[4] 田村正紀（1986）『日本型流通システム』、千倉書房。
[5] 薬師寺哲郎編著（2015）『超高齢社会における食料品アクセス問題―買い物難民、買い物弱者、フードデザート問題の解決に向けて―』、ハーベスト社。
[6] Basker, E.（2005）, "Job Creation or Destruction? Labor-Market Effects of Wal-Mart Expansion", *The Review of Economics and Statistics*, MIT Press, 87（1）, pp.174-183.
[7] Flath, D.（2003）, "Regulation, Distribution Efficiency, and Retail Density" NBER Working Paper No. 9450, 28pp.
[8] Igami, M.（2011）, "Does Big Drive Out Small? – Entry, Exit, and Differentiation in the Supermarket Industry" *Review of Industrial Organization*, 38（1）, pp.1-21.
[9] Neumark, D. & Zhang, J. & Ciccarella, S.（2008）, "The Effects of Wal-Mart on Local Labor Markets" *Journal of Urban economics*, 63（2）, pp.405-430.

## 第9章
# EUの青果物マーケティングにみる連合農協の組織構造と機能
### ――スペイン・バレンシア州のアネコープの事例――

李　哉玹

## 1　背景と課題

### (1)　EUにおける連合農協の動向

　欧州連合（EU）においては、複数の農協（primary or first-tier cooperative）をメンバーとする農協を2次組合（second-tier cooperative）もしくは連合農協（federated cooperative）と称するが、本章に用いる連合農協は、マーケティングや加工事業を目的とする事業連合に限定する。Jos Bijmanら（[1] p.73）は、このような連合農協の展開構造に触れ、農産物のマーケティングもしくは加工事業への大規模投資をめぐって、スケールメリットの発揮を図った連合農協が数多く展開しているものの、長期的な展望においては、連合農協は解体の道を辿るであろうという見解を示している。1990年代において、すでにSoegaard（[2]）が明らかにしたように、連合を構成するメンバー組合間の事業規模や販売戦略に異質性が顕著になるにつれ、一部の連合農協の運営を主導してきた、大規模合併農協が連合組織を買収・合併し、自らが連合組織の資産や機能を内部化する傾向が依然として続いているからである。このような傾向を確認できる統計には接していないものの、農産物のマーケティングをめぐる農協と連合農協との間に何等かの葛藤やコンフリクトが発生していることは確かであろう。

## (2) 連合農協の展開をめぐる問題

　EU の連合農協は、何らかの必要に応じて農協自らが設立または選択してきた経緯がある。それが故に、農協にとって連合組織に求める機能と役割が解消されるか、またはその機能の発揮が困難となれば、農協自らの意志により脱退もしくは連合の解体・再編という選択を辞さない。すなわち、近年、EU の連合農協の解体傾向の背景には、農協間合併がもたらす連合農協の役割の終焉とともに、農産物の販売をめぐる取引環境の変化による連合農協の機能不全といった問題が大きく横たわっている。前者については、度重なる農協間合併により、連合農協を構成するほとんどのメンバー農協が単一組織として統合され、連合農協の機能が巨大合併農協に内部化されるケースである。これに対して、後者には、大手小売企業が求める効率的なサプライチェーン構築のほか、付加価値の拡大すなわちバリューチェーン構築を図った川中への進出に必要な新たな投資や迅速な意思決定において、複数農協の連合であるが故に抱える脆弱な体質が関係している。

　EU 諸国では、ボトルネック（[3]）という語に象徴されるように、農協は、国境を跨いでチェーン展開する少数の大手小売企業との取引が避けられない状況にある。これら大手小売企業は、製品の安全性・品質、物流の効率性を保障すべく、Global GAP、BRC、HACCP などのプライベートスタンダード（[4]）を取得し、プライベートブランド＝プライベートラベルにも積極的に協力してくれる、少数の大規模出荷組織に取引先を限定し、その取引先との間に、圃場から店舗への陳列までのすべてのプロセスを系列化もしくは統合する効率的なサプライチェーンの構築を進めている（[5]）。複数のメンバー農協の合意や資金供与を前提に事業を展開する、連合農協においては、プライベートスタンダードの取得のための栽培方法の改善および統一、小売店舗の陳列のための新しい小分け・包装施設、新しい製品開発のための研究開発などへの投資が迅速に進まないということが、連合農協の販売事業に機能不全をもたらしている理由である。

## (3) 南欧諸国における青果部門の連合農協の健在さ

しかしながら、EUの連合農協を展望する際に、南欧諸国とりわけイタリア、スペインの青果部門に展開する一部の連合農協は依然として成長し続けている例外的な存在であることが注目に値する。例えば、EU農協の国際協力組織である Cogeca が提供する、2013年の青果部門農協の販売額トップ10のリスト（[6] p.34）には、ほかの品目部門と違って、4つの連合農協（Conserve Italia、Apo Conerpo、Anecoop、Consorizo Melinda）がランクインしている。ちなみに、Anecoop はスペイン、残り三つはイタリアの農協である。これに対して、ほかの6つの農協は、いずれも長い時間をかけて農協間合併を繰り返した、巨大合併農協であるが、上位3位までの農協はオランダ（FloraHolland、Coforta）、ドイツ（Landgard）の農協である。西欧諸国においては農協の大規模合併が進む中で連合農協の存在が希薄となりつつある傾向を垣間見ることができる。

## (4) 本章の問題意識と課題

このように、イタリアやスペインに集中してみられる連合農協の中でも、成功例として積極的に取り上げられることの多い農協が、スペインのAnecoop（[7]）とイタリアの Conserve Italia（[8]）である。ただし、前者は生鮮果実や野菜を主力品目とするマーケティング農協であることに対して、後者は、果汁を中心とした青果物の加工事業に特化した加工農協であるという違いがある。

以上を改めて整理すれば、EU諸国では、農協間の度重なる合併、農産物販売をめぐる効率的なサプライチェーン構築への要求が、連合組織を解体もしくは再編に追い込んでいるものの、南欧諸国とりわけスペイン、イタリアの青果部門においては依然として連合農協は健在であるということになる。当然ながら、これら成功例としての南欧諸国の連合組織は、どのような組織構造の下で、上述の効率的なサプライチェーン構築への要求に、如何なる対応を行ってきたかという疑問が浮かび上がる。

そこで、本章は、その疑問に答えるべく、二つのメンバー農協（Coop Canso, Vicente Coop）を含む Anecoop のケーススタディ[1]により、連合農協における組織構成とメンバーシップ、サプライチェーン構築への関与とメンバー農協の販売事業との棲み分けを含む連合マーケティングの仕組みを明らかにした。

目下、日本の農協は、総合農協より信用事業と共済事業を分離し、経済事業に特化した単協の自立や系統組織の再編に向けた農協改革の渦中にある[2]。野菜や果実を取り扱う青果農協に関しては、小売主導型流通システムの強まりが従来の農協系統共販体制の「有効性の低下」（[9] p.14）をもたらしている中で、新しいビジネス環境とりわけ小売企業との直販事業に求められるサプライチェーン構築に対応した農協系統組織の新たな機能分担の在り方を模索している（[10]）。本章が有する問題意識には、このような日本の事情が関わっているが、過去40年間にわたって、連合農協として、メンバー農協数および販売額の持続的な拡大を成し遂げた、Anecoop のケーススタディから、農協系統組織のあり方に関する示唆が得られることを期待したということである。

## 2　Anecoop の組織構造

### （1）組織形態と設立の経緯

スペインのバレンシア地域は、1970年代に世界有数のオレンジ集散地を形成し、西欧諸国への輸出チャンスが広がる中で、①農協や個人企業との熾烈な競争による価格低下の問題、②輸出に際しての煩雑な手続き、③零細な出荷組合における規模の非経済性、などの問題を抱えていた。Anecoop は、これらの問題を解決すべく、1974年の連合農協組織に法的根拠を与えた農協法の改正（Farm Union Act、1974年）を受け、オレンジを出荷する33の農協の共同出資によりオレンジの集荷販売に特化した連合農協として設立された（[11] pp.33-36）。ちなみに、設立当初の Anecoop が目指した農協のロ

ールモデルはアメリカの Sunkist であったと記されている（[11] p.34）。

### （2） 組織構成とメンバーシップ
**メンバー農協とその推移**

現在（2012年）、Anecoop は76の農協をメンバーとする、EU-28屈指の連合農協である。これらのメンバー組合の地理的範囲は、バレンシア州（43組合）を中心に、アンダルシア州（6組合）、カステリャーレオン州（1組合）、ナバラ州（1組合）、ムルシア州（5組合）といった、5州12県に広がっている。

表9-1　Anecoop メンバー組合の出荷額規模

| 出荷額規模<br>（万 €） | 2007 組合数 | 2007 利用高シェア | 2007 組合数シェア | 2012 組合数 | 2012 利用高シェア | 2012 組合数シェア |
|---|---|---|---|---|---|---|
| 600以上 | 16 | 56.3 | 19.3 | 18 | 61.07 | 24.0 |
| 300～600 | 18 | 25.3 | 21.7 | 21 | 26.99 | 28.0 |
| 150～300 | 14 | 11.4 | 16.9 | 10 | 7.27 | 13.3 |
| 100～150 | 12 | 4.7 | 14.5 | 5 | 2.17 | 6.7 |
| 50～100 | 6 | 1.4 | 7.2 | 9 | 2.12 | 12.0 |
| 0～50 | 17 | 0.9 | 20.5 | 12 | 0.38 | 16.0 |
| 合計 | 83 | 100.0 | 100.0 | 75 | 100 | 100.0 |

資料：[12] 該当年度より。

表9-2　近年のメンバー組合数変動の内訳

|  | 2010 | 2011 | 2012 | 2013 |
|---|---|---|---|---|
| メンバー数 | 84 | 79 | 79 | 76 |
| 加入 | 0 | 3 | 2 | - |
| 脱退 | 5 | 3 | 5 | - |

資料：表9-1に同じ。

表9-1は、メンバー組合を出荷額規模階層別にみたものである。2012年においては、100万€未満が21組合（28.0％）、100〜300万€が15組合（20.0％）、300万€以上が39組合（52.0％）である。これを、2007年と比較すると、出荷額300万€以上の組合が7組合増加しているのに対して、100万€未満の組合数は2組合減少している。また、表9-1と表9-2を合わせてみれば、メンバー組合数は、2007年の83組合から12年の75組合まで徐々に減少しているほか、加入と脱退が繰り返されていることが分かる。なお、メンバー農協数の減少の一部は、メンバー農協間の合併に起因するものであることに注意されたい。

**メンバーシップ**

Anecoopの定款によれば、メンバーとなるためには、Anecoopに出資をするか、もしくは利用するかという2つの選択肢がある。両者の違いは、前者は出資額に応じてAnecoopの利益配当を受けるのに対し、後者は配当を受ける資格がないほか、販売委託手数料が出資組合（2％）より割高（2.5〜3％）になる。ちなみに、2012年のメンバー組合の出資によるAnecoopの資本金は約1300万€である。

メンバー組合は、出荷数量の40％をAnecoopに委託する義務が有し、販売額の2〜3％は手数料として支払うことになる。但し、販売製品の集出荷および出荷調製（小分け・包装）のすべての過程は、各々のメンバー組合自らが有する選別・出荷施設で行われるため、販売手数料に施設・設備の利用料金が含まれることはないことに注意が必要である。

Anecoopは、メンバー組合の代表により構成する理事会の下に、運営委員会が置かれ、その傘下に事務・人事・行政委員会、生産・販売委員会、品質およびマーケティング委員会の3つの委員会を設けている（[12] p.46）。なお、Anecoopの定款により、出資金を供しているメンバー組合に配分する配当金（還元額）は、その20％は組合の内部資金留保、10％を教育及びプロモーションに当てることを義務づけている。ちなみに、理事会の議決権配分に関する詳細は確認できなかったが、出資における持分や利用高に応じた

議決権の傾斜配分がなされているという。

### （3） 取扱品目

当初、Anecoop の取扱品目は、オレンジの出荷に特化していたが、次第に、その取扱品目数を増やしている。現在は、オレンジをはじめとするクレメンティン、温州みかん、レモンなどの柑橘類に柿が加わっているほか、すいか、トマト、いちご、ピーマン、ブロッコリーなどの多様な野菜やワインへと取扱品目が広がっている。これは、Anecoop が早くから取組みはじめたオレンジの連合マーケティングにより蓄積したノウハウ、拡大する販売チャネル、ブランド認知度が、メンバー組合の取り扱う他品目のマーケティングにも活用されたほか、それを活用しようとする出荷組合からの新たな加入要請があったことによる。

## 3　販売実績と販売チャネル

### （1）　販売額の推移

図9-1は、Anecoop の販売額の推移（1975～2012）を示したものである。これによれば、設立当初（1975年）の Anecoop の販売額は100万€であったが、1980年に1千万€を越え、1990年には1億€に達した。その後、1995年に2億2,500万€、2000年に3億5,500万€、2005年に4億2,300万€の販売額実績を残し、2012年には5億€を突破した。1990年以降においてはおおよそ5カ年ごとに1億€の売上拡大を実現するほど、持続的な成長を成し遂げている。但し、これを品目別にみると、柑橘類の販売数量は1999年（35万8,000t）をピークに減少傾向に転じているのに対し、柿、すいか、イチゴからなる柑橘以外の果実や野菜の販売数量が増え続けていることが見て取れる。

図9-1　Anecoopの販売額の推移（1975-2012）

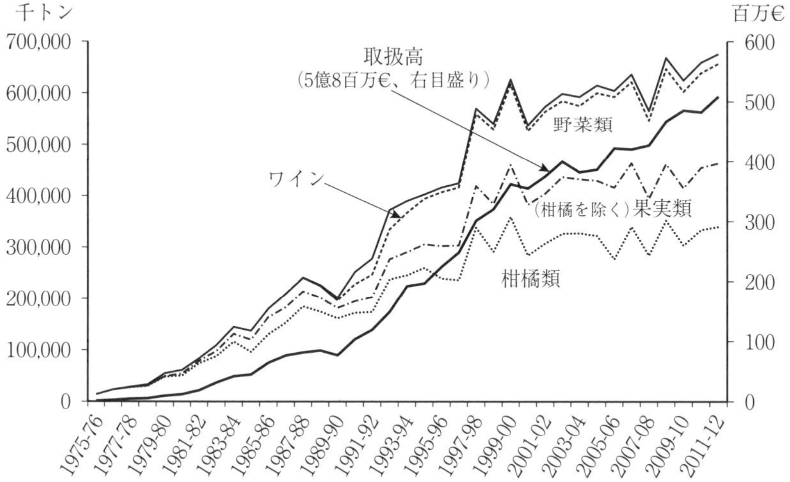

資料：Aneccopの提供資料より作成

## （2）販売チャネル

### 国別にみた販売先

　Anecoopの販売先を重量ベースで国別に確認すると次の通りである。フランス（22.9%）、ドイツ（17.8%）、スペイン国内（12.5%）、スウェーデン（5.9%）、イタリア（5.9%）、イギリス（5.8%）、ポーランド（4.4%）、チェコ（3.2%）、オランダ（2.9%）、ベルギー（2.9%）、デンマーク（2.2%）、オーストリア（2.0%）、ロシア（1.8%）、フインランド（1.4%）、スロバキア（1.2%）、スイス（1.0%）である（[12] 2013, p.11）。このように、Anecoopの取引先国は、フランス、ドイツに大きく傾斜しつつも、EU諸国を中心に合計45ヶ国に広がっており、スペイン国内市場に仕向けられる販売数量はわずか12.5%に留まり、海外市場をそのメインターゲットとしていることが分かる。

　一方、Anecoopは、ヨーロッパ全域（フランス、イギリス、チェコ、ポ

表9-3 Anecoop の販売チャネル（2005 vs 2011）

単位：%

| 区分 | 2005年度 | 2011年度 |
| --- | --- | --- |
| スーパーマーケット[1] | 41.4 | 47.1 |
| ディスカウントショップ | 19.7 | 22.3 |
| 卸売業者 | 31.3 | 26.3 |
| その他 | 7.6 | 4.3 |
| 合計 | 100.0 | 100.0 |

資料：図9-1に同じ。
注）1）量販店を含む

ーランド、オランダ）およびロシア、中国において、支社もしくは現地企業との合弁会社からなる Anecoop グループを形成しているが、当初より、Anecoop に求められた海外市場開拓のために、長い歳月をかけて構築した国際的な販売ネットワークである。

**販売チャネル**

Anecoop の販売チャネルは、量販店を含むスーパーマーケット、ディスカウントショップ、卸売業者、その他に区分できる。表9-3は、その販売額シェアを2005年度と2011年度で比較したものである。すでに31.4％にまで縮小されていた卸売業者への販売額シェアは、同期間に26.3％へとさらに縮小している。これに対して、スーパーマーケットやディスカウントショップへの販売額シェアは、前者が41.4％から47.1％へ、後者が19.7％から22.3％へと、それぞれ拡大している。大手小売企業との取引が主流である両者を合わせた販売額シェア（2011年度）は70％に達している。

## 4 マーケティング戦略とサプライチェーン構築への関与

### （1）マーケティング戦略

このように、Anecoop では、大手小売企業への直接販売が拡大し続ける

中で、当初のマーケティング戦略は大きく変化してきた。設立当初は出荷ロットや荷姿をまとめ、輸出先国の卸売市場に上場するのが主な販売形態であった。しかしながら、近年、何れの輸出先国においても、大手小売企業の小売市場シェアが高まる中で、その取引をめぐっては、プライベートスタンダードの整備、プライベートブランドへの積極的な対応、売場のバックヤード機能（小分け・包装）の内部化、仕入れ効率に応じた大規模出荷ロット、品揃え、周年出荷の確保、取引先の物流センターと集出荷ラインをつなげる受発注情報の統合といった、厳しい取引条件に直面するようになった。

　このような販売を取り巻く環境変化の下で、現在のAnecoopの販売戦略には、製品差別化を基本に、①供給能力の拡大、②多様な製品の確保、③供給期間の延長（周年出荷）、④販売ネットワークの強化、⑤研究開発やイノベーション、⑥品質・安全性の保証、⑦自社ブランド（BOUQUET、BLACK CAT、NADAL、POPPYなど）認知度の向上といった7つが掲げられている。出荷ロット、品揃え、プライベートスタンダードを備えたうえで、大手小売企業との取引におけるサプライチェーン構築への積極的な参加を維持しつつ、独自のプロモーションをテコ入れした自社ブランドの強化、研究・開発による新しい製品の開発・提案による新たな価値の創造といった、効率性や付加価値を同時に追求することが、戦略の基本的な考え方をなしている。とりわけ、Anecoopは、バレンシアやムルシアに2つの試験圃場を設けているが、その試験研究により開発したクレメンスーン（Clemen-soon）は、従来のクレメンティンより出荷時期の早い品種として注目され、着実に売上げを伸ばしている。また、製品差別化については、自社ブランドのBOUQUETの高い認知度を活かし、BOUQUET Bioという有機製品の開発・販売に取組みはじめた。2011年度のBOUQUET Bioの出荷数量は5,923tとまだ僅かではあるが、過去3年（2009〜11年）で約3,000t増加するほど、その販売は好調であり、今後は付加価値拡大のために、メンバー組合に有機認証の取得を奨励する方針である。

## (2) 大手小売企業とのサプライチェーン構築への関与

図9-2は、Anecoopの販売事業に関わる部別編成を示したものである。これによれば、①G-GAP、BRC、HACCPなどのプライベートスタンダードの整備や生産コスト分析を業務とする「品質管理」、②トレーサビリティーシステムの構築や取引先の納入業者のコーディングに対応した「記録および情報管理」、③新しい品種・製品の「研究・開発」、④メンバー組合の経営および営農指導、メンバー間の連絡協議を担当する「コーポレートサーボト」、⑤プロモーションやブランド管理を担当する「マーケティング」といった5つの部署からなっている。これらの業務のうち、大手小売企業とのサプライチェーン構築において最も欠かせない業務が「品質管理」と「記録および情報管理」である。

この品質管理について、Anecoopは、Eurep GAPの創設当時に、その認

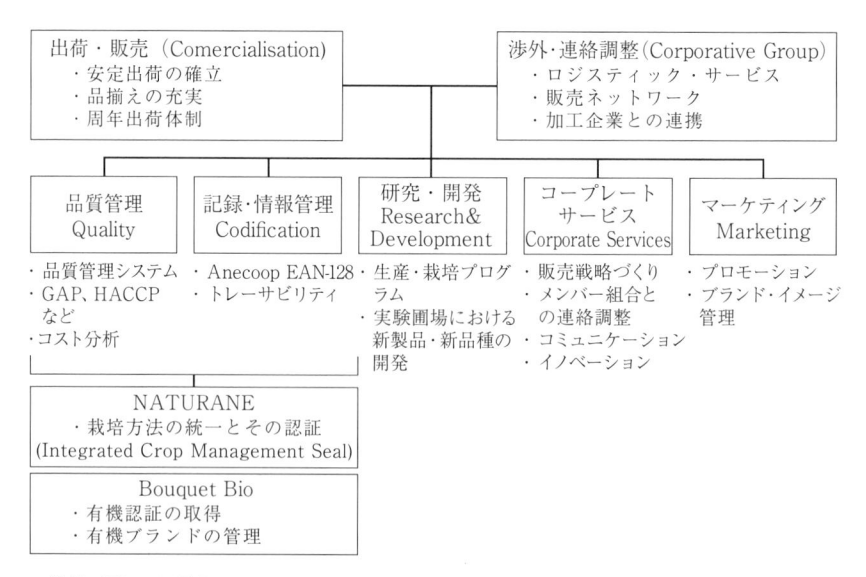

**図9-2 Anecoopの販売事業の業務体系**

```
出荷・販売（Comercialisation）              渉外・連絡調整（Corporative Group）
・安定出荷の確立                              ・ロジスティック・サービス
・品揃えの充実                                ・販売ネットワーク
・周年出荷体制                                ・加工企業との連携

品質管理        記録・情報管理    研究・開発           コープレート        マーケティング
Quality         Codification    Research &          サービス            Marketing
                                 Development        Corporate Services

・品質管理システム ・Anecoop EAN-128 ・生産・栽培プログ   ・販売戦略づくり    ・プロモーション
・GAP、HACCP     ・トレーサビリティ   ラム              ・メンバー組合と    ・ブランド・イメージ
  など                            ・実験圃場における    の連絡調整        管理
・コスト分析                        新製品・新品種の   ・コミュニケーション
                                   開発              ・イノベーション

         NATURANE
      ・栽培方法の統一とその認証
     (Integrated Crop Management Seal)

         Bouquet Bio
      ・有機認証の取得
      ・有機ブランドの管理
```

資料：図9-1に同じ

証制度の審議会のメンバーとして加わった経緯（［13］p.112）がある。このことは、EU の大手小売企業が進めるプライベートスタンダードの整備に早くから積極的に対応してきたことを意味する。こうした経緯もあって、Anecoop では全てのメンバー組合を対象に、小売企業の求めるプライベートスタンダード（GAP、BSC、ISO、HACCP など）の取得を完了している。ちなみに、それを可能にしたのが、Anecoop が品質管理や記録および情報管理のために、独自に開発した「NATURANE」と「ANECOOP EAN-128」である（図9‐2）。

　NATURANE は、作物の栽培方法の基準を定めたもので、慣行的な栽培方法に合成農薬や化学肥料の投入量を統一的に減らした IPM（integrated pesticide management）をすべての生産者に遵守させている。NATURANE の特徴は、Anecoop が提供する製品が生産されるすべての圃場において、大手小売企業の求める最も厳しい安全性や品質基準を満たしうる栽培方法を用意することにより、いかなる小売企業の発注に対しても、納品条件に合わせた出荷数量を個別組合が確保・管理する煩雑さや納品条件の不備による受注困難を回避できるというものである。一方、ANECOOP　EAN-128 は、生産から納品までのすべての情報が、IC タグやバーコードによって記録されることにより、トレーサビリティーシステムとして機能しているものである。同システムの特徴は、小売企業の求める最大限の情報を収録したラベルと、Anecoop との取引実績をもつ全ての小売企業のコードナンバーや等階級の区分に合わせることにより、受発注システムの汎用性を実現したものである。

## 5　農協が選択する連合農協の機能

### （1）農協の概要

**Coop Canso**

　Coop Canso はバレンシアの Alcudia 地域を中心に、柑橘や柿の生産者が

組織する農協である。設立（1910年）から100年以上の歴史を有する農協で、約2,000人の組合員、3,100万€（2012年）の販売額からみて、Anecoopメンバー組合の中で最も規模の大きい組合のひとつである。柑橘とともに柿の出荷量シェアが圧倒的に高い中で、桃、ネクタリアーン、スイカのほか、カリフラワー、レタス、白菜などの野菜も出荷している。3万$m^2$の選果場面積、5,800tの貯蔵する低温貯蔵庫、柑橘や柿の選別ライン（柑橘40t/h、柿20t/h）を備えている。

Anecoopとの関係については、大規模柑橘出荷組合として、出資によりアネコープの創設メンバーとなった以降、継続してAnecoopの運営に関わっている。ちなみに、当該地域には「Kaki RIBERA DEL XUQUER（登録

表9-4　二つのメンバー組合の概要

|  |  | Coop Canso | Vicente Coop |
|---|---|---|---|
| 設立年次 |  | 1910 | 1944 |
| 資本金（2012） |  | 約1千万€ | 約1,500万€ |
| 組合員数 |  | 約2,000人 | 約800人 |
| 出荷額（2012） |  | 約3,100万€ | 約1,140万€ |
| 面積 |  | 約2,000ha | 約1,100ha |
| 品目別出荷量 | 柑橘 | 24,600t | 20,100t |
|  | 柿 | 24,400t | − |
|  | その他果実 | 2,700t | − |
|  | 野菜 | 3,500t | 5,238t |
| アネコープ経由率 |  | 柑橘：60〜70%<br>柿：15% | 柑橘：85%<br>野菜：80% |
| PBの出荷額シェア |  | 約35% | n.a |
| 自社ブランド |  | CANSO, Airc, L'alcudiana | Beacoop, Rual Fruits |
| 備考 |  | 柿におけるPDO取得 | 仲買業者によるLidl, KAURCANAへの納品 |

資料：総会資料および聞き取り調査による。

No.：ES/PDP/ 0005/0114、登録年：2002年）」という EU の PDO（原産地呼称保護制度）への登録を果たした、柿の地域ブランドがある。

#### Vicente Coop

Vicente Coop は、バレンシアの Benaguacil 地域において柑橘や野菜を出荷する、約800人の組合員、1,140万€の出荷額を擁する大規模農協である。Vicente Coop は1944年に設立された比較的古い農協であるが、同農協が柑橘を取扱はじめたのは1970年代後半からである。かつては、とうもろこしや綿の生産が盛んであった。こうした理由から、柑橘の販路確保のために Anecoop のメンバーとなったのは1988年である。なお、Anecoop には出資はしておらず、利用のみのメンバーである。現在、柑橘を中心としつつも、スイカ、メロン、カリフラワー、ピーマンなどの野菜が大きな出荷量シェアを占めている。

### （2） 販売チャネルにみるアネコープとの関係

#### Coop Canso

Coop Canso の出荷額のうち、柑橘に関しては約65％が Anecoop を経由している。Anecoop を経由しない出荷額の約35％については、その約8割が輸出先国における14～16社の大手小売企業への直接販売となっている。なお、柑橘の出荷においては、出荷額の約35％が大手小売企業のプライベートブランドとして販売されている。

一方、柿については、Anecoop 経由率が15％と低く、そのほとんどは PDO ラベルを付した自社ブランドとして販売している。Anecoop 経由率が柑橘に比べて極めて低くなっている理由は、Anecoop に先立ち柿の取扱がスタートし、すでに特定の販売チャネルが長期・安定的に維持されているほか、PDO ラベルをアピールすることにより付加価値を高めた販売が可能となっているためである。

Coop Canso は CANSO、Airc、L'alcudiana という3つの自社ブランドを有しているが、これらの自社ブランドは、プラベートブランドを持たない小

売企業（40~50社）への販売に用いている。

### Vicente Coop

Vicente Coop では、柑橘や野菜のいずれも、出荷額に占める Anecoop の経由率は80％以上を占めている。とりわけスイカの Anecoop 経由率は100％である。当該地域では柑橘および野菜の産地形成が相対的に遅れたために、当初よりその販路確保を Anecoop に依存していたことが背景にはある。

Anecoop を経由しない約10％の柑橘は、古くから取引のある仲買業者を通じて Lidl、KAURCANA に納品されている。また、カリフラワーは、Anecoop を通さずに全量を特定の小売企業へ直接販売している。

Vicente Coop が出荷時に用いるブランドのうち、自社ブランド（Beacoop、Rual Fruits）は出荷数量ベースで約25％程度である。大手小売企業のプラベートブランドへの対応については、具体的な回答が得られなかったものの、出荷量の多くが ALCAMPO、CARRUFOUR に納品されており、その際に用いるブランドは、Anecoop のブランドか、もしくはプラベートブランドとなっている。

### （3） Anecoop 利用をめぐる考え方の相違

Coop Canso の販路確保において、Anecoop への依存度は相対的に低く、なかんずく柿については、自ら安定的な販路が確保されている。柑橘についても、年々の Anecoop 経由率は流動的であり、どちらかといえば、Anecoop からの受注を安定的に保ちつつ、農協自らの直接販売に積極的に取り組んでいる。このように、Anecoop の経由率が低い背景には、Anecoop 設立以前から古い歴史をもつ柑橘出荷組合として、多くの取引先を確保していたことや、柿の PDO ラベルを生かした、地域ブランド力の行使が主要な理由として働いている。さらに、農協のマーケティング戦略においても、自らの販売努力すなわち取引先との交渉や営業努力を生かし、付加価値を高める販売への取り組みを強化していることも Anecoop への依存度を弱める重要な要因となっている。

これに対して、Vicente Coop は、とうもろこしや綿から柑橘、野菜へと品目転換を図る中で、販売における Anecoop への依存度を強めてきた。当初より Anecoop への委託販売に大きく傾斜したマーケティング戦略は未だ変わらず、今後においても、Anecoop を経由した販売を継続する方針を決めている。理由としては、独自でマーケティング戦略を立案し、そのために必要な経営資源配分をすることは、コストアップ要因となるほか、販売不振というリスクに晒される可能性も高くなることを挙げている。

## 6　考　察

　本章の課題は、EU 諸国の連合農協が解体局面を迎えている中、スペインの Anecoop は、未だ健在な連合農協の成功例として注目されている理由を探ることであった。考察においては、その理由について整理した。

　一つ目は、連合農協を構成する農協にみる事業規模の零細さである。前述の Cogeca（[6] p.34）の青果部門農協の販売額トップ10のうち、単協としてランクインしているオランダの Conforta（3位）、ベルギーの BelOrta（8位）の2013年の販売額は、各々12億9,300万€、3億5,000万€である。これに対して、Anecoop の販売額は、76の農協の出荷からなる約5億€である。Anecoop においても、農協間の合併が進んでいるとはいえ、連合農協の販売機能や資産の内部化もしくは買収・合併が図れるほどの巨大合併農協の存在は見当たらず、28ヶ国に及ぶ EU の共通農業市場において、上のConforta、BelOrta などの巨大合併農協との競争を可能とするためには、依然として連合農協を必要としているということである。

　二つ目は、連合農協のメンバーシップの柔軟さとガバナンスである。前掲表9-2から Anecoop のメンバー農協数は新たな加入や既存メンバーの脱退により年々変化していることを確認した。すなわち、Anecoop は、農協が必要に応じて設立した連合組織として、それに出資またはそれを利用する農協にとって自らが求める連合組織の機能と役割が解消されれば、脱退を辞さ

ないことが確認できた。逆に、新たに必要性が生じれば、比較的に自由に連合組織のメンバーの資格が取得できるということである。また、Anecoopの運営をめぐる意思決定は、出資額シェアや利用高に応じた議決権の傾斜配分により、大規模農協に対するインセンティブを与えている。このような、開かれたメンバーシップとガバナンスは、農協間の事業規模や販売戦略に生じる異質性がもたらしうる葛藤や矛盾を脱退や議決権の行使をもって解消できる手段として作用している。

三つ目は、連合マーケティングの仕組みにおける農協と連合農協との機能分担（＝棲み分け）である。AnecoopのメンバーAnecoopである、Coop CansoとVicente Coopの販売事業からは、当該農協が擁する品目、販売チャネル、ブランドによって、自ら販売するか、Anecoopを通して販売するかを選択する仕組みを有していることが分かった。その選択の論理を、一言でいえば、農協の強みを生かしつつ、弱みを連合農協にして補完するものである。前者（強み）については、農協が独自に取り扱う主力品目、長期に渡る取引によって信頼関係が構築された従来からの販売チャネル、地域ブランドを活かした高付加価値販売などがあった。後者（弱み）は、主として、Anecoopの主力品目、大規模出荷ロットが求められるマスマーケットへのアクセス能力、Anecoopの有する人材や営業力である。このように、販売事業の展開をめぐる農協と連合農協との機能分担＝棲み分けも、農協間の事業規模や販売戦略に生じる異質性がもたらしうる葛藤や矛盾の蓄積を防げる重要な連合マーケティングの仕組みである。

一方、以上のように、連合農協への出荷数量の選択とともに、連合への加入と脱退の自由が無制限に保障されれば、連合マーケティングにおける安定的かつ計画的な出荷ロットの確保が困難となろう。これを防ぐべく、Anecoopの定款には、連合への出荷義務数量を定めていることに注意が必要である。

四つ目は、農協に支持される連合農協の販売戦略の有効性とサプライチェーン構築への積極的な取組である。連合農協は、オーナーたるメンバー農協

に支持される事業展開を担保にして経営の持続性を確保するといって差し支えない。Anecoopについては、設立以降40年間に渡って、メンバー農協数と販売額を拡大してきが、これは直ちに、Anecoopがメンバー農協に支持されてきたということを意味する。

その背景には、Anecoopが、当初より与えられた輸出市場拡大という役割を充実に果たしつつ、多数のメンバー農協からの集荷能力や卸売市場への上場に依存した、プロダクトアウトを販売戦略とするバーゲニング農協から、独自の販売戦略に基づき製品およびブランド開発能力や販路確保ための営業力(海外支社および合弁企業、品揃え、周年販売など)を備えた上で、マーケットインを販売戦略とする、マーケティング農協へと積極的な転換を図ってきたという経緯が働いている。

近年、小売市場の市場集中度[3]を高めてきた、EU諸国の青果物流通においては、卸売市場を経由しない大手小売企業と産地出荷組織との直接取引が急速に拡大している。Anecoopは、このようなマーケット環境の変化に応じ、プライベートスタンダードの象徴たる、Eurep GAPの創設に積極的にコミットし、早くから大手小売企業との取引条件とりわけ効率的サプライチェーン構築に力を注いできた。その結果、Anecoopが独自に開発した、NATURNEとEAN-128は、いずれの農協においてもマーケティングスタンダードの整備に欠かせない、汎用性の高いシステムとして、メンバー農協に最も支持されている。

これまで述べた、スペインのAnecoopが有する組織構造や販売事業の仕組みを見る限り、信用事業をはじめ多目的事業を兼営し、属地主義と網羅主義(全戸加入)を特徴とする日本の総合農協([15] p.17)の組織構造と、戦前の産業組合・農会から引き継いだ整然として三段階(市町村―県―全国)の系統組織が系統共販事業([16] p.41)を垂直につながっている日本の農協系統組織の事業構造と大きく異なる。スペインの連合農協は、事業区域に地理的近接性をベースとする「連坦([16] p.38)」性は見当たらず、スペイン全域に散在する農協が自らの必要性に応じて参加・脱退を選択する組

織構造であるほか、販売事業の展開をめぐっては、メンバー農協の独自販売を前提としつつ連合組織との棲み分けが図られているからである。それが故に、Anecoop を日本の連合農協としての経済連などと平面的に比較することは容易ではないことを否めない。

とはいえ、1県1農協が珍しくないほど農協間の合併が進む中で、総合農協より信用事業と共済事業を分離し、経済事業に特化した単協の自立が実現された場合を想定すれば、全農や経済連が有する販売機能を農協が内部化する方向とともに、既存の連合組織の再編もしくは新しい連合組織の創設が進んでいく可能性を排除できない。その可能性を意識して、スペインのAnecoop の組織構造や機能を吟味すれば、農協が連合組織を自由に選択できる柔軟な組織構造、メンバー農協の弱みを補完する機能分担（＝棲み分け）、マーケット環境の変化に積極的に対応するマーケティング戦略の展開、大手小売企業との取引に欠かせない汎用性の高いサプライチェーン構築の基盤づくりなどは、今後、日本の連合農協組織が用意すべき組織構造と備えるべき機能として検討に値するものではないかと考える。これらが、Anecoop がスペイン全域の青果農協に支持され続け、40年間メンバー農協数や販売額の持続的な拡大を可能とした要因であるからである。

注
1) Anecoop の実態調査は、科研基盤研究（B）（海外学術調査）（研究課題：EU 諸国における小売対応型の青果物産地マーケティングの展開構造の解明）の実施の一環として2013年9月に行われた。本稿の執筆にあたって、調査に同行した研究メンバー（清野誠喜、森嶋輝也）より多くのアドバイスを頂いたことを特記しておきたい。
2) 規制改革会議が打ち出した「農業改革に関する意見」（平成26年5月24日）によれば、単協の専門化と連合会組織としての全農の株式会社が農協改革論議の重要な柱として取り上げられている。
3) ここでは、[14]（p.15）により、2005年度の MS 別の売上上位5社の小売マーケットシェアを確認したが、スウェーデンが81.8％として最も高く、スロベニア、アイランド、デンマーク、エストニア、ベルギー、リトアニア、オーストリア、ルックセムブルーグ、ドイツ、フランスが70％以上と比較的に高い MS である。また、同シェアが50％以上の国々は、ポルトガル（65.3％）、スペイン（65.2％）、オランダ（62.7％）、イギリス（59.1％）、ハンガリー（58.3％）である。

## 引用文献

[1] Jos Bijman et al, *Support for Farmers' Cooperatives — final Report*, Wageningen: Wageningen UR, 2012, pp.1-127
[2] Soegaard V., Power Dependence relations in federative organizations, *Annals in Public and Cooperative Economy*, Vol.65, pp.103-125, 1994.
[3] Jayson Cainglet, From Bottleneck to Hourglass: Issues and Concerns on the Market Concentration of Giant Agrifood Retailers in Commodity Chains and Competition Policies, GLOBAL ISSUE PAPERS, No.29, Heinrich Boll Foundation, 2006, pp.1-39.
[4] Spencer Henson and Thomas Reardon, Private agri-food standards: Implications for food policy and the agri-food system, *Food Policy*, Vol.30, 2005, pp.241-253.
[5] J. Konefal, M. Mascarenhas et al, Governance in the global-food system: Backlighting the Role of Transnational Supermarket Chains, *Agriculture and Human Values*, Vol.22, 2005, pp.291-302
[6] Cogeca, Development of Agricultural Cooperatives in the EU, 2014, pp.1-385
[7] Cynthia Giagnocavo et al., *Support of Farmers' Cooperatives: Structure and strategy of fruit and vegetables cooperatives in Almeria and Valencia, Spain*, Wageningen: Wageningen UR, 2012, pp.1-74.
[8] Paolo Bono・Constantine Iliopoulos, *Support of Farmers' Cooperatives: Internationalization of second-tier Cooperatives: The case of Conserve Italia, Italy*, Wageningen: Wageningen UR, 2012, pp.1-42.
[9] 増田佳昭「農協共販をめぐる問題状況と課題」『日本農業市場学会2015年度大会報告資料集（大会シンポジウム第1報告）』2015、pp.10-21
[10] 小林国之ほか「系統農協組織の改革と経済連機能の現段階的意義に関する研究」『協同組合奨励研究報告』40、pp.195-222.
[11] Luis Font de Mora, *Anecoop 25 Aniversario*, Anecoop, 2001.（アネコープ25周年誌）
[12] Anecoop, Memoria RSC, 2007~2013（CSRレポートとして総会資料に該当）
[13] Jacques Trienekens, Peter Zuuriber, Quality and Safety standards in the food industry, developments and challenges, *Int. J. Production Economics*, Vol.113, 2008, pp.107-122
[14] Myriam Vander Stichle & Bob Young, The Abuse of Supermarket Buyer Power in the EU Food Retail Sector-Preliminary Survey of Evidence, *AAI-Agribusiness Accountability Initiative*, 2009, pp.1-40
[15] 大田原高昭「農協の位置と役割」『農協四十年（日本農業年報36）』1988
[16] 千葉修「農協合併の歴史と現段階」（両角和夫編著）『農協問題の経済分析』農業総合研究所、1997。

## 第10章
# 農産物輸出をめぐる
# バリューチェーン構築の可能性
―― 当該輸出先国でのマーケティング・リサーチから得られたこと ――

中村哲也

## 1　はじめに

　わが国では、少子高齢化の進行等により農林水産物・食品市場が減少傾向にある [1]。その一方で、世界の食市場は、340兆円（2009年）から680兆円（2020年）まで倍増すると推計されており、特にアジア全体の市場規模は、所得水準の向上による富裕層の増加や人口増加等に伴い、82兆円から229兆円まで3倍に増加すると推計されている。そこで、わが国では2020年までに農畜産物の輸出額を1兆円にすることを目標としていた [2]。近年の輸出は、円高や2011年3月の原発事故の影響などにより、落ち込みが生じていたが、2014年度の輸出額は、1955年に輸出額の統計を取り始めて以来の最高値となった [3]。我が国からの農林水産物・食品の輸出を拡大し、我が国の農林水産業を成長産業にするためには、この世界の食市場の成長を取り込むことが不可欠であろう。

　しかしながら、わが国の農畜産物の輸出拡大には課題も多い。まず、本田 [4] は、農産物の輸出の拡大に向けて、安全・品質管理体制の構築の遅れや産地間の足並みの乱れ等、解決すべき課題は多く、輸出相手国におけるニーズの把握や、輸出環境の更なる整備も求められていると述べている。また、松井 [5] は、現在の農林水産物輸出は都道府県や農家に委ねられているが、輸出に本気で取り組むためには国がジェトロなどを支援し、輸出可能な

農林水産物の産地や量、農薬の使用状況といった情報を一元管理して海外に情報発信できる体制を構築する必要があると述べている。続けて、松井は、わが国の海外での営業活動やニーズに即した商品開発などを展開していく必要があると述べている。他にも農産物輸出を事例とした先行研究は、下渡［6］や石塚等［7］、神代［8］等、多数報告されている。しかしながら、これまでの先行研究は、輸出先国におけるニーズを把握するような現地調査や、輸出先国における消費者の購買行動を把握するような分析は、佐藤［9］や大浦［10］等があるぐらいで、あまり多くなかった。

　本章では、農産物の輸出先国で求められる農産物とは如何なるものか、当該輸出先国でのマーケティング・リサーチを通じて、得られた知見を紹介する。本章は、学術的な資料というよりは、今後のバリューチェーンを構築するバイヤーや輸出業者の参考資料としたい。本章の具体的な構成は以下の通りである。

　第1に、わが国における農産物輸出の概況を把握する。第2に、東南アジアにおける日本産農産物輸出を事例として、輸出先国における消費者の購買選択行動を考察する。具体的な農産物はコメと巨峰を、輸出先国は香港とシンガポールを事例とする。第3に、欧州における青果物輸出を事例として、輸出先国における消費者の購買選択行動を考察する。具体的な青果物はリンゴを、輸出先国はドイツ、イギリス、スウェーデン、ノルウェー、フィンランドを事例とする。そして、最後に、当該輸出先国でのマーケティング・リサーチから得られたことをもとにして、農産物輸出をめぐるバリューチェーン構築の可能性について提言したい。

## 2　わが国における農産物輸出の現状

　本章では、わが国における農産物の輸出を概況する。図10-1は、農林水産省が纏めた農林水産物・食品の輸出額の推移を抜粋し、転用したものである［3］。図中より、平成23年（2011年）3月の福島第一原発事故の影響等に

図10-1 農林水産物・食品の輸出額の推移

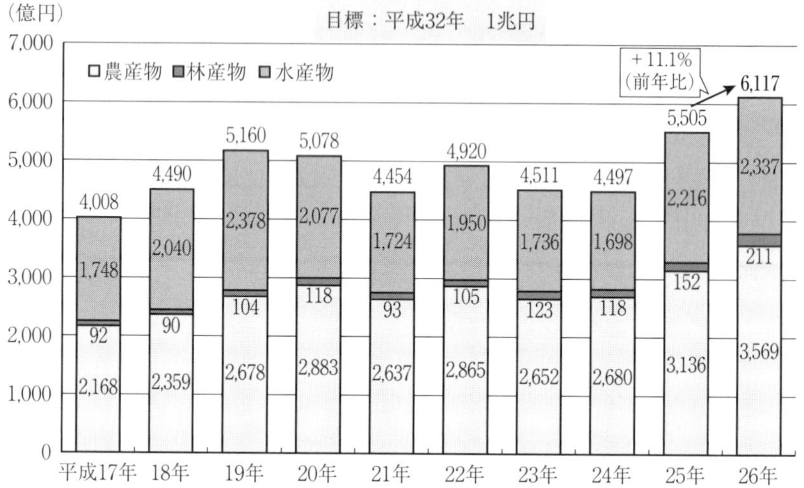

目標：平成32年 1兆円

（億円）

| 年 | 農産物 | 林産物 | 水産物 | 合計 |
|---|---|---|---|---|
| 平成17年 | 2,168 | 92 | 1,748 | 4,008 |
| 18年 | 2,359 | 90 | 2,040 | 4,490 |
| 19年 | 2,678 | 104 | 2,378 | 5,160 |
| 20年 | 2,883 | 118 | 2,077 | 5,078 |
| 21年 | 2,637 | 93 | 1,724 | 4,454 |
| 22年 | 2,865 | 105 | 1,950 | 4,920 |
| 23年 | 2,652 | 123 | 1,736 | 4,511 |
| 24年 | 2,680 | 118 | 1,698 | 4,497 |
| 25年 | 3,136 | 152 | 2,216 | 5,505 |
| 26年 | 3,569 | 211 | 2,337 | 6,117 |

（26年は前年比+11.1%）

資料：財務省「貿易統計」を基に農林水産省作成

○為替レートの推移

| 年 | 平成17年 | 平成18年 | 平成19年 | 平成20年 | 平成21年 | 平成22年 | 平成23年 | 平成24年 | 平成25年 | 平成26年 |
|---|---|---|---|---|---|---|---|---|---|---|
| 円／ドル | 110 | 116 | 118 | 104 | 94 | 88 | 80 | 80 | 97 | 105 |
| 円／ユーロ | 137 | 145 | 161 | 154 | 130 | 117 | 111 | 102 | 129 | 140 |

出所：農林水産省「農林水産物・食品の輸出促進対策の概要」

より、同輸出額は平成23年（2011年）には4,511億円、平成24年（2012年）には4,497億円に落ち込んでいる。一見すると、福島第一の原発事故の影響が最も大きいように思われるが、為替レートの推移に目を向ければ、平成23年（2011年）及び平成24年（2012年）の円／ドルの為替レートは80円、平成24年（2012年）の円／ユーロの為替レートは102円であり、この2年間は最も円高が進んだ時期であった。平成23年（2011年）及び平成24年（2012年）の農産物輸出額の落ち込みは、福島第一の原発事故の影響だけではなく、円高の影響も非常に大きかったことが分かる。

図10-2も、農林水産物・食品の国別・品目別輸出戦略を抜粋し、転用し

第10章　農産物輸出をめぐるバリューチェーン構築の可能性　157

図10−2　農林水産物・食品の輸出額の推移

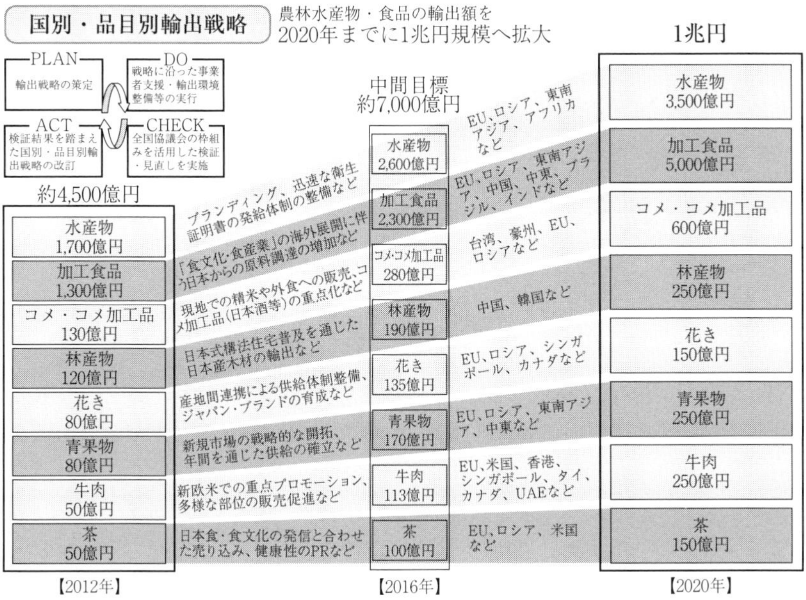

| 【2012年】約4,500億円 | 【2016年】中間目標 約7,000億円 | 【2020年】1兆円 |
|---|---|---|
| 水産物 1,700億円 | 水産物 2,600億円 | 水産物 3,500億円 |
| 加工食品 1,300億円 | 加工食品 2,300億円 | 加工食品 5,000億円 |
| コメ・コメ加工品 130億円 | コメ・コメ加工品 280億円 | コメ・コメ加工品 600億円 |
| 林産物 120億円 | 林産物 190億円 | 林産物 250億円 |
| 花き 80億円 | 花き 135億円 | 花き 150億円 |
| 青果物 80億円 | 青果物 170億円 | 青果物 250億円 |
| 牛肉 50億円 | 牛肉 113億円 | 牛肉 250億円 |
| 茶 50億円 | 茶 100億円 | 茶 150億円 |

国別・品目別輸出戦略
- PLAN：輸出戦略の策定
- DO：戦略に沿った事業者支援・輸出環境整備等の実行
- CHECK：全国協議会の枠組みを活用した検証・見直しを実施
- ACT：検証結果を踏まえた国別・品目別輸出戦略の改訂

農林水産物・食品の輸出額を2020年までに1兆円規模へ拡大

（中間目標欄の主な取組）
ブランディング、迅速な衛生証明書の発給体制の整備など
「食文化・食産業」の海外展開に伴う日本からの原料調達の増加に
現地での精米や外食への販売、コメ加工品（日本酒等）の重点化など
日本式構法住宅普及を通じた日本産木材の輸出など
産地間連携による供給体制整備、ジャパン・ブランドの育成など
新規市場の戦略的な開拓、年間を通じた供給の確立など
新欧米での重点プロモーション、多様な部位の販売促進など
日本食・食文化の発信と合わせた売り込み、健康性のPRなど

（2020年欄の主な市場）
EU、ロシア、東南アジア、アフリカなど
EU、ロシア、東南アジア、中国、中東、ブラジル、インドなど
台湾、豪州、EU、ロシアなど
中国、韓国など
EU、ロシア、シンガポール、カナダなど
EU、ロシア、東南アジア、中東など
EU、米国、香港、シンガポール、タイ、カナダ、UAEなど
EU、ロシア、米国など

出所：農林水産省「農林水産物・食品の輸出促進対策の概要」

た［3］。平成24年（2012年）における農林水産物・食品の輸出額はおよそ4,500億円であり、平成28年（2016年）の中間目標が7,000億円であり、東京オリンピックが開催される平成32年（2020年）の最終目標は1兆円を目標にしている。

ただし、この目標値は前倒しされる可能性もあり、2015年上半期（1～6月）の農林水産物・食品の輸出額は前年比の24.9％増の3,547億円で過去最高となることが分かっている［11］。円安や日本食人気によって、伸びが大きい主な農産物は、リンゴ（74.7％増53億円）や牛肉（前年比29％増45億円）、コメ（36.9％増8億円）等であった。下半期は例年、クリスマス需要も手伝って、上半期より輸出額が伸びる傾向があるため、順調にいけば通年で7,000億円に達し、過去最高を更新する可能性がある。そこで政府の成長

戦略は6月に改訂し、平成32年（2020年）の最終目標1兆円を前倒しすることを明記した。農林水産省は産地の垣根を越えてオールジャパンで海外への発信力を高め、品目別の輸出団体作りを進め、官民挙げて輸出に取り組んでいるのが現状である。しかしながら、主要輸出先国のうち、香港や台湾、中国、韓国では福島第一の原発事故を受けて、一部の県の輸入停止を続けている。

次節以降、輸入規制が実施されていない香港におけるコメやシンガポールにおける巨峰、及びEUにおけるリンゴ生果の輸出を事例として考察し、検討する。

## 3　東南アジアにおける日本産農産物輸出の現状とその購買行動

### （1）香港におけるコメ（精米）輸出

まず、香港向けのコメ（精米）輸出について考察する[1]。香港は平成26年（2014年）におけるわが国最大の輸出先国であり、農林水産物・食品の輸出額の22％（1,343億円）を占めている。農林水産省も香港は安定市場として位置づけており、コメ自体も重点品目に指定されている。コメ・コメ加工品の中でも、コメ粒の輸出額は7.3億円（2012年）、そのシェアは5.6％に過ぎないのだが、5年間（2008年〜2012年）で2倍に倍増している。主なコメ輸出国のシェアは香港が41％、シンガポールが29％であり、香港は日本産米の最大の輸出先である。両地域のシェアが大きいのは、コメに係る関税がゼロであることが大きい。

表10-1は、日本産米輸出に関する市場可能性分析表（SWOT分析）を示した。SWOTとは、強み、弱み、機会、脅威を示す。日本産米の強みは、「高いけれども美味しい」という評価があり、日本産食材ブランドへの信頼やイメージの良さがある。その一方で、弱みは、許容できる価格差には限界があることや、精米後半年を経過しても販売されているものも散見される等、品質が適切に保たれているかについても疑念がもたれている。ただし、

第10章 農産物輸出をめぐるバリューチェーン構築の可能性　159

表10-1　日本産米輸出に関する市場可能性分析表（SWOT分析）

| 強み（Strength） | 弱み（Weakness） | 機会（Opportunity） | 脅威（Threat） |
|---|---|---|---|
| ・冷めても美味しい<br>・日本産食材ブランドへの信頼、イメージの良さ | ・価格が高い（通常、米国・中国産ジャポニカ米の2倍以上、中国では、現地産コシヒカリ、あきたこまちの5倍以上） | ・日本食レストランが多い<br>・長粒種から短粒種へのシフトの可能性<br>・中国は富裕層が特に多く、潜在的需要が大きい | ・一般日本食レストランは米国／中国産を購入<br>・輸入・卸業者からのコストダウンの要求<br>・中国では植物検疫条件が厳しく、コストもかかる<br>・中国では原発事故の影響により一部都県産は輸入停止 |

出所：『コメ・コメ加工品の輸出戦略』農林水産省

　香港では日本食レストランも多数出展しており、短粒種を食べる機会も増えている。その一方で、日本食レストランでは現在、アメリカ産や中国産が購入されていることや、日本産のコストダウンが要求されていること、原発事故の影響で福島を含む5県の青果物・乳製品が輸出停止品目になっていること等が、輸出の脅威となっている。

　これらの現状を踏まえて、日本産米（栃木産米）を事例として、香港人の購買選択行動を考察し、その市場可能性を検討した結果、日本産米は美味しさ、安全性、信頼性の評価が高く、中国産やアメリカ産より高くても購入された。そして、アメリカ産より日本産（なすひかり）を選択する者の平均年収は高かった。しかしながら、日本産の弱みは高価格であることも現実であり、食品関連企業や飲食店に勤務する者は、日本産より安価なアメリカ産を選択する可能性が高かった。

　そして、安価な日本産であれば、一般客にも主婦にも受け入れられたが、食品関連企業や飲食店の勤務者はより安価なアメリカ産を選択する傾向があった。結果的に、日本産の普及を図るには、日本食レストランを販売ターゲットとし、アメリカ産との価格差を克服しつつ、良質な日本産が香港の食品

関連企業や飲食店に浸透した後、一般の消費者にも購入してもらえるように、更なる販促活動が求められていた。

### （2） シンガポールにおける巨峰輸出

次に、シンガポール向けの青果物輸出についても、ブドウ（巨峰）を事例とし、考察した結果を報告する[2]。

シンガポールの1人当たりGDPは世界第9位56,319ドル（2014年 IMF）と、世界第26位の我が国（同GDP36,331ドル）より高い水準にあるだけでなく、購買力平価ベースのGDPに換算するならば78,762ドル（同年 IMF）に達し、世界第3位の購買力を持っている。同国への農産物輸出は、香港やマレーシアと同様に植物検疫証明書がいらないことも魅力であり、ほとんどの種類の農畜水産物が輸出されている。

そこで、日本産（栃木産）巨峰の輸出動向とその来客の消費意識について考察した。まず、調査当日の巨峰の販売価格の水準について検討する。

表10-2には日本産・外国産ブドウの販売価格を示した。表より、栃木産巨峰の店頭価格は16.9SGD（日本円換算1,120円、SGDはシンガポールドルの略称）であり、日本産ブドウの中でも島根産デラウェアに次いで安かった。ただし、アメリカ産（Red、Green、Black）を栃木産巨峰1パック350gとした場合の販売価格は4.2SGD（100g当たり単価1.39SGD）であり、栃木産巨峰は4倍に達した。他方、アメリカ産より安価なエジプト産（Green Thompson）や南アフリカ産（Red Crimson）、オーストラリア産（Black、Autumn Royal）の同販売価格は3.0SGD（100g当たり単価0.99SGD）であり、栃木産巨峰は5倍に達した。高所得層が多いオーチャドの顧客であっても海外産と比較すれば栃木産巨峰は高価なイメージがあったといえる。

表10-3は、栃木産巨峰の店頭価格16.9SGDに関する評価を示した。同表より、「①本日の店頭価格ならば買うという」者は32.5％であり、購入希望者は多かった。ただし、「②購入希望はない」者は9.5％であり、「③本日の店頭価格より安いならば買う」者が57.9％存在した。インタビューした結

第10章　農産物輸出をめぐるバリューチェーン構築の可能性　161

表10-2　日本産・外国産ブドウの販売価格

| | 原産地表示 | 品種表示 | 種の有無 | SGD | 円 |
|---|---|---|---|---|---|
| 日本産 | 岡山 | アレクサンドリア | 種あり | 39.9 | 2,643 |
| | 福岡 | 巨峰 | 種なし | 29.0 | 1,921 |
| | 山梨 | ピオーネ | 種なし | 29.0 | 1,921 |
| | 福岡 | ピオーネ | 種なし | 29.0 | 1,921 |
| | 福岡 | 巨峰 | 種あり | 23.0 | 1,524 |
| | 山梨 | デラウェア | 種なし | 17.0 | 1,126 |
| | 栃木 | 巨峰 | 種あり | 16.9 | 1,120 |
| | 島根 | デラウェア | 種なし | 16.0 | 1,060 |
| 海外産 | アメリカ | Green | 種なし | 4.2 | 276 |
| | アメリカ | Red | 種なし | 4.2 | 276 |
| | アメリカ | Brack | 種なし | 4.2 | 276 |
| | オーストラリア | Autumn Royal | 種なし | 3.0 | 199 |
| | エジプト | Green Thompson | 種なし | 3.0 | 197 |
| | 南アフリカ | Red Crimson | 種なし | 3.0 | 197 |
| | オーストラリア | Brack | 種なし | 3.0 | 197 |

注：1）SGD（シンガポールドル）は、1 SGD＝66.25円で換算。
注：2）日本産は1パック、海外産は栃木産巨峰と比較するため、1パック300gに換算した販売価格を示す。

表10-3　栃木産巨峰の店頭価格評価（n=126）

| | 本日の店頭価格16.9SGDに対する質問 | 度数 | 割合 |
|---|---|---|---|
| ① | 本日の店頭価格なら買う | 41 | 32.5% |
| ② | 購入希望はない | 12 | 9.5% |
| ③ | 本日の店頭価格より安いなら買う | 73 | 57.9% |
| ④ | ②・③の回答者への質問 | 希望価格 | |
| | 本日の店頭価格がいくらならば買うか | 10.1SGD | |
| | | 670.3円 | |

注：④の上段はSGD、下段は円で換算している。

果、日本人は、日本での巨峰価格を知っているため、同地では購入しない等、他方、シンガポール人は、日本産巨峰の価格が高い等の回答が寄せられた。そして、②と③に○をつけた人に「④本日の店頭価格がいくらならば買うか」回答して頂いた結果、10.1SGD（670円前後）ならば購入すると回答した。

以上、同店において、巨峰の評価自体は非常に高いが、低価格性が求められた。ただし、日本人客の多い同店のようなケースでは、安価なオーストラリア産と高価な日本産巨峰の棲み分けがほぼできており、かつ現地での味覚や安全性の拘りに対しても日本人とは差異が認められており、巨峰自体の評価も非常に高かった。そのため、巨峰の輸出では、脱粒・茎枯れしないといった鮮度の向上や種なし巨峰を販売するといった方法で、顧客層を明確に意識したマーケティング活動が不可欠であった。そして、同店の栃木産巨峰の販売拡大のカギとなるのは、現地において巨峰の認知度を上げ、日本人以外の巨峰購入リピーターを如何にして拡大するかにかかっていた。

## 4　欧州における日本産農産物の購買行動と輸出可能性

### （1）青森産黄色リンゴの西欧輸出

前章では、東南アジアの輸出先国の現状とその購買行動について考察してきた。本章では、政府が定める輸出重点国のうち、新興市場として位置付けられているEUの消費者の購買行動と輸出可能性について考察する。

本節では、まず日本産黄色リンゴのEU輸出拡大の可能性に焦点を当て、Messe Berlin FRUIT LOGISTICAにてリンゴの嗜好性に関する調査と官能審査を実施し、そのデータを用いてEUにおいて消費者の選好パターンを分析した考察結果を報告する[3]。官能審査のために輸出した黄色リンゴは、王林、シナノゴールド、栄黄雅、星の金貨であり、官能審査法による内質審査と外観審査を行った。

表10-4は、調査対象者の全般的なリンゴの消費嗜好性を示した。表よ

表10-4 リンゴ消費嗜好 (n=77)

| 質問項目① | 皮付き | 皮なし | どちらでもよい |
|---|---|---|---|
| 皮付き・なし | 80.5% | 6.5% | 11.7% |
| 質問項目② | 蜜入り | 蜜なし | どちらでもよい |
| 蜜入り・なし | 42.9% | 45.5% | 11.7% |
| 質問項目③ | 有袋 | 無袋 | どちらでもよい |
| 有袋・無袋 | 19.5% | 37.7% | 42.9% |
| 質問項目④ | 赤色 | 黄・緑色 | どちらでもよい |
| 赤・黄・緑色 | 36.4% | 39.0% | 24.7% |

注) 表中の数値は割合 (%)

り、リンゴの食べ方については、皮ごと丸かじりで食べる人が80.5%と圧倒的に多い。国内での調査では、丸かじりと剥いて食べる者の数はほぼ平均的に同数であったが、西欧では75mmの小果実リンゴが消費されるため、8割の消費者がリンゴを皮ごと食べていた。また、EU諸国では、一般に、「蜜入り」を「水入り（Water core)」といって避ける傾向があるのだが、国内の消費者は圧倒的に蜜入りを好み、日本産品種はふじや北斗等のような蜜入りも好まれる。そこで、蜜入りは、蜜なしより糖度が高いことをアンケートの説明文に加えて回答してもらった結果でも、蜜なしを好む（45.5%）が蜜入りを好む（42.9%）を若干上回った。

　最後に、推計結果は省略（中村等［14］参照）するが、日本産黄色リンゴの品種の評価を考察した結果、総合的に評価が良いのはシナノゴールドと王林であったが、シナノゴールドは必ずしも適当な大きさとはいえなかったことや、王林では旬や保存技術等を考慮した食感の向上を目指す必要があったこと等が課題となった。また、日本産黄色リンゴ4種の購買意志の相関要因を統計的に分析した結果、日本産黄色リンゴの価格に関して、全体の7～8割強が、価格のプレミアムを感じていなかったことも今後の輸出の際の課題となった。

## (2) 青森産リンゴのフィンランド輸出

以下では、青森産リンゴのヘルシンキ市場への輸出の可能性を購買選択行動から検討する[4]。まず、北欧の経済状況とリンゴの需給動向を総合的に考察した。

**日本・中国および西欧リンゴ輸出国・北欧4か国の経済比較**

表10-5は、北欧4カ国と、日本・中国および西欧のリンゴ輸出国の経済状況を比較したものを示した。まず、北欧4カ国の人口（Total Population）であるが、最も多いスウェーデンですら915.9万人であり、ノルウェー（472.0万人）、デンマーク（544.5万人）、フィンランド（528.3万人）は、スウェーデンの人口規模の半分程度であり、イギリス、ドイツ、イタリア、フランスと比較しても、その人口規模は小さい。

ただし、北欧4カ国の1人当たりの GDP（GDP per capita）をみると、ノルウェーの79,089USD（世界第2位）を筆頭に、デンマーク（55,992

**表10-5 日本・中国および西欧リンゴ輸出国・北欧4か国の経済比較**

| element country | Total Population (1,000) | GDP per capita (current USD) | GNI per capita, PPP (current international $) | Price level (USD=100) | Average yearly income in the greatest city (JPN YEN) | | Gini coeifficient |
|---|---|---|---|---|---|---|---|
| | 2007年 | 2009年 | 2009年 | 2005年 | 2009年 | | 2000年〜 |
| Japan | 127,396 | 39,738 | 33,470 | 118 | 380 | (Tokyo) | 0.321 |
| China | 1,336,550 | 3,744 | 6,890 | 42 | — | (Beijing) | 0.470 |
| Finland | 5,283 | 44,581 | 34,730 | 122 | 363 | (Helsinki) | 0.269 |
| Sweden | 9,159 | 43,654 | 38,590 | 124 | 340 | (Stockholm) | 0.234 |
| Nolway | 4,720 | 79,089 | 54,880 | 137 | 423 | (Oslo) | 0.276 |
| Denmark | 5,445 | 55,992 | 37,800 | 142 | 533 | (Copenhagen) | 0.232 |
| U.K | 61,129 | 35,165 | 37,230 | 118 | 311 | (London) | 0.335 |
| Germany | 82,343 | 40,670 | 36,780 | 111 | 331 | (Berlin) | 0.298 |
| Italy | 59,305 | 35,084 | 31,360 | 109 | 229 | (Rome) | 0.352 |
| France | 61,714 | 41,051 | 33,930 | 115 | 281 | (Paris) | 0.270 |

資料：FAOSTAT、World Databank、Economic & Social Data Rankings より作成
注：Total Population は FAOSTAT (2007)、Price lebel、Average yearly income は Economic & Social Data Rankings、その他は World Databank より作成した。

USD）やフィンランド（44,581USD）、スウェーデン（43,654USD）の3カ国であっても、西欧や日本より極めて高い。

同様に、購買力平価換算の1人当たりGNI（国民総所得）であるが、フィンランド（34,730USD）はフランス（33,930USD）や日本（33,470USD）、イタリア（31,360USD）より高い水準にあった。以上、フィンランドは、人口は小規模であるものの、国民所得や平均年収、購買力平価も高いことが分かる。

**日本・中国および西欧リンゴ輸出国・北欧4か国のリンゴに関する国際比較**

表10-6は日本・中国および西欧リンゴ輸出入国（輸入国：イギリス・ドイツ、輸出国：フランス・イタリア）と北欧4カ国の需給動向を国際比較したものを示した。

まず、西欧4カ国の生産量をみると、イタリア（223.0万t）とフランス（214.4万t）は国内供給量を超えており、両国は西欧を代表するリンゴ輸出

表10-6　日本・中国および西欧リンゴ輸出国・北欧4か国のリンゴに関する国際比較

| element country | Production (1,000t) | Import Quantity (1,000t) | Export Quantity (1,000t) | Domestic Supply Quantity (1,000t) | Supply Quantity (kg/capita/yr) | Producer Price (USD/t) | Processing (1,000t) | IDR of Apple (%) | SSR of Apple (%) | SSR of Fruits (%) |
|---|---|---|---|---|---|---|---|---|---|---|
| Japan | 840 | 1,909 | 29 | 2,721 | 20.2 | 2,015 | 58 | 70.2 | 30.9 | 42.1 |
| China | 27,866 | 292 | 2,542 | 25,616 | 13.8 | 786 | 4,429 | 1.1 | 108.8 | 103.0 |
| Finland | 3 | 138 | 0 | 140 | 25.9 | 2,090 | 0 | 97.9 | 2.1 | 3.2 |
| Sweden | 20 | 251 | 10 | 261 | 24.7 | 701 | 22 | 96.2 | 7.7 | 3.3 |
| Nolway | 11 | 160 | 1 | 170 | 35.3 | 1,555 | 0 | 94.1 | 6.5 | 3.6 |
| Denmark | 32 | 167 | 79 | 120 | 20.9 | 876 | 0 | 139.2 | 26.7 | 11.3 |
| U.K | 263 | 1,707 | 73 | 1,897 | 30.6 | 1,159 | 0 | 90.0 | 13.9 | 5.3 |
| Germany | 1,070 | 1,700 | 932 | 1,816 | 21.8 | 626 | 0 | 92.5 | 58.2 | 33.4 |
| Italy | 2,230 | 80 | 950 | 1,360 | 17.4 | 446 | 98 | 5.9 | 164.0 | 111.2 |
| France | 2,144 | 510 | 744 | 1,909 | 14.7 | 659 | 903 | 26.7 | 112.3 | 63.5 |

資料：FAOSTATより作成
注：1）輸入依存率（IDR）＝（Imports÷(production＋imports－exports)）×100により推計した。
注：2）自給率（SSR）＝（production÷(production＋Imports－exports)）×100により推計した。

国であることがわかる。次にドイツの生産量は107.0万 t あるのだが、リンゴの輸入依存率は92.5％と高い。一方、イギリスの輸入依存率は90.0％とドイツの水準と大差はないが、その自給率は僅か13.9％に過ぎない。

　他方、北欧４カ国のリンゴ生産量はデンマークの3.2万 t が最高であり、フィンランドは僅かに0.3万 t である。イギリスを含めて、北欧４カ国はリンゴ栽培の北限を超えているため、南部の一部でしか栽培されていない。当然ながら、北欧４カ国の輸入依存率は94.1％（ノルウェー）～139.2％（デンマーク）と高く、リンゴの自給率は2.1％（フィンランド）～26.7％（デンマーク）と低い。北欧４カ国はほぼ完全なリンゴ輸入国といえる。しかしながら、１人当たりのリンゴ供給量は、20.9kg（デンマーク）～35.3kg（ノルウェー）の範囲にあるが、日本（20.2kg）の水準より高いことが分かる。

　以上、北欧４か国の一般的なリンゴ需給動向を考察すると、①北欧４カ国でのリンゴの国内供給は輸入に依存しており、極めて自給率は低いことや、②人口規模は小さいため、国内供給量も小さいのだが、１人当たりのリンゴ供給量は日本の水準より多いことがわかった。北欧４カ国の経済状況とリンゴの需給動向を総合的に考察すると、人口は小規模ながら、国民所得や平均年収、購買力平価も高く、リンゴの輸出先国としては期待が持てる結果となった。そして、１人当たりのリンゴ供給量も極めて多いため、リンゴの輸出先国としては期待が持てる結果となった。

**青森産大玉リンゴの価格提示後の選択変化**

　前項での考察結果をもとに、ヘルシンキ市内の消費者の購買選択基準を検討した（中村等［15］参照）。その結果、消費者は糖度や鮮度、果汁、低価格性、有機栽培を評価し、特に回答者は日本産を高く評価した。青森産の小売価格を日本国内の価格水準に近づけることができれば輸出は期待できることが予想された。

　そして、青森産大玉リンゴの価格を提示して、どれを選択するのか回答してもらった。大玉リンゴの小売価格は、青森産が輸出の採算ベースに乗ると

第10章 農産物輸出をめぐるバリューチェーン構築の可能性　167

表10－7　青森産大玉リンゴの価格提示後の選択変化

| 価格提示後の選択の変化／項目 | | 一般参加者 | | | 学生参加者 | | |
|---|---|---|---|---|---|---|---|
| | | 度数 | 割合 | | 度数 | 割合 | |
| | | | 対全体 | 区分内 | | 対全体 | 区分内 |
| ふじ | →ふじ | 12 | 17.1% | 75.0% | 35 | 33.0% | 92.1% |
| | →とき | 2 | 2.9% | 12.5% | 3 | 2.8% | 7.9% |
| | →世界一 | 2 | 2.9% | 12.5% | 0 | 0.0% | 0.0% |
| | 計 | 16 | 22.9% | 100.0% | 38 | 35.8% | 100.0% |
| とき | →ふじ | 6 | 8.6% | 26.1% | 8 | 7.5% | 32.0% |
| | →とき | 14 | 20.0% | 60.9% | 15 | 14.2% | 60.0% |
| | →世界一 | 3 | 4.3% | 13.0% | 2 | 1.9% | 8.0% |
| | 計 | 23 | 32.9% | 100.0% | 25 | 23.6% | 100.0% |
| 世界一 | →ふじ | 6 | 8.6% | 19.4% | 12 | 11.3% | 27.9% |
| | →とき | 0 | 0.0% | 0.0% | 4 | 3.8% | 9.3% |
| | →世界一 | 25 | 35.7% | 80.6% | 27 | 25.5% | 62.8% |
| | 計 | 31 | 44.3% | 100.0% | 43 | 40.6% | 100.0% |
| 総計 | | 70 | 100.0% | | 106 | 100.0% | |

注：1）表中の『ふじ』は『ひろさきふじ』を示す。
注：2）『価格提示後の選択変化』とは、価格を提示する前に選択した品種が、価格を提示した後に品種選択が変化したかどうかを示す。
注：3）『対全体』とは『一般参加者』『学生参加者』それぞれの全体に占める割合を、『区分内』とは『一般参加者』『学生参加者』それぞれの区分の中で占める割合を示す。
注：4）総計とは、価格提示後の選択の変化＝計を合計した度数とその割合を示す。

いわれる国内の平均的な市場価格の2倍の水準を想定し、ときが12.66EURO、世界一が10.8EURO、ひろさきふじが8.13EUROとして価格設定した。青森産大玉リンゴの価格提示後に、これらの3つの品種の選択が変化するかどうかを、一般参加者と学生参加者に分けて考察した（表10－7）。

まず、ふじに関して「ふじ→ふじ」のように選択品種が変化しない参加者は一般区分内では75.0%、学生区分内でも92.1%と、価格提示後もふじを選択する確率は高かった。ただし、一般参加者は「ふじ→とき」や「ふじ→世

界一」(12.5％)のように、高価な品種に選択を変える者が目立った。次に、ときであるが「とき→とき」のように選択品種を変えない者は、一般・学生参加者とも60％程度であり、ふじと同様に選択を変えない者が多い。ただし、価格提示後は「とき→ふじ」、「とき→世界一」に選択品種が変わるものが多く、学生参加者は「とき→ふじ」(32.0％)のように価格が最も安いふじに、一般参加者は「とき→世界一」(13.0％)のように若干価格の安い世界一に選択品種を変えていた。さらに、世界一であるが「世界一→世界一」のように選択品種を変えない者は、学生参加者(62.8％)より一般参加者(80.6％)に多かった。世界一では価格提示後に価格の高いときを選択するよりも「世界一→ふじ」のように、価格の安いふじに品種選択する者が学生(27.9％)・一般(19.4％)参加者ともに多かった。

　以上、大玉リンゴは参加者から評価されたが、価格提示後、高価なときから安価なふじへ品種選択する参加者も多く、輸出には高価格がネックになる可能性が高かった。大玉リンゴの購買層は富裕層であるが、富裕層に選択されるのはときのみであった。高級品種は富裕層に、大衆品種は一般消費者といったように品種に応じた販売チャネルの再考が必要だろう。

　最後に、ヘルシンキへの輸出リンゴの大きさを再考した。推計結果は省略(中村等[15]参照)するが、消費者は1果75mm以下のリンゴを望んでいた。今後は、大玉を好む北欧の富裕層、小玉を好む一般消費者といったように、大きさにも応じた輸出チャネルの再考も必要だろう。

### (3) 青森産リンゴのイギリス、ドイツ、スウェーデン、ノルウェー輸出

　前節で検討したように、ドイツ、フィンランドでの調査結果を受け、欧州4か国(イギリス、ドイツ、スウェーデン、ノルウェー)において、青森産と欧州産の食味官能試験結果から欧州消費者の購買選択行動を検討した[5]。

**青森産ふじと欧州産着色系統リンゴの食味官能試験の結果**

　表10-8は、青森産ふじと欧州産着色系統リンゴ(Jonagold、Pink Lady)

表10-8 青森産および欧州産リンゴの食味官能試験と価格評価（着色系統品種）

| 評価項目／国 |  | ノルウェー | イギリス | ドイツ | スウェーデン | 欧州4か国 |
|---|---|---|---|---|---|---|
| 外観 | ふじ | 42.1% | 53.2% | 59.3% | 67.3% | 56.4% |
|  | 欧州2品種 | 39.5% | 44.3% | 29.6% | 17.3% | 33.2% |
|  | どちらでもよい | 18.4% | 2.5% | 11.1% | 15.4% | 10.4% |
| 大きさ | ふじ | 31.6% | 48.1% | 38.3% | 42.3% | 41.2% |
|  | 欧州2品種 | 52.6% | 43.0% | 48.1% | 46.2% | 46.8% |
|  | どちらでもよい | 15.8% | 8.9% | 13.6% | 11.5% | 12.0% |
| 食味 | ふじ | 52.6% | 72.2% | 75.3% | 80.8% | 72.0% |
|  | 欧州2品種 | 34.2% | 25.3% | 14.8% | 9.6% | 20.0% |
|  | どちらでもよい | 13.2% | 2.5% | 9.9% | 9.6% | 8.0% |
| 歯ごたえ | ふじ | 44.7% | 59.5% | 60.5% | 65.4% | 58.8% |
|  | 欧州2品種 | 21.1% | 22.8% | 16.0% | 13.5% | 18.4% |
|  | どちらでもよい | 34.2% | 17.7% | 23.5% | 21.2% | 22.8% |
| 総合評価 | ふじ | 60.5% | 70.9% | 65.4% | 82.7% | 70.0% |
|  | 欧州2品種 | 34.2% | 25.3% | 21.0% | 11.5% | 22.4% |
|  | どちらでもよい | 5.3% | 3.8% | 13.6% | 5.8% | 7.6% |
| 小売価格 5.8EURO | ふじ | 44.7% | 59.5% | 21.0% | 28.8% | 38.4% |
|  | 欧州2品種 | 47.4% | 35.4% | 70.4% | 67.3% | 55.2% |
|  | どちらでもよい | 7.9% | 5.1% | 8.6% | 3.8% | 6.4% |
| 小売価格 11.6EURO | ふじ | 15.8% | 17.7% | 4.9% | 11.5% | 12.0% |
|  | 欧州2品種 | 84.2% | 73.4% | 88.9% | 82.7% | 82.0% |
|  | どちらでもよい | 0.0% | 8.9% | 6.2% | 5.8% | 6.0% |

注：1）『欧州産2品種』とは、ジョナゴールド、ピンクレディの2品種の合算値を示す。
注：2）『小売価格5.8EURO』とは、消費者へ提示した小売価格5.8EUROが、日本国内での実質的な小売価格と同水準であることを示す。
注：3）『小売価格11.6EURO』とは、消費者へ提示した小売価格11.6EUROが、欧州に輸出された場合の実売輸出価格と同水準であることを示す。

の食味官能試験の結果を示した。まず外観は欧州4か国ではふじ（56.4％）を好むものが多く、スウェーデン（67.3％）で最も評価が高かった。

青森産ふじの外観は欧州で評価されたが、大きさは欧州産着色系統品種が評価され、ふじ（41.2％）より欧州産（46.8％）の評価の方が高かった。ふ

じの外観の評価が最も高かったスウェーデンでも大きさはふじ（42.3％）より欧州産（46.8％）が評価された。欧州産の大きさを評価するのはノルウェー（52.6％）であった。

　特筆すべき点は、欧州4か国において、ふじは食味（72.0％）、歯ごたえ（58.8％）、総合評価（70.0％）とも最も評価が高かったことである。青森産ふじの食味、歯ごたえ、総合評価が最も高かったのはスウェーデン（食味：80.8％、歯ごたえ：65.4％、総合評価：82.7％）であった。

**青森産シナノゴールドと欧州産 Golden delicious の食味官能試験の結果**

　同様に、青森産シナノゴールドと欧州産 Golden delicious の食味官能試験の結果を考察する（表10−9）。

　外観であるが、前節のふじの評価と同様に、欧州4か国では欧州産 Golden delicious（26.4％）より青森産シナノゴールド（62.4％）の評価が高かった。ふじの評価が最も高かったのもスウェーデンであったが、シナノゴールドの評価もスウェーデン（78.8％）で最も高かった。逆に、青森産ふじとシナノゴールド評価が低いのはイギリスであり、イギリスでは欧州産の評価が極めて高かった（欧州産着色系統品種44.3％、Golden delicious：39.2％）。イギリスへは1998年に青森産王林を輸出したことがある。2007年の Messe Berlin FRUIT LOGISTICA（青森県ブース）の際に、イギリス人バイヤーから青森産黄色品種の評価を聞く機会があったが、同人は外観をあまり重視しないとの回答が得られており、日本産の評価は低かった。

　大きさは、全体的にシナノゴールド（38.8％）より欧州産 Golden delicious（50.4％）の評価の方が高かった。着色系統品種の大きさの比較においても、ふじより欧州産の評価が高かったが、シナノゴールドも大きさは評価されなかった。シナノゴールドより Golden delicious の大きさが評価されたのはスウェーデン（59.6％）であった。同国ではふじの評価が最も高いのだが、ふじの大きさを含めて、シナノゴールドの大きさも再考しなければならないだろう。

　ただし、青森産シナノゴールドの評価は、ふじと同様に、食味（85.6

第10章 農産物輸出をめぐるバリューチェーン構築の可能性　171

表10−9　青森産および欧州産リンゴの食味官能試験と価格評価（黄色系統品種）

|  |  | ノルウェー | イギリス | ドイツ | スウェーデン | 欧州4か国 |
|---|---|---|---|---|---|---|
| 外観 | シナノゴールド | 76.3% | 54.4% | 53.1% | 78.8% | 62.4% |
|  | ゴールデンデリシャス | 15.8% | 39.2% | 24.7% | 17.3% | 26.4% |
|  | どちらでもよい | 7.9% | 6.3% | 22.2% | 3.8% | 11.2% |
| 大きさ | シナノゴールド | 42.1% | 44.3% | 33.3% | 36.5% | 38.8% |
|  | ゴールデンデリシャス | 44.7% | 45.6% | 51.9% | 59.6% | 50.4% |
|  | どちらでもよい | 13.2% | 10.1% | 14.8% | 3.8% | 10.8% |
| 食味 | シナノゴールド | 92.1% | 78.5% | 85.2% | 92.3% | 85.6% |
|  | ゴールデンデリシャス | 5.3% | 20.3% | 9.9% | 1.9% | 10.8% |
|  | どちらでもよい | 2.6% | 1.3% | 4.9% | 5.8% | 3.6% |
| 歯ごたえ | シナノゴールド | 89.5% | 72.2% | 70.4% | 78.8% | 75.6% |
|  | ゴールデンデリシャス | 2.6% | 15.2% | 8.6% | 7.7% | 9.6% |
|  | どちらでもよい | 7.9% | 12.7% | 21.0% | 13.5% | 14.8% |
| 総合評価 | シナノゴールド | 94.7% | 70.9% | 81.5% | 90.4% | 82.0% |
|  | ゴールデンデリシャス | 2.6% | 20.3% | 6.2% | 5.8% | 10.0% |
|  | どちらでもよい | 2.6% | 8.9% | 12.3% | 3.8% | 8.0% |
| 小売価格 5.8EURO | シナノゴールド | 71.1% | 38.5% | 30.9% | 30.8% | 39.4% |
|  | ゴールデンデリシャス | 23.7% | 50.0% | 59.3% | 61.5% | 51.4% |
|  | どちらでもよい | 5.3% | 11.5% | 9.9% | 7.7% | 9.2% |
| 小売価格 11.6EURO | シナノゴールド | 15.8% | 13.9% | 4.9% | 13.5% | 11.2% |
|  | ゴールデンデリシャス | 71.1% | 73.4% | 86.4% | 76.9% | 78.0% |
|  | どちらでもよい | 13.2% | 12.7% | 8.6% | 9.6% | 10.8% |

％）、歯ごたえ（75.6％）、総合評価（82.0％）ともに欧州産 Golden delicious より高かった。スウェーデンでのシナノゴールドの食味の評価（92.3％）は、ふじと同様に、欧州4か国の中で最も高かった。青森産の食味は、スウェーデンで極めて高い評価が得られた。ノルウェーでは、歯ごたえ（89.5％）、総合評価（94.7％）が最も高かった。歯ごたえ、総合評価はスウェーデンではふじ、ノルウェーではシナノゴールドの評価が極めて高かった。

以上、青森産の総合評価は、大きさ以外、欧州産の総合評価を遥かに上回った。しかし、青森産の小売価格を提示した場合、日本国内水準の5.8€でも購入するという者は5割に減少し、輸出想定価格水準の11.6€で購入するという者は1割に急減した。

　最後に、推計結果は省略（中村等［16］参照）するが、青森産と欧州産との購買選択行動を統計的に推計した結果、ふじは若者（29歳以下）に選択されるが、中所得者やドイツ人には選択されなかった。逆に、欧州産は30～40代に選択された。ふじの小売価格を5.8€と提示した場合でもドイツ人は選択しなかった。しかし、北欧2か国の推計結果では、ふじはスウェーデン人に選択された。そして、国別に推計した結果、青森産はスウェーデンの高所得者に選択された。同様に、シナノゴールドは、ドイツの高所得者に、イギリスの中高所得者に選択された。以上、青森産は欧州の高所得層に高く評価された。

## 5　おわりに　農産物輸出をめぐるバリューチェーン構築の可能性
### ——当該輸出先国でのマーケティング・リサーチから得られたこと——

　最後に、わが国の農産物が輸出されている当該輸出国を事例として、マーケティング・リサーチから得られた情報分析をもとに、今後におけるバリューチェーンの構築の可能性について考察したい。研究調査から現地で学んだことを纏め、今後、日本産の農産物を輸出する業者やバイヤーに対して、輸出する際の参考資料としたい。

　以下、今後のバリューチェーンを構築するバイヤーや輸出業者に対して、提言したいのは8点である。

## （1） 世界的にも品質の評価が高かった日本の農産物

　まず、日本産の農産物は、東南アジアや中東、欧米の消費者から、食味、食感、品質についても高い評価を受けていることは確かである。本章でも一部紹介した輸出先国の消費者やバイヤー等にコメや牛肉、巨峰、とちおとめ、及びリンゴ等を試食させたが、その際、彼らから「こんな美味しいものを食べたことがない」と幾度となく言われた。本章では紹介しなかったが、UAEに混濁リンゴジュースを試飲させた際、あまりに糖度が高すぎるため加糖ジュースと間違われるくらいであった[6]。日本の農産物は世界的にもトップクラスの品質を備えているといって良く、バイヤーや輸出業者は日本産の農産物に自信をもって販売して良いと考えている。

## （2） 本当に高価である日本の農産物、今後の輸出戦略は高級品で攻めるか、普及品で攻めるかが課題

　前節の農産物の評価に対して、輸出先国のバイヤーや消費者から「日本の農産物はこんなに高いのか」とも幾度となく言われた。このインタビューの結果が、本章で調査してきた輸出先国での評価に結び付いていると推測できる。

　筆者が調査していた頃の日本産の農産物は、地元産・他国の輸入品の3倍以上高かった。日本の産地のバイヤーからは、「世界一美味しいのだから、外国産より高くて良い」という声が聞こえていたが、日本人が買わないような3倍の値段の農産物を10年後も輸出先国の消費者が買うとは思えない。品質を維持しながら、省力化、低コスト化を進め、現地の農産物や他の輸出先国の農産物より2倍程度高い優良な日本産の輸出が可能となれば、輸出の拡大は期待できるのではないだろうか。本章でも先述した通り、2015年現在、円安が進み、2015年度の輸出額は過去最高に達する見込みである。今後、農産物の素晴らしさをアピールして、2016年度以降の輸出戦略は高級品で攻めるか、普及品で攻めるか、今後の課題になるだろう。

（3）　輸出によって産地も変革する

　実際、農産物を輸出する産地をみてきて、大きく変わったのが農家の意識や産地の対応であった。本章でも事例に挙げたが、巨峰を輸出したシンガポールにおいては、本来、種なし巨峰が好まれるが、種なしは脱粒しやすいため、味の良い種あり巨峰が再考されることになった（中村等［13］参照）。また、本章では紹介していないが、イチゴの輸出先である香港では、とちおとめの果肉の柔らかさが輸出する際のネックになるため、果実の下に緩衝剤を敷き、パッキング形式を変えていた（中村等［18］［19］参照）。また、リンゴを輸出する際には、長期保存型のシナノゴールド等の品種や、糖度が若干低いがその代わりに長期保存が可能な有袋ふじを輸出するように、産地内でも変化が見られていた（中村等［16］参照）。輸出によって栽培技術や流通技術が、産地または農家レベルで向上した例といえるだろう。


（4）　輸出先国においては全ての産地が新しいJAPANブランドとなる

　また、輸出先国には日本のローカルブランド・品種は、松坂牛等の一部のブランドを除いて通用しないが、新しいブランド産地であってもブランドとして確立する可能性がある。例えば、日本では栃木＝とちおとめであるが、香港ではローカルブランドや品種は全く通用しないため、新しいJAPANブランドとして輸出することができる。本章でも栃木産米を事例にしたが、日本国内では栃木産米より競争力の高い産地のコメであってもブランドは浸透しておらず、香港市場でブランドが通用するコメの産地は非常に少ない[7]。多くの日本産農産物の輸出は2000年以降に始まっているため、どの輸出先国においても、JAPANブランドは新興産地に近いといえる。


（5）　わが国の農産物の輸出先として、新規開拓ができる輸出先国はたくさんある

　筆者が歩いてきた北欧、スイス、イギリス等などの国々にはまだまだ開拓出来る地域や店舗が沢山あるように感じる。例えば、スイスのGlobusでは

キューピーマヨネーズや田子のにんにくが1,200円で販売され、イギリス王室御用達スーパーのWaitroseだと、どれだけ高くても良いものなら購入し、購入できる所得階層は少なくない。ノルウェーでは500mlのコカコーラがスーパーでも400円し、世界には日本産の高価な農産物に驚かない国も存在する。そのため、日本産の農産物の輸出を成功させるには、各国の情報のアンテナを張ることも重要だと感じている。

### （6）　輸出先国での産地間競争を避けるのも手のうちである

他方、香港やシンガポールでは、山梨VS福岡のブドウ、栃木VS福岡の巨峰等の輸出先での産地間競争が起こっていることも事実である（中村等［13］参照）。先述したように、シンガポールの伊勢丹スコッツ店においても、日本のブドウだけでもかなり多くの産地と品種が並べられている状況である。デパートやスーパーの限られた店内の日本産果実が売られているブースにおいて、産地間競争が起こっているといってよい。このような輸出先国の産地間競争を避け、新たな輸出先国を探すのも販売戦略の一つといって良いのではないだろうか。

### （7）　輸出先国のレシピは輸出先国のバイヤーやシェフに一任する

他方、日本では売れないと思うような「ゆずわさび」という商品がアメリカ市場へ輸出した際、好評であった場合もある（中村等［20］参照）。そのため、レシピは輸出先国のバイヤーやシェフにお任せしてもらうというような輸出も良いだろう。また、わが国の輸出では、生果一品、加工品一品という輸出が実施されてきたが、日本食そのもの、日本の文化をそのまま輸出し、輸出先国での変化は輸出先国のバイヤーやシェフにお任せして頂き、日本人は使い方を提案するだけでも良いかもしれない。輸出先国を訪問すると、各国独自のSUSHIを食べることができるが、日本の寿司は各国で独自のSUSHIに進化を遂げている。日本では売れないと思うものが売れ、独自に進化する日本食も存在することを念頭に、輸出するのも良いと考えられ

る。

## （8）　輸出先国の要望に応えた日本の農産物輸出が成功する

　最後に、筆者は輸出先国の要望に応えた輸出が成功すると考えている。日本の農産物は確かに世界で一番品質が高いかもしれないが、産地から品質や食味を説明し、押し売るというより、産地のニーズに答えた農産物を日本国内で栽培した方が、日本産農産物の輸出は成功するように感じる。EU を例にすれば食生活は大きく異なる。EU では脂っこい食事の後には日本ほど大きくない一果単位の爽やかなリンゴや、歯ごたえのあるキャベツやトマトを食している。その土地で培ってきた食文化はそう簡単に崩せるものではない。日本の極端に甘い果実を輸出するより、現地の人の味覚や食生活に合わせた輸出を心がける必要がありそうである。韓国の農産物は、日本の農産物より品質は落ちるが、韓国人バイヤーの現地でのサーベイは日本人バイヤー以上に上手である。電化製品や自動車を含め、韓国人の輸出先国におけるサーベイ力には目を見張るものがある。わが国も、糖度や大きさ、色など、輸出先国の要望に応えた農産物の輸出が成功のカギを握ると思われる。

　日本の農産物を輸出し始めた当初は、青森、栃木等のように地域ごとに輸出ブースを立て、それぞれの地域が各自に農産物を輸出していた。これに対して、フランスや中国等は、アメリカ、EU、UAE においても単独の国ブースを持ち、輸出の促進をしている状況にあり、輸出促進においては完全に後手に回っていた。しかしながら、近年は JAPAN ブランドを打ち出し、政府や JETRO が国を上げて輸出に力を入れていることは大変望ましいことである。

　以上、本章が日本産の農産物の輸出拡大に貢献する一資料になれば幸いである。

**注**
1 ）詳細については中村等［12］を参照されたい。本調査は、香港 FOODEXPO2013 栃木

県ブースにおいて実施した。
2）詳細については中村等［13］を参照されたい。本調査は、伊勢丹スコッツ（SCOTTS）店における栃木県フェアにおいて実施した。
3）詳細については中村等［14］を参照されたい。本調査は、Messe Berlin FRUIT LOGISTICA 2007青森県ブースにおいて実施した。
4）詳細については中村等［15］を参照されたい。本調査は、Finland Wine Food & GOOD LIVING 2009青森県ブースにおいて実施した。
5）詳細については中村等［16］を参照されたい。本調査は、欧州の研究大学連合 Coimbra Group に加盟する University of Gottingen（ドイツ）、University of Bergen（ノルウェー）、そして Russell Group に加盟する University of Nottingham、スウェーデン農業の拠点大学である SLU（Swedish University of Agricultural Sciences）の教職員や Ph.D. や学生に対して実施した。
6）詳細については中村等［17］を参照されたい。本調査は、Berlin FRUIT LOGISTICA 2008及び Galfood 2008の青森県ブースにおいて実施した。
7）青果物の例であるが、香港において日本産ナシとイチゴの品種の認知度を調査した結果、豊水でも僅か18.6％、二十世紀に至っては9.3％しか認知しておらず、一番人気のあまおうの品種名は一人も認知していなかった。詳細については、中村等［18］［19］を参照されたい。

## 参考文献
［1］「農林水産物・食品輸出環境課題レポート（2014/2015）」農林水産省。http://www.maff.go.jp/j/shokusan/export/e_kikaku/pdf/report.pdf（2015年4月）
［2］「農林水産物・食品の国別・品目別輸出戦略」農林水産省。http://www.maff.go.jp/j/press/shokusan/kaigai/pdf/130829_1-02.pdf（2013年8月）
［3］「農林水産物・食品の輸出促進対策の概要」農林水産省食料産業局輸出促進グループ。http://www.maff.go.jp/j/shokusan/export/pdf/meguji_2704.pdf（2015年4月）
［4］本田伸彰「農産物輸出の現状と課題」『調査と情報―ISSUE BRIEF―』NUMBER 810、pp.1-12. http://dl.ndl.go.jp/view/download/digidepo_8413011_po_0810.pdf?contentNo=1（2014年1月）
［5］松井一彦「農林水産物・食品輸出振興の現状と課題」『立法と調査』No.348、pp.97-110 http://www.sangiin.go.jp/japanese/annai/chousa/rippou_chousa/backnumber/2014pdf/20140115097.pdf（2014年1月）
［6］下渡敏治「日本食（和食）のグローバル化と農産物輸出の展望と課題」開発学研究、25（3）、p.1-11.
［7］石塚哉史「県行政および系統農協の連携による野菜輸出の現段階と課題―青森県産ながいも輸出の事例を中心に―」筑波書房、p.73-92、2013年.
［8］神代英昭「日本産加工食品の輸出の現状と課題―国際的知名度と取組主体の規模に注目して―」開発学研究、25（3）、p.12-19.
［9］大浦裕二・佐藤和憲・土屋仁志・井上荘太朗・関復勇・鄭伊恵「台湾果実の購買・消費行動の日台比較―日本及び台湾の大都市住民を対象としたアンケート調査から―」『農業経営研究』、48（1）、pp.90-94、2010年.

［10］佐藤和憲・大浦裕二・中嶋晋作・山本淳子「タイ・バンコクにおける日本産イチゴの消費者ニーズ―ホームユーステストによる検討―」『フードシステム研究』、18（3）、pp.263-268、2010年．
［11］日本農業新聞 http://www.agrinews.co.jp/modules/pico/index.php?content_id=34286（2015年8月）
［12］中村哲也・丸山敦史「香港における栃木産米の購買選択行動と市場可能性―香港FOODEXPO2013栃木県ブースにおける対面調査からの接近―」『農林業問題研究』、51（3）、pp.227-232、2015年．
［13］中村哲也・丸山敦史「栃木産巨峰のシンガポール輸出と消費者意識―シンガポールSCOTTS伊勢丹におけるアンケート調査から―」『フードシステム研究』、16（3）、pp.78-83、2009年．
［14］中村哲也・丸山敦史「EUREPGAP認証黄色リンゴのEU輸出拡大戦略―Messe Berlin FRUIT LOGISTICA 2007におけるアンケート調査から―」『フードシステム研究』、15（3）、pp.11-24、2008年．
［15］中村哲也・丸山敦史・矢野佑樹「購買選択行動からみた青森産リンゴのヘルシンキ輸出の可能性―Finland WINE Food & GOOD LIVING 2009におけるアンケート調査を用いて―」『開発学研究』、21（3）、pp.21-32、2011年．
［16］中村哲也・矢野佑樹・丸山敦史・Xiaohua Yu「欧州4か国における青森産リンゴの購買選択行動―イギリス、ドイツ、スウェーデン、ノルウェーでの食味官能試験からの接近―」『開発学研究』、23（3）、pp.73-85、2013年．
［17］中村哲也・丸山敦史・矢野佑樹、青森産リンゴジュースの海外輸出拡大戦略―Messe Berlin FRUIT LOGISTICA 2008、Galfood2008におけるアンケート調査から―、開発学研究、第21巻第1号、pp.44-53、2010．
［18］中村哲也・矢野佑樹・丸山敦史「栃木産とちおとめ・にっこり輸出に関する消費者選好分析―香港・バンコクにおけるアンケート調査から―」『共栄大学研究論集』、第7巻、pp.89-106、2009年．
［19］中村哲也・丸山敦史「栃木産とちおとめの香港輸出と消費者意識―香港一田YATAにおけるアンケート調査から―」『共栄大学研究論集』、第8巻、pp.21-35、2011年．
［20］中村哲也・矢野佑樹・丸山敦史「日本産加工食品の海外輸出と消費者の安全意識：台北・ニューヨークの国際比較から」『共栄大学研究論集』、第13巻、pp.25-42、2015年．

# 第11章
## ラテンアメリカにおける青果物の インテグレーションと輸出戦略
―― ペルー・アボカドの事例 ――

清水達也

## 1 アボカド貿易の拡大

アボカドはラテンアメリカ諸国では日常的に食卓に上る食材である。サラダの具材として用いられるのが一般的であるが、和え物やサンドイッチの具材としても使われる。また、ヒスパニック系人口が増加している米国ではメキシコ料理店の人気が高まっているが、ここではアボカドをベースとしたワカモレ・ソースがさまざまな料理に添えられている。

最近は日本のスーパーマーケットでもアボカドをよく見かけるようになった。日本で消費されるアボカドはほとんどが輸入品であるが、輸入量は1994年の4000トン弱から、2004年には2万9000トン、2014年には5万8000トンへと大きく増加している。日本の輸入果物の中ではバナナ、パイナップル、グレープフルーツ、オレンジについで輸入量が多い果物であることからも、日本でアボカドの消費が徐々にではあるが広がっていることがうかがえる。

アボカドの貿易量が増えたのは、世界最大の生産・輸出国であるメキシコからの供給が増えたためである。特に1990年代後半に米国がメキシコ産アボカドの輸入を解禁したことで、メキシコの輸出量は大きく増えた。

アボカド輸出を増やしているのはメキシコだけではない。2000年代に入ってから青果物の輸出を拡大しているペルーも、アボカドの輸出を増やしている国の一つである。2009年には欧州市場への最大のアボカド供給国になった

だけでなく、米国でペルー産アボカドの輸入が解禁された2011年以降は、米国向けの輸出も大きく増えている。

そこで本章ではペルーを対象として、輸出の拡大にともなうアボカドの供給構造の変化を明らかにする。ペルーではそれまで生鮮アスパラガスの輸出に取り組んできた企業が、作物多様化の一環としてアボカドの生産と輸出を増やしているのが特徴である。以下ではまず、貿易データを用いて国際市場における需給変化を確認する。ここでは輸入量、輸出量が大きい米国とメキシコに注目する。次にペルー国内でのアボカド生産の変化を、州別の生産や市場流通の統計を用いて確認する。続いて、輸出の増加に伴い、生産から輸出までを統合した大規模経営体について具体的な事例を検討しながら、供給構造が変化した要因を明らかにする。最後に本章で明らかになった点と今後の課題を述べる。

## 2　国際市場における需給変化

2013年の世界のアボカド生産量は472万トンで、その約3割にあたる147万トンをメキシコが生産している。これにドミニカ共和国（39万トン）、コロンビア（30万トン）、ペルー（29万トン）、インドネシア（28万トン）が続き、それぞれ全体の8～6％を占めている（FAOSTAT Data）。アボカド貿易はここ20年間で大きく増加している。1990年時点の貿易量（世界各国の輸出量の合計）は14万トンに過ぎなかったが、2012年には105万トンにまで増えている。生産量に対する輸出量の割合をほかの主要果物と比べると、バナナは15～25％、リンゴは10％前後と、それほど大きく変化していない。それに対してアボカドは、1980年代前半までは5％以下だったにもかかわらず、その後一貫して上昇した。そして2000年代後半には、バナナやグレープフルーツを抜いて、主要果物の中では生産に占める輸出の割合が最も高い果物となっている（図11-1）。

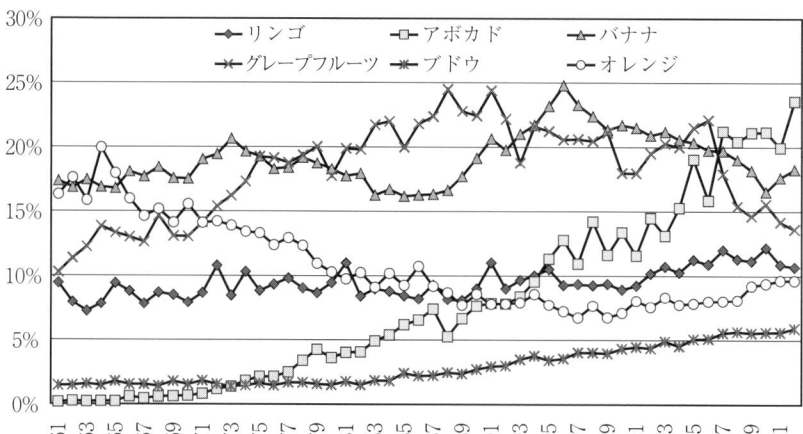

**図11-1 生産量に占める輸出量の割合**

(出所) FAOSTAT Data を元に筆者作成。

## （1） 需給の拡大

　次にアボカドの国別の輸出入を確認してみよう。まず輸出では、全体に占めるメキシコの割合が非常に大きい（図11-2）。2012年は全体の47％を占めている。第2位のチリは2000年代前半まではメキシコと同程度輸出していたが、それ以降は輸出量が横ばいになっている。UN Comtrade のデータによれば、2013年にはペルーがチリを抜いて第2位の輸出国となっている。次に輸入では、2012年は米国が全体の45％を占めている。2000年代初めまではフランスやオランダなどの欧州諸国が多かったが、米国の輸入は1990年代末から急増しており、欧州諸国を大きく上回る規模になった。

　米国が輸入するアボカドの9割弱がメキシコ産であり、メキシコが輸出するアボカドの8割弱が米国へ輸出されることから、国際市場における需給変化を理解するには、両国間の貿易について詳しく検討する必要がある。

　まず輸入側の米国では、2000年代入ってアボカドの消費が大きく増加している。国内生産は1980年代から20万トン前後で推移している一方、1990年代

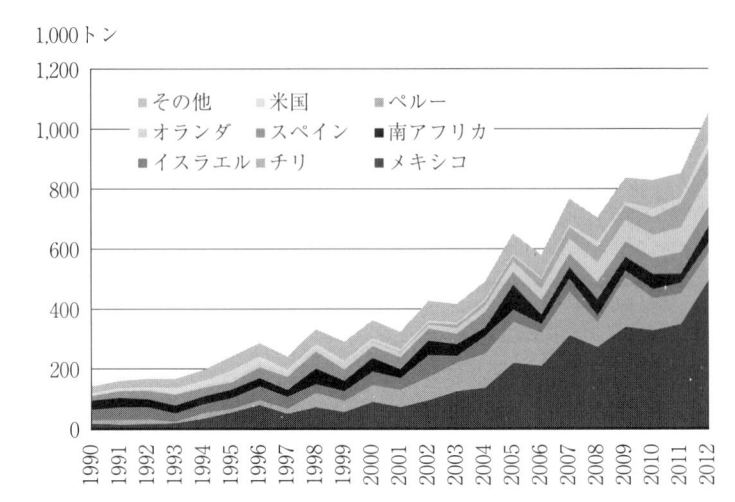

図11-2　主要国のアボカド輸出

（出所）FAOSTAT Data を元に筆者作成。

半ばから増え始めた輸入が2000年代前半以降に急増した。その結果国内供給量も増加し、年間1人あたりの消費量は1990年代の600～800グラムから、2012年には2,500グラムへと15年の間に3倍へと拡大している。

アボカド消費が増えた理由として需要と供給の両面が考えられる。需要面では、ヒスパニック系人口の増加やメキシコ料理店チェーンの拡大のほか、健康的な食材としての人気の高まりが挙げられる（*Washington Post* 紙、2015年1月22日）。

供給面では輸入の増加が重要である。これについて、米国内の供給構造をみてみよう。図11-3は米国市場で主に流通しているハス種（Hass）のアボカドの週ごとの産地別供給量を2004年と2014年で比べたグラフである[1]。国内のアボカドの主産地はカリフォルニア州で、2004年時点では、この産地の収穫期である3～9月には国内供給量のほとんどをカリフォルニア産が占めていた。国内では収穫が少ないそれ以外の時期は、2月以前は主にメキシコから、9月以降は主にチリから輸入していた。一方2014年になると、カリフ

図11-3 米国市場の産地別アボカド供給量

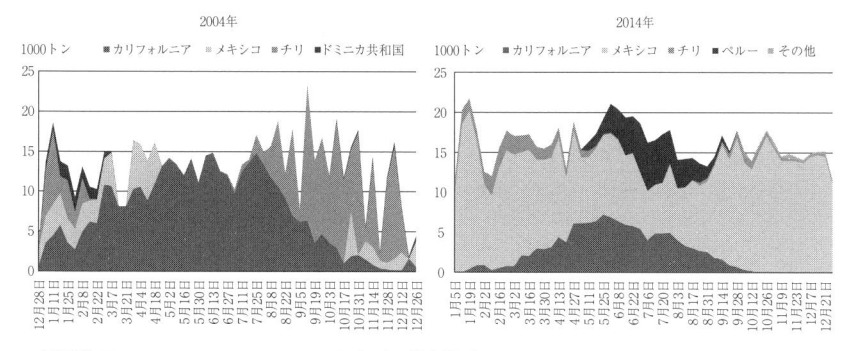

（出所）Hass Avocado Board のデータを元に筆者作成。

ォルニア産の供給量は収穫期でも全体の半分以下に減少しており、年間を通してメキシコから大量に輸入していることがわかる。またメキシコからの輸入が少なくなる6～8月にペルーからの輸入が増えている。

以上より米国におけるアボカドの供給構造をまとめると、2000年代前半までは収穫期にはカリフォルニア産、端境期には輸入品が供給されていた。しかしメキシコを中心とした外国産の安いアボカドの供給拡大に伴い、年間を通じて輸入品の供給が中心となった。

（2） メキシコ産の米国市場参入

拡大する米国市場へ供給する役割を果たしているのがメキシコである。メキシコでは1960年代からアボカドの生産量が一貫して増加している。単位面積あたり収穫量は横ばいを続けているため、生産量の増加は栽培面積の増加による。メキシコは1980年代後半から欧州、中米、カナダなどに向けた輸出を始め、輸出の増加が生産の増加を牽引した。

さらに2000年代に入ってアボカド輸出が急激に増加した。このきっかけとなったのが米国市場への参入である。メキシコの生産者は果物の害虫であるミバエの問題のために長らく米国へ輸出できなかった。国内市場におけるア

ボカド価格の低迷が続く中で、生産者にとっては巨大な米国市場への参入は悲願であった。1994年に北米自由貿易協定（NAFTA）の開始によって域内の市場統合が進む中で、両国で植物防疫を担当する政府組織が協力して、米国市場におけるメキシコ産アボカドの輸入解禁に向けた取り組みが始まった。

　この経緯を分析した先行研究をもとに、その経緯を確認してみよう（Medina and Aguirre 2007）。まずメキシコ国内でアボカドの植物防疫に関わる体制の整備が進められた。1992年に植物防疫に関する法律が制定され、栽培、収穫、パッキング、輸送の各段階における基準策定に生産者らの団体が関与することになった。そして州と行政区の2つのレベルで植物防疫委員会が設けられ、この基準の適用を進めた。

　この過程で重要な役割を果たしたのが、メキシコ最大の生産州であるミチョアカン州のアボカド生産者・輸出者協会（Asociación de Productores y Empacadores Exportadores de Aguacate de México: APEAM）である。ミチョアカン州は国内生産量の約9割を生産する産地で、同協会には州内の約4000の中小規模の生産者と26の輸出企業が加盟している。このAPEAMが中心になって国の防疫機関と連携を取りながら植物防疫基準の適用の徹底を図るための体制を整えた。メキシコ国内でアボカドの植物防疫体制が整備されたのを受けて1997年に米国は、ミチョアカン州産のアボカドについて、米国北東部19州に限り、11月から2月の4カ月間の輸入を認めた。この制限は徐々に緩和され、2007年までに年間を通してすべての州での輸入が認められた（USDA 2006）。

　これを受けてメキシコの米国向け輸出が急増した。2000年の1万3000トンから、2005年には13万4000トンと5年で10倍になり、さらに2014年には51万6000トンに達した。メキシコの国内生産量にしめる輸出の割合も、2000年の10％から2012年には38％へと大幅に増加した。このようにメキシコは、米国市場への参入を果たすことで、アボカドの生産・輸出を大きく増加した。

　米国へ輸出されるメキシコ産アボカドは、ミチョアカン州内の約3000生産

者が生産する（2005-2006年）。約 6 割を占めるのが中規模（10～25ヘクタール）と大規模（25ヘクタール以上）生産者で、最大2000ヘクタールで栽培する生産者もいる。これらの生産者が栽培したアボカドは、主に青果物貿易を手がける多国籍企業やその子会社が取り扱っている。具体的にはアボカドを中心に販売する Calavo 社や Mission de México 社のほか、デルモンテやチキータなどの子会社が取り扱っている。これらの企業は圃場での収穫、パッキング、輸出を担当するが、自社の加工場だけでなく他社の施設を借りてパッキングを行うことも多い。上位 6 社の多国籍企業が米国向け輸出の約 8 割を取り扱っている（Echánove 2010: 222-232）。

## 3　ペルー国内における供給構造の変化

2000年代に入ってペルーでもアボカドの生産と輸出が拡大している。それに伴い、主に国内市場向けに供給する中小規模生産者に加え、輸出を目的として栽培、パッキング、加工を一貫して手がける大規模経営体が現れている。ここではまず、アボカド輸出の増加とそれに関わる国内産地の変化を統計データから読み解く。

### （1）　輸出の増加

ペルーのアボカド生産はほとんど国内市場向けで、1980年代までは生産量が横ばいの状況が続いていた。しかし1990年代後半になって生産量が増加すると、生産量を追いかけるように輸出量も増加を始めた。生産量は1990年代半ばの 5 万トン前後から、2000年には 8 万4000トンに増え、2013年には28万8000トンに達している。国内生産量に対する輸出の割合も、1990年代半ばの 1 ％未満から、2000年代末には30％を超える水準にまで増えている（図11-4）。

輸出先は主に欧州で、オランダ、スペイン、フランス、英国が主要な輸出先である。中でもオランダ、スペインへの輸出が多く、2010年時点で輸出全

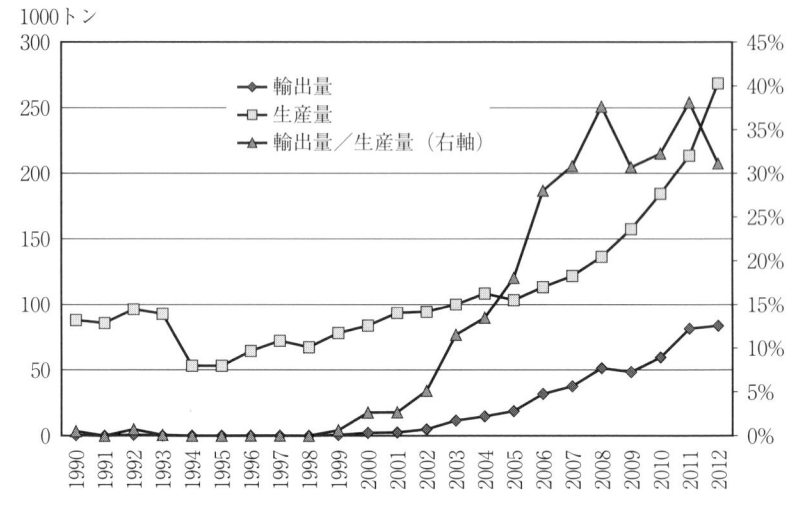

図11-4 ペルー：アボカド生産と輸出

（出所）FAOSTAT Data を元に筆者作成。

体の約8割がこの2カ国向けであった。逆に欧州（EU28カ国）からみたアボカドの主な輸入元は南アフリカとイスラエルで、2000年代初めはこの2カ国からの輸入が合わせて7割以上を占めていた。しかしペルーからの輸出が始まると、たちまちこれらの国を追い越し、2009年にペルーは欧州向けの最大の輸出国になった。2013年には欧州のアボカド輸入量の約3分の1をペルー産が占めている。

さらに2011年には米国がペルー産アボカドの輸入を解禁した。これにはペルーの動植物防疫機関である国家農業防疫機構（Servicio Nacional de Sanidad Agraria: SENASA）やアボカドの輸出業者の業界団体である ProHass が大きな役割を果たした（清水2013）。これにより米国向け輸出が急増して2014年には6万5000トンに達し、最大の輸出先となった。

ペルーが欧米市場に出荷するのは主に4月から8月で、特に米国向けは6から7月に集中している（図11-3）。トラックで輸送される国産やメキシコ

産アボカドが主として米国の西海岸や南部の市場に供給されるのに対して、ペルー産は海上輸送で主として東海岸の市場に供給される。ペルーはこの地理的なニッチ市場を利用して、米国向け輸出を増やしつつある。

### （2） 供給構造の変化

輸出の増加に伴いペルー国内のアボカドの供給構造が大きく変化している。ペルーではアボカドの生産、輸出に関する品種別の統計がないため、品種の変化については正確には確認できない。しかし主要産地の生産量の変化、卸売市場の入荷状況、生産者や業界団体でのヒアリング調査から、輸出の拡大に伴って供給構造が大きく変化しているとみられる。

まず、産地別のアボカド生産量からみてみよう。1990年代以降、アボカドの生産量はいずれの主要産地でも増加している。しかしその中でも、輸出向け生産が中心の新興産地の伸びが大きい。

図11-5は主要産地（州）ごとのアボカド生産量を示している。1990年代

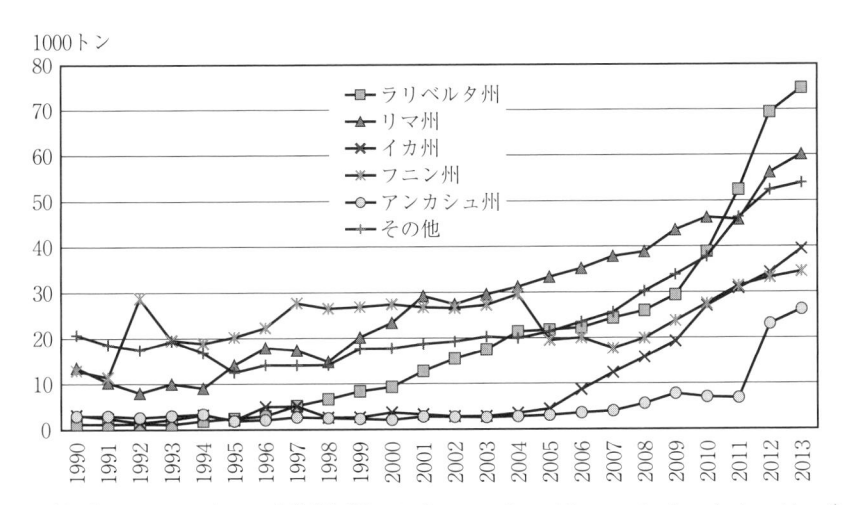

**図11-5　主要産地別アボカド生産量**

（出所）MINAGRI（ペルー農業灌漑省）データベース（http://frenteweb.minagri.gob.pe/sisca/）より筆者作成。

末まではフニン州とリマ州が国内の二大産地であった。フニン州ではアンデス山脈の東側の麓に広がるアマゾンの熱帯低地に産地があり、クレオール種が多く栽培されている。一方リマ州では、リマ市郊外のワラル郡やワロチリ郡でフエルテ種が多く栽培されている。これらはいずれもリマ中央卸売市場で入荷量が多い品種で、主に国内市場向けである。

　そして1990年代末からラリベルタ州、次いで2000年代からイカ州、アンカシュ州での生産が増加した。中でもラリベルタ州の生産量は急速に増加し、2011年にはリマ州を抜いて国内最大のアボカド生産州となった。ラリベルタ州とイカ州では海岸地域の乾燥した灌漑農地において、大規模なアボカド農場が拡大しており、ここでは輸出を目的としてハス種のアボカドが栽培されている。リマ中央卸売市場の入荷量に占めるハス種の割合は2014年時点でも12％にとどまっている。ハス種は主に産地から国外の市場へ直接輸出されるためリマ中央卸売市場は経由しない。しかし品質などの問題により輸出できなかったものが卸売市場に入荷していると考えられる。また、従来は国内市場向けにフエルテ種などを栽培してきたフニン州やリマ州の産地でも、成長が期待される輸出市場向けに生産するために、ハス種への転換を進めている生産者が増えている（*La Republica* 紙、2013年3月17日）。

　以上より、輸出市場の拡大を背景に、ペルーにおけるアボカドの供給構造は国内向け生産から輸出向け生産へと大きく変化していることがわかる。その中心となっているのが、ラリベルタ州などで大規模なアボカド農場を所有し、栽培、パッキング、加工、輸出を一貫して手がける大規模経営体である。次はこれら大規模経営体の動向についてみてみよう。

## 4　大規模経営体の台頭

　ペルーの海岸地域では1990年代末から主に生鮮アスパラガスの生産・輸出を目的とした大規模経営体が成長した（清水2007）。これらの経営体は取り扱う農産物の多様化を進めているが、その一つがアボカドである。従来は中

小規模による生産が多かったアボカド生産に、青果物輸出を目的とする大規模経営体が参入したことで、アボカドの生産構造は大きく変化した。そして大規模経営体は、垂直統合に加えて農産物の多様化によるメリットを活用し、さらに成長している。

### （1）　規模拡大と垂直統合

図11-6は1994年と2012年の農業センサスのデータに基づいて、アボカドの主要生産州について、アボカド農場の規模別の割合を示したものである。1994年はすべての州において最小規模（20ヘクタール）の農場が65～93％を占めていた。しかし2012年にはフニン州を除く州で最大規模（100ヘクタール以上）の農場が45～75％を占めている。つまり、栽培面積が大きく増加した現在の主要アボカド産地では、大規模農場が中心になっている。

大規模経営体の多くが、数百ヘクタールを超える大規模自社農場を持ち、栽培、パッキング、輸出を垂直的に統合し、アスパラガスから、アボカド、ブドウ、ブルーベリーなどへと作物の多様化を進めている。

前述したとおり、輸出向けにアボカドを生産する大規模経営体は、もともとは生鮮アスパラガスの生産・輸出を手がけて成長した。これらの経営体は、政府による灌漑プロジェクトなどから千ヘクタールを超える規模の農地を購入し、点滴灌漑をはじめとする最新の農業技術に投資をしてアスパラガ

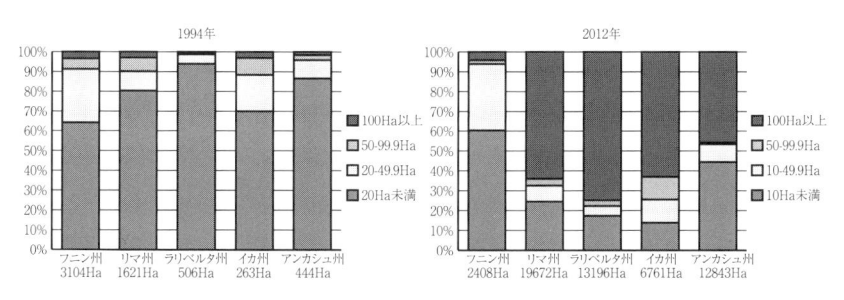

**図11-6　アボカド栽培州別規模別分布**

（出所）INEI（ペルー国家統計局）、1994年、2007年農業センサスより筆者作成。

スの生産を始めた。そして栽培から輸出までを垂直的に統合している。これによりいくつものメリットが生まれた（清水2007）。

1つめは青果物の品質向上である。大規模経営体は農場に隣接した場所にパッキング場を建設し、収穫した農産物をできるだけ短い時間でここに運んで保冷処理を行っている。また、パッキング場から空港で航空機に積み込むまでのコールドチェーンを整備することで、鮮度の劣化を防いでいる。

2つめは品質の管理である。自社農場、加工場、パッキング場では、GAPやHACCPなど、顧客である先進国のスーパーマーケットが要求するさまざまな認証を取得している。そして農場から輸出までの情報を統合して管理することで、農産物のトレーサビリティを確保している。

3つめは計画栽培である。ペルーから先進国市場に向けた青果物の輸出では、以前は委託販売がほとんどであった。これは輸出業者が市場国のブローカーなどに販売を委託する方式である。輸出業者は市場のバイヤーと直接接触するわけではないので、需要情報を入手するのが難しくなる。それに対して大規模経営体のいくつかは販売部門を設けて、先進国市場のスーパーマーケットのバイヤーなどに直接コンタクトして販売している。これにより、より詳しい需要情報を入手することができるようになった。その結果、事前に需要の予測が立てやすくなり、それに基づいて生産現場の農地、資材、労働力の手配を行う計画栽培が可能になった。

### （2） 作物の多様化

アスパラガスの生産・輸出に取り組む大規模経営体はアボカドやブドウなど作物を多様化することでさらなる成長を目指した。農産物の生産・輸出を統合する企業にとって、作物の多様化はさまざまなメリットをもたらす[2]。

まずは範囲の経済の活用である。ペルーの海岸地域の農地は、気候が比較的温和で、灌漑を調整することでさまざまな作物を栽培することが可能である。多年草であるアスパラガスは10年間程度収穫を続けられるが、その後は単収の減少を避けるために、同じ場所には他の作物を植えた方がよい。そこ

で選ばれたのがアボカドやブドウである。灌漑設備やパッキング施設は、多少の変更を加えることで他の青果物でも活用できる。輸出や販売に関わる施設、人員、販売先のネットワークについても同じ事がいえる。市場国のバイヤーが複数の青果物を取り扱っていることも多い。

　次に労働需要や施設稼働率の平準化である。農産物の栽培や加工は、農繁期と農閑期で必要となる労働者数や施設の稼働率に大きな差がある。収穫期の異なる農産物を組み合わせることで、労働需要を安定させ、施設の稼働率を高く保つことが可能になる。特にペルーでは最近まで続いた一次産品ブームの中で労働力不足が問題となっていたが、作物を多様化することで、複数の農産物の収穫期を組み合わせて長期間にわたって雇用を提供できれば、より質の良い労働力の確保が可能になる。これは圃場や加工場だけでなく、管理部門や販売部門でも同様である。

　加えて不確実性の低減である。農産物の生産・販売にはさまざまな不確実性がある。生産面では気候や病虫害による生産の変動が挙げられる。ペルーの海岸地域では安定した気候と灌漑施設の利用により、気候変化による生産の変動は比較的小さい。しかし、大規模な圃場で集中して栽培するために、害虫の発生により収穫量が大きく減少した例があった。価格面では投入財の購入価格と農産物の販売価格の変動が挙げられる。特に青果物の輸出においては、供給が集中すると販売価格が大きく下落する場合がある。輸送費の変動による影響も見逃せない。原油価格の変動の影響を受けやすい航空機での輸送のみに依存していれば、原油価格の上昇は市場での価格競争力の減少につながる。取り扱う農産物を多様化すれば、生産や価格の変動による不確実性による影響を抑えられるというメリットを手にすることができる。

（3）　大規模経営体の事例

　ここでは具体的に、輸出向け青果物の多様化を進めている大規模経営体の事例を簡単に紹介したい。1つめは、ペルー最大の青果物輸出企業の一つであるカンポソル社（Camposol）である。1997年に操業を開始した同社は北

部海岸地域ラリベルタ州のチャビモチック灌漑プロジェクトの農地を取得してアスパラガスの生産を開始した。同社は2015年の時点で7000ヘクタールを超える農場で、アスパラガス（2395ヘクタール）、アボカド（2643ヘクタール）、ブドウ（451ヘクタール）、マンゴ（450ヘクタール）、パプリカ（332ヘクタール）、ブルーベリー（203ヘクタール）、オレンジ（103ヘクタール）を栽培するほか、エビの養殖（636ヘクタール）も手がけている（Camposol 2013）。農産物の多くを生鮮で主に欧米諸国に輸出するほか、アボカド、マンゴ、パプリカ、アーティチョークは冷凍や瓶詰め製品に加工して輸出している。

　2つめは、北部海岸地域の養鶏企業を母体として、輸出農産物の生産に参入したのがタルサ社（TALSA）[3]である。同社は、北部海岸地域の砂漠地帯で1992年に缶詰用ホワイトアスパラガスの栽培を開始した。その際、点滴式の灌漑設備を国内では最初にイスラエルから導入したパイオニア的な企業である。アスパラガスの生産・輸出の競争が激しくなる中で、2005年にはアボカド栽培を開始した。2012年の時点でアスパラガス（700ヘクタール）、アボカド（800ヘクタール）、ブルーベリー（120ヘクタール）を栽培している。アスパラガスは生鮮と缶詰、アボカドとブルーベリーは生鮮で輸出している。

　3つめは、南部海岸地域の輸出向け農産物生産を代表する企業の一つアグロカサ社（Agrokasa）である。ペルー国内の製薬会社のグループ企業である同社は、生鮮輸出に特化した会社である。1995年に操業を開始し、生鮮輸出用グリーンアスパラガスの生産から始めた。その後作物を多様化し、2015年時点ではアボカド（944ヘクタール）、アスパラガス（905ヘクタール）、ブドウ（451ヘクタール）を栽培している[4]。同社はすべての農産物を生鮮で欧米諸国に輸出している。

## 5　今後の課題

　ペルーでは2000年代に入りアボカドの輸出が急速に増加している。まず欧州市場向けが拡大し、2011年に米国でペルー産アボカドの輸入が解禁された後は、米国市場向けが増加している。もともとアボカドは国内市場向けに生産されていたが、輸出拡大によって国内の供給構造が大きく変化した。

　具体的に述べると、フニン州やリマ州で国内市場向けの品種を栽培する伝統的な中小規模生産者（50ヘクタール未満）に代わり、新興産地であるラリベルタ州、アンカシュ州、イカ州のほか、リマ州で輸出市場向けにハス種を栽培する大規模経営体がアボカド栽培の中心となった。

　これらの大規模経営体の特徴として指摘できるのが、もともと生鮮アスパラガスの生産・輸出で成長した企業が、農産物多様化の一環としてアボカドの生産と輸出を増やしていることである。アスパラガスと同様、生産から輸出までの垂直統合により、鮮度だけでなくトレーサビリティも保った品質の高い青果物を供給できる。さらにアボカドやブドウなどに多様化することで、範囲の経済の活用、労働力需要や施設稼働率の平準化、不確実性の低減を実現して成長している。

　このように、ペルーではアボカドの輸出が拡大する過程で、国内の供給構造が大きく変わってきた。しかしながら、従来の中小規模生産者は消滅したわけではない。現在でも国内生産量のうち輸出されるのは3割程度にとどまっている。つまり現在でも、生産の約7割が国内市場で消費され、それらは中小規模の生産者によって供給されている。輸出市場が拡大する中で、これまで国内市場向けに生産してきた中小規模生産者の中には、新たに輸出市場向けの供給へ転換する生産者も多いと考えられる。それらの生産者の動きについては、今後の研究課題としたい。

注
1）ハス種アボカドの生産者と輸入業者からなる業界団体である Hass Avocado Board

（http://www.hassavocadoboard.com/）がアボカドの入荷量などをとりまとめている。
2）ペルー農業生産者協会連合会（AGAP）Ana María Deustua 専務理事、青果物生産・輸出企業 Agrokasa 社 José Chlimper 社長へのインタビュー（2015年8月）。
3）青果物生産・輸出企業 TALSA 社 Ulises Quevedo 社長へのインタビュー（2012年11月）。
4）Agrokasa 社のウェブサイトによる（www.agrokasa.com）。

**参考文献**
[1] 清水達也2007.「ペルーのアスパラガス輸出拡大の要因―供給構造の転換から―」星野妙子編『ラテンアメリカ新一次産品輸出経済論』アジア経済研究所、145-181ページ。
[2] 清水達也2013.「ペルーの生鮮果物・野菜輸出の拡大と植物検疫」『ラテン・アメリカ論集』No. 47, 25-42ページ。
[3] Camposol 2013. Annual report（カンポソル社2013年年次報告書）www.camposol.com.pe/.
[4] Echánove, Flavia 2010. "El nuevo auge exportador del aguacate mexicano: ¿Quiénes participan?" En Carlos Javier Maya Ambía y Mareía del Carmen Hernández Moreno coordinadores. *Globalización y sistemas agroalimentarios*. Culiacán, Sinaloa, México: Universidad Autónoma de Sinaloa, pp.213-237.
[5] FAOSTAT Data（国連食料農業機関データベース）faostat.fao.org/.
[6] Hass Avocado Board（米国ハス種アボカド委員会）http://www.hassavocadoboard.com/.
[7] INEI（Instituto Nacional de Estadística e Informatica ペルー国家統計局）www.inei.gob.pe.
[8] MacDougall, Neal n. d. "Avocados: A Brief Introduction into the Complexities of a U. S. Agribusiness Sector." http://www.calpoly.edu/~nmacdoug/Avocado_Web_Project/Avocado_Web_Intro.htm.
[9] Medina R. and M. Aguirre 2007. "Strategy for the inclusion of small and medium-sized avocado producers in dynamic markets as a result of phytosanitary legal controls for fruit transport in Michoacan, Mexico." Proceedings VI World Avocado Congress, Viña Del Mar, Chile, 12-16 Nov. 2007.
[10] UN Comtrade Data base（国連貿易データベース）comtrade.un.org/.
[11] USDA（United States Department of Agriculture）2006. "New phytosanitary regulations allow higher imports of avocados." http://www.ers.usda.gov/amber-waves/2006-november/new-phytosanitary-regulations-allow-higher-imports-of-avocados.aspx）.
[12] USDA 2014. *Fruit and tree nut yearbook*. Washington, D. C. : USDA. http://www.ers.usda.gov/data-products/fruit-and-tree-nut-data.aspx.

# 第12章
# 花きの流通システムの変化

滝沢昌道

　本章では経営主が自己の経営体の内部条件を踏まえつつ、品目、品種等の選択、高品質花きの生産、販売先とその方法を選択する場合に必要である花きの流通システムについて検討する。需給の検討では需要と供給に分けた。需要については、家庭での花きの消費と小売構造、大消費地である東京都卸売市場の需要に分けた。課題への接近は農林水産省等の統計資料、市場年報、需要関数分析から得た知見、聞き取り調査結果等を用いた。分析の対象期間は基本的に1990年から2007年とし、必要に応じて1970年代まで含めた。

## 1　家庭における花きの消費構造の変化

　1990年から2006年までの消費の状況についてみると、小売店での切花の需要割合は、店頭売りが約5割から6割に増加し、業務用が約4割から3割に減少、通信配達用が約1割のままである[1]。景気の影響を強く受ける業務用の需要が景気の後退により、約1割減少し、家庭での消費が多い店頭売りは1割増加していたが、2000年より、横ばい傾向になっている。勤労者世帯の実収入、消費支出の減少により、家庭用消費が鈍化したと考えられる。

　1世帯当たりの切花購入金額は、1973年から1974年の第1次石油危機、1977年の景気後退期、1980年から1982年の第2次石油危機、1985年の後半から1986年の円高不況があったものの、堅調に推移してきたが、1991年後半か

らの平成不況の影響を受け、1世帯当たりの切花購入金額の増加率はやや鈍化してきた[1]。2002年後半からの景気好転により、切花購入金額の増加率はやや上昇したが、2007年は10,929円とやや減少し、2008年からの景気後退と同年9月のリーマン・ショックにより減少に転じた。

県庁所在都市別1世帯当たり購入金額は、鹿児島、宮城（仙台）、福島、鳥取、島根（松江）等の順位が高く、この傾向は今なお続いている。これは、松尾ら[2]が明らかにしているように、墓花や神仏用の花の需要が多いためである。生け花は仏教に起因しており、彼岸や盆、正月等、家庭での切花の使用は宗教や習慣との関係が強い[3]。

2007年の家計調査年報の園芸品・同用品の1世帯当たりの年間購入金額は9,240円である。園芸品・同用品の年間購入金額は、景気の影響を受けることなく堅調であった。1990年には「国際花と緑の展覧会」が大坂で開催されており、近年のガーデニングなど園芸ブームに支えられ堅調な増加を示していた。このガーデニングなど園芸ブームにより支えられていた園芸品・同用品の年間購入金額の増加は2000年より減少傾向に転じ、2005年からやや横ばい傾向を示した。

家庭での花きの消費は、景気が後退期でも伸び続け、不況の時には、勤労者が家にいるため、特に観葉植物、観賞樹等鉢物、苗物等の消費が増加する状況であった。高度経済成長以降の勤労者世帯の実収入、消費支出は増加し続けていた。しかし、近年は雇用形態の変化、勤労者世帯の実収入の減少等により、花きの消費は減少傾向に転じた。その後、苗物等が増加し、やや横ばい傾向を示している。

切花の消費を国際的にみると、為替相場にもよるが、金額ベースでは、一時的に世界のトップクラスになったが、景気後退の影響から、先進国のなかでは低い位置になった[1]。

また、家計調査年報によると、1世帯当たりの切花の購入頻度は年間約11回であり、食用である野菜等と比較すると購入頻度は極端に低い。同じく購買比率についてみると、切花を年間1回以上購入する世帯は約4割であ

り、園芸品・同用品では約 3 割である。

## 2　小売における構造変化

　花きに対する消費者の購買比率は低いものの、長期的にみると園芸品・同用品の年間購入金額は増加してきた。消費者の購入先は花き専門店、百貨店（デパート）、ホームセンター、スーパーなどがある。小川ら[4]、内藤[5]、辻[6]は、ホームセンターでは家庭用の花壇苗が主であり、スーパーは家庭用の切花が多いとしている。

　2007年の花き等取扱小売業の商店数と販売額をみると、花き等専門小売店の商店数は21,255店、販売額は 5,215億円、花き等中心小売店の商店数は4,018店、販売額は 509億円、食料品スーパーは 5,417店、販売額は498億円、住関連スーパー（ホームセンター含む）は 3,146店、販売額は 1,360億円、その他小売業は 7,172店、販売額は 499億円、花き取扱小売業計は41,008店、販売額は 8,081億円である（表12‐1）。ただし、この通商産業省「商業統計表」の集計には百貨店及び総合スーパーは含まないとしている。

　1994年と比較すると、小売業の計は約17％増加し、販売額のそれは約 3％減少した。内訳をみると、店数は食料品スーパーが約 6 倍、ホームセンターを含む住関連スーパーが約 4 倍増加している。減少したのは花き等専門小売店の商店数が 7 ％、花き等中心小売店のそれが20％減少した。販売額は食料品スーパーが約 7 倍、ホームセンターを含む住関連スーパーが約 3 倍増加している。減少したのは花き等専門小売店の販売額が18％、花き等中心小売のそれが47％減少した。

　花き等専門小売店の商店数の構成比は65から52になり、販売額は76から65になった。花き等中心小売店の商店数の構成比は14から10、販売額は12から 6 になった。食料品スーパーの商店数の構成比は 2 から13になり、販売額は 1 から 6 になった。ホームセンターを含む住関連スーパーの商店数の構成比は 2 から 8 、販売額は 6 から17になった。花き等専門小売店と花き等

**表12-1 花き取扱小売業の商店数、販売額等**

単位：店、百万円、％

| 区　分 | 事業所数（店） | | | | 販売額 | | | |
|---|---|---|---|---|---|---|---|---|
| | 1994年 | 1997年 | 2002年 | 2007年 | 1994年 | 1997年 | 2002年 | 2007年 |
| 花き等専門小売店 | 22,776 | 22,246 | 23,019 | 21,255 | 633,542 | 636,665 | 590,781 | 521,510 |
| 花き等中心小売店 | 5,010 | 5,196 | 5,357 | 4,018 | 96,977 | 101,842 | 86,179 | 50,925 |
| 食料品スーパー | 842 | 2,971 | 3,654 | 5,417 | 6,884 | 22,028 | 28,709 | 49,819 |
| 住関連スーパー | 806 | 1,841 | 2,279 | 3,146 | 46,031 | 87,382 | 100,824 | 135,953 |
| その他小売業 | 5,596 | 6,410 | 6,099 | 7,172 | 52,312 | 63,423 | 52,332 | 49,884 |
| 花・植木き取扱小売業計 | 35,030 | 38,664 | 40,408 | 41,008 | 835,746 | 911,340 | 858,825 | 808,091 |
| 区　分 | 構成比 | | | | 構成比 | | | |
| 花き等専門小売店 | 65.0 | 57.5 | 57.0 | 51.8 | 75.8 | 69.9 | 68.8 | 64.5 |
| 花き等中心小売店 | 14.3 | 13.4 | 13.3 | 9.8 | 11.6 | 11.2 | 10.0 | 6.3 |
| 食料品スーパー | 2.4 | 7.7 | 9.0 | 13.2 | 0.8 | 2.4 | 3.3 | 6.2 |
| 住関連スーパー | 2.3 | 4.8 | 5.6 | 7.7 | 5.5 | 9.6 | 11.7 | 16.8 |
| その他小売業 | 16.0 | 16.6 | 15.1 | 17.5 | 6.3 | 7.0 | 6.1 | 6.2 |
| 花・植木き取扱小売業計 | 100.0 | 100.0 | 100.0 | 100.0 | 100.0 | 100.0 | 100.0 | 100.0 |

注1）資料は経済産業省「商業統計表」日本花普及センター「フラワーデータブック」農林水産省「花きをめぐる情勢」
　2）花き等専門小売店は店内取扱商品のうち90％以上が花、植木の店舗
　3）花き等中心小売店は店内取扱商品のうち50％以上が住関連（花、植木を含む）商品の店舗
　4）住関連スーパーにはホームセンターを含む
　5）合計値（事業所数、販売額）に百貨店・総合スーパーは含まない
　6）構成比は個々の数値ごとに四捨五入したため、内訳の計は小計および合計と一致しない場合がある。
以下の各表とも同様である。

中心小売店の合計の商店数の構成比は79から61、販売額は87から71になった。食料品スーパーと住関連スーパーの合計の商店数の構成比は 5から21、販売額は 6から23になった。食料品スーパーとホームセンターを含む住関連スーパーの合計は商店数、販売額はともに急増した。しかし、その構成比はまだ低く青果物のようにスーパーの販売額が半数を超える構成比になっていない[7]。

1980年代に食料品スーパー等は花き部門に参入したが品質が保持できない

等利益があがらないため、すぐに撤退した[8]。しかし、近年は、花束の品質保持剤[9, 10]の使用が適切となり観賞期間が長くなったこと、販売できるだけの量の仕入れ、店での品質管理ができるようになったこと、傷んだ花束はすぐ撤去する等により、食料品スーパーとホームセンターを含む住関連スーパーの構成比の増加率が高くなった。この傾向が続けば、量販店が花き消費に与える影響が大きくなると考えられる。

なお、卸売価格と小売価格の比率はキクで3.2倍、カーネーションで3.7倍、バラで3.9倍である。小川[4]によると、小売段階でのロス率は14％である。卸売価格と小売価格の比率は3倍程度とみることができる。

## 3　花きの流通構造の変化

### （1）　東京都における花き卸売市場の概況

東京都における花きの卸売市場は明治初期に創業された花問屋に端を発している。地方卸売市場時代の幕開けである1974年は太田[11]によると、卸売市場法の適用を受け地方卸売市場として出発した年である。地方卸売市場はその後の花きの需要の拡大により、最大42市場にまでなったが、大部分の地方卸売市場は面積も狭く乱立していた。

東京都で中央卸売市場が開設されるのは1988年に北足立市場、1990年に大田市場、1993年に板橋市場、1995年に葛西市場、2001年に世田谷市場が開場した。開設後、需要拡大を背景に、販売力のある中央卸売市場へ入荷が集中、取引量、金額とも増加し、流通構造が大きく変化した。細川[12]、安藤[13]、松田[14]は「大量生産、大量流通により、取引の大型化が進展した。具体的には、機械競りとこれに連動したコンピュータシステムの導入、セリの効率化、取引の情報化、総合的な取引コストの低下、予約型取引の増加」など[15]であるとしている。ここでは、次の3時代に分けて品目別需要を検討する。このうち1987年までの東京都地方卸売市場における花きの需要の特徴については、需要関数の計測結果から得られる知見を利用する[16, 17]。

## （2） 地方卸売市場時代（1974～87年）の品目別需要

　品目別需要についてみると、切花ではキクのように安定している品目とわが国の端境期に今までにない品種が輸入されたため、消費が刺激されて増加傾向に転じた品目があった。鉢物では和物の需要が激減した。この理由として、生活様式の洋風化や嗜好が変化したこと、盆栽等は庭が必要であるが、高層住宅等の集合住宅が増加したこと、何代にもわたって栽培する世帯がなくなってきたこと等が考えられた。また、鉢物はライフサイクルが切花より短い品目が多い。この理由として、鉢物は生活様式や嗜好が変化すれば購入されないこと、鉢物では栽培することを目的とする消費者が多いこと、切花より観賞期間が長いことなどによるためと推察された。

　東京都卸売市場（1974～87年）における花きの需要関数を計測した結果、価格伸縮性は、鉢物が切花より小さかった（表12-2）。従って、他の条件が変化しないと仮定すると、鉢物は市場全体として卸売数量を増加させても、価格の下落が小さく、市場全体の販売総額が増加すると推定された。切花の品目で価格伸縮性が大きいのはキクであり、鉢物ではシクラメンであった。鉢物と切花の価格伸縮性が異なる原因として、鉢物の価格水準が切花より高いこと、鉢物の用途は一般家庭用の割合が高いが、切花は業務用の割合が高く、特に冠婚葬祭用として必需品的性格が強いこと、切花は鉢物より最寄り品的性格が強いこと等が考えられる。代替関係はチューリップとフリージア相互に認められた。所得弾力性は鉢物が切花より高いため、他の条件が変化しないと仮定すると、鉢物は所得の増加により需要が期待できる。品目別にみると、所得の増加により需要が期待できるのは切花ではストック、鉢物ではラン類、ゴム類、シクラメンであった。

## （3） 中央卸売市場化の進展期（1988～96年）の品目別需要

　数量では鉢物の方が切花より高い値を示しており、鉢物の数量の増加が著しかった。鉢物で増加した品目は、その他観葉類、ラン類が著しく、切花で増加した品目は、ガーベラ、他ユリ、リシアンサス、バラであった。嗜好品

第12章　花きの流通システムの変化　201

表12-2　品目別需要関数の計測結果（1974～87年度）

| 品目 | 式型 | ダミー年 D₁ | D₂ | Dₐ | R*² | 定数項 | Q | Y | T | P₋₁ | D₁ | D₂ | Dₐ | Pₛ |
|---|---|---|---|---|---|---|---|---|---|---|---|---|---|---|
| 切花総数 | 3 | 84 | 87 | | 0.809 | 7.366** (2.61) | -1.336** (-3.67) | 1.247** (4.97) | | | -0.064 (-1.88) | 0.143** (3.55) | | |
| キク | 6 | 80 | 84 | | 0.868 | 13.786** (7.92) | -1.252** (-5.49) | 0.722** (3.94) | | -0.507** (-4.26) | 0.084** (2.65) | -0.079* (-2.48) | | 0.511* (2.86) バラ |
| カーネーション | 1 | 78 | 81 | | 0.677 | 4.000 (2.14) | -0.171 (-0.97) | | | | -0.088* (-2.32) | -0.079 (-2.15) | | 0.346 (2.02) カーネーション |
| バラ | 3 | | | | 0.926 | -8.459** (-6.89) | -0.123 (-0.42) | 0.911** (3.47) | | | | | | 0.831** (4.68) フリージア |
| チューリップ | 2 | | | 86 | 0.673 | 7.128* (2.91) | -0.501* (-2.29) | | -0.015 (-2.02) | | | | 0.253* (3.07) | 0.441** (6.23) ユリ |
| テッポウユリ | 4 | | | | 0.850 | 12.476** (10.33) | -0.817** (-7.96) | | | -0.108 (-1.16) | | | | |
| 他ユリ | 4 | | | 85 | 0.776 | 3.926** (2.27) | -0.217 (-1.43) | | | 0.623** (3.51) | | | 0.236** (3.81) | 0.558** (5.14) キク |
| グラジオラス | 5 | 80 | | | 0.808 | 6.857** (3.14) | -0.410* (-2.34) | | 0.012* (3.32) | -0.198 (-1.57) | -0.110* (-3.12) | -0.08 (-1.58) | | |
| ストック | 2 | 77 | 81 | | 0.854 | 16.571** (10.16) | -1.107** (-7.77) | | 0.042** (5.60) | | 0.183** (3.42) | | | |
| フリージア | 3 | | | 85 | 0.892 | 14.302** (5.76) | -0.691** (-6.62) | -0.329* (-2.70) | | | | | 0.043 (1.30) | 0.521** (5.52) チューリップ |
| アイリス | 2 | | | 86 | 0.707 | 15.074** (4.94) | -0.970** (-3.73) | | -0.041** (-5.73) | | | | 0.141 (1.86) | |
| 鉢物総数 | 2 | | | | 0.920 | 14.215** (10.91) | -0.569** (-6.20) | | 0.022** (3.12) | | | | | |
| シクラメン | 5 | | | | 0.901 | 9.463** (7.83) | -0.625** (-5.25) | | 0.052** (3.87) | 0.619** (5.57) | | | | |
| ドラセナ類 | 6 | | | | 0.893 | -16.666 (-5.25) | -0.023 (-0.20) | 1.491 (1.88) | | 0.372 (0.94) | | | | |
| ゴム類 | 6 | | | | 0.970 | -16.281** (-4.78) | -0.381** (-6.69) | 1.588** (5.4) | | 0.714** (7.79) | | | | |
| ラン類 | 1 | 78 | 83 | | 0.495 | -7.912** (42.09) | -0.054* (-3.11) | | | | -0.093* (-2.55) | 0.055 (1.52) | | |
| ヤシ類 | 6 | | | | 0.882 | -30.030** (-3.81) | -0.515** (-5.15) | 2.692** (4.18) | | 0.625** (6.12) | | | | |
| フィロデンドロン | 4 | 79 | 85 | | 0.724 | 2.516 (2.20) | -0.059** (-4.37) | | | 0.703** (3.66) | 0.078** (4.24) | -0.044* (-2.37) | | |
| ベゴニア類 | 4 | 84 | 85 | | 0.668 | 2.676** (3.03) | -0.158 (-1.62) | | | 0.707** (2.78) | 0.128 (1.96) | -0.199* (-2.95) | | 0.007** W0.5 (4.36) |

注1）ダミーの数字は西暦の下2桁である。表中（）内の数字はt値である。
2）式型は引用文献（17）に記載。資料は東京都地方卸売市場年報花き編，国民経済計算報告，日本統計月報，気象庁年報より。
3）記号，R*²：自由度調整済決定係数，P：1980年度基準の消費者物価指数で実質化した東京都地方卸売市場価格，Q：東京都地方卸売市場入荷量，Y：1980年度基準の実質民間最終消費支出／人口，T：時間，P－1：前年のQ，△Q：logQ－logQ－1，D₁：ダミー1，D₂：ダミー2，Dₐ：指定年以降が1のダミー，Pₛ：代替品目価格（対数），W0.5：0.5mm以上降水日数（東京管区気象台）
＊：有意水準5％，＊＊：有意水準1％，＊＊＊：有意水準0.1％

である花きでは、リシアンスや他ユリのように、数量が増加し、価格とも同時に上昇傾向を示す品目があり、これらはライフサイクルの導入期・成長期と考えられる。金額が増加した切花の品目は他ユリ、リシアンサスなどであり鉢物で金額が増加した品目はラン類、その他観葉類などであった。金額は切花、鉢物とも価格の下落以上に数量が増加した品目は、金額が増加したが、切花、鉢物とも1991年の景気の後退期から、金額が減少している品目が多くなってきている。

### (4)　中央卸売市場の成熟期（1997～2007年）の品目別需要

切花は全体的に数量、金額が横ばいであり、価格が少し下がった。キクは数量、金額とも横ばい、カーネーションとバラは数量、金額が増加した。リシアンサスは2005年から再び価格が上がり、数量、金額とも増加した。リシアンサスは今なお多くの品種が開発されているためと考えられる。同じく、多くの品種が開発されているダリア、ヒマワリは数量、金額とも増加している。花きは品種が多く開発されると、そのライフサイクルを伸ばすことができると考えられる。鉢物ではシクラメンが数量を減らし、価格を維持しており、ボサギクとジュリアン、ポリアンタ等プリムラ類は数量と金額を減少させた。

## 4　花き供給構造の変化

わが国の花き類の産出額は、2007年には 4,819億円になり、1998年の6,346億円から減少傾向になっており、約10年で約25％減少した（表12-3）。1998年までの花きの増加率は他の多くの農産物が低迷するなか、花きのそれは著しかった。しかし、1998年からは、景気がやや好転しても、花き類の産出額は減少傾向を示している。種類別では切花類と鉢物類は1998年から減少傾向である。花壇用苗物類はガーデニングブームがあったため、少し遅れて2001年から減っている。花木類、球根類、芝は1990年からであり、

## 表12-3 花きの産出額、作付面積

単位:億円、千ha

### 産出額(億円)

| 年 | 合計 | 切り花類 | 鉢もの類 | 花壇用苗もの類 | 花木類 | 球根類 | 芝 | 地被植物類 |
|---|---|---|---|---|---|---|---|---|
| 2007 | 4,819 | 2,451 | 1,124 | 364 | 734 | 32 | 64 | 50 |
| 2006 | 4,802 | 2,424 | 1,104 | 347 | 771 | 27 | 77 | 52 |
| 2005 | 4,997 | 2,462 | 1,104 | 372 | 892 | 29 | 80 | 59 |
| 2004 | 5,209 | 2,485 | 1,146 | 382 | 1,009 | 31 | 87 | 69 |
| 2003 | 5,470 | 2,551 | 1,159 | 383 | 1,179 | 38 | 97 | 63 |
| 2002 | 5,706 | 2,621 | 1,242 | 416 | 1,242 | 42 | 90 | 53 |
| 2001 | 5,714 | 2,643 | 1,199 | 426 | 1,256 | 47 | 89 | 54 |
| 2000 | 5,867 | 2,682 | 1,219 | 400 | 1,371 | 53 | 87 | 55 |
| 1999 | 6,091 | 2,833 | 1,228 | 394 | 1,429 | 57 | 98 | 53 |
| 1998 | 6,346 | 3,009 | 1,264 | 324 | 1,505 | 64 | 119 | 61 |
| 1997 | 6,342 | 2,953 | 1,263 | 272 | 1,602 | 61 | 128 | 63 |
| 1996 | 6,265 | 2,919 | 1,249 | 215 | 1,601 | 60 | 158 | 63 |
| 1995 | 6,233 | 2,894 | 1,194 | 174 | 1,679 | 65 | 174 | 53 |
| 1990 | 5,573 | 2,444 | 930 | 77 | 1,832 | 74 | 176 | 39 |
| 1985 | 4,145 | 1,577 | 612 | 36 | 1,751 | 66 | 81 | 22 |

### 作付面積(千ha)

| 年 | 合計 | 切り花類 | 鉢もの類 | 花壇用苗もの類 | 花木類 | 球根類 | 芝 | 地被植物類 | 露地 | 施設 |
|---|---|---|---|---|---|---|---|---|---|---|
| 2007 | 35.6 | 17.2 | 2.0 | 1.7 | 7.5 | 0.6 | 6.5 | 0.1 | - | - |
| 2006 | 36.8 | 17.5 | 2.1 | 1.7 | 8.0 | 0.6 | 6.8 | 0.1 | 10.0 | 11.4 |
| 2005 | 37.9 | 17.9 | 2.1 | 1.7 | 8.5 | 0.6 | 6.9 | 0.1 | 10.2 | 11.6 |
| 2004 | 40.2 | 18.3 | 2.2 | 1.7 | 9.6 | 0.6 | 7.7 | 0.1 | 10.4 | 11.8 |
| 2003 | 42.0 | 18.7 | 2.2 | 1.7 | 11.0 | 0.7 | 7.6 | 0.1 | 10.7 | 11.9 |
| 2002 | 43.5 | 19.1 | 2.2 | 1.8 | 11.7 | 0.8 | 7.1 | 0.1 | 11.4 | 12.1 |
| 2001 | 44.5 | 19.4 | 2.1 | 1.8 | 11.8 | 0.9 | 7.5 | 0.2 | 11.2 | 12.1 |
| 2000 | 45.5 | 19.7 | 2.2 | 1.7 | 12.4 | 1.0 | 8.4 | 0.1 | 11.4 | 12.1 |
| 1999 | 46.4 | 19.8 | 2.1 | 1.6 | 13.2 | 1.0 | 8.5 | 0.2 | 11.5 | 12.0 |
| 1998 | 47.1 | 19.7 | 2.0 | 1.3 | 13.9 | 1.1 | 8.9 | 0.1 | 11.5 | 11.5 |
| 1997 | 47.5 | 19.5 | 2.0 | 1.1 | 14.3 | 1.1 | 9.4 | 0.1 | 11.5 | 11.2 |
| 1996 | 47.6 | 19.4 | 2.0 | 1.0 | 14.7 | 1.2 | 9.3 | 0.2 | 11.4 | 10.9 |
| 1995 | 48.4 | 19.0 | 1.9 | 0.8 | 15.0 | 1.2 | 10.5 | 0.1 | 11.2 | 10.4 |
| 1990 | 45.7 | 16.6 | 1.7 | 0.4 | 16.1 | 1.5 | 9.2 | 0.1 | 10.9 | 7.9 |
| 1985 | 36.2 | 13.1 | 1.3 | 0.3 | 14.8 | 1.5 | 5.1 | 0.0 | 9.3 | 5.4 |

注1) フラワーデータブックなどより作成
 2) 資料:農林水産省果樹花き課、統計情報部

のり面や事業所の緑化などに関係する地被植物は2004年から減少している。花きの全ての種類の産出額が減少傾向である。

作付面積は、2007年には 3万5千6百 ha になり、1995年の 4万8千4百 ha から減少傾向になっている（表12－3）。種類別では切花類は1999年から減少し、鉢物は2004年から、ガーデニングブームがあった花壇用苗物類は2002年から減っている。花木類、球根類は1990年、芝は1995年から地被植物は2001年から減少している。花きの全ての種類の作付面積が減少傾向である。切花類と鉢物類と花壇用苗物類の露地面積と施設面積は1997年まで露地面積が施設面積より多かったが1999年から施設面積が多くなった。この施設化により、切花類と鉢物類と花壇用苗物類の品質向上、周年栽培化等が図られたと考えられる。

販売農家数は2005年には81,000戸になり、1990年の 127,000戸と比較すると減少傾向になっている。2005年の生産従業員者数は24万6千人であり、1995年の33万人と比較すると10年で約25％減少している。

2007年の切花類の主要産県の産出額は愛知県、千葉県、福岡県の順であり、2007年の産出額が1985年の 2倍以上増加している県は北海道、鹿児島県、岩手県である。北海道ではカーネーション、球根切花等、岩手県はリンドウ、鹿児島はキク、ユリ等が増加している。なお、2007年の鉢物類の主要産県の産出額は愛知県、埼玉県、静岡県の順であり、2007年の鉢物の産出額が1985年のそれと比較して、2倍以上に増加している県は愛知県、静岡県、岐阜県、長野県、三重県、新潟県である。切花類の主要産県である愛知県は1995年から切花類の産出額を減少させ、鉢物類の産出額を増加させた。

## 5　花きの輸入構造の変化

わが国における花き類の輸出入をみると、2007年における輸出は香港、中国中心の樹木等約57億円であるのに対し、輸入は 567億円であり、輸入が輸出より 510億円多い。花き類の輸入は、年々増加傾向を示していた。わが国

の花き類の輸入は、2007年には567億円になり、1985年の85億円からすると6.7倍になっている。この間、国内の生産額は約1.2倍であり、輸入の増加割合は国内の生産額のそれより高くなっている。

2007年の切花類の卸売価格は55円、1991年のそれは63円であり、2000年から横ばい傾向である。国内の切花類の卸売価格が横ばい傾向であることから為替相場を考慮しなければならないが、輸入金額の増加率はやや低くなる傾向である。

2007年の輸入金額は595億円であり、この年の国内の花き類の生産額は4,819億円であることから、輸入金額は国内の生産額の約12％になっている。2007年における輸入の金額が多い種類は、切花類が304億円と多く、次に球根類124億円等の順になっている。

切花類では、マレーシアから8千t、63億円、コロンビアから4千t、50億円、タイから4千t、41億円、中国から6千t、31億円の順になっている。2007年の品目別・国別輸入数量をみると、ラン類はタイ、シダ類はコスタリカ、キクはマレーシアと中国、カーネーションはコロンビアと中国、バラはインドとケニアからの輸入が多い。

1970年代まではアンスリウムがアメリカのハワイから輸入されおり、需要量に占める輸入量は少なかったが、1970年代後半から、台湾のキクが増加した。しかし、沖縄県でキクが生産されるようになってから、沖縄産のキクが台湾産より品質で上回るため、台湾からのキクの輸入が減少した[18]。その後、1980年代後半より、オランダから、わが国の端境期にチューリップやユリ等の今までにない、または少ない品種が輸入された。また、タイやシンガポールから低賃金で生産されたラン類の輸入が増加した。オセアニアからは、ワックスフラワー、リュウカデンドロンなど、オセアニアの自然的条件に恵まれた花きが輸入されている。さらに、1993年よりサカキ・ヒサカキ類が中国から輸入されるようになり、中南米のコロンビアから一定以上の品質のカーネーションの輸入が増加してきた。

21世紀より韓国のユリ、コスタリカのシダ類、インドからのバラ、マレー

シアからのキクの輸入が増加し、2007年の切花の金額では、マレーシア、コロンビア、タイ、中国の順であり、主に自然的条件に恵まれ、低賃金で生産された低コストかつ一定以上の品質の花きの輸入が増加した。

## 6 花き流通システムの変化のまとめと生産者・産地の対応

　花きの流通システムについて需要と供給に分け、さらに需要については、家庭での花きの消費と小売構造、大消費地である東京都卸売市場の需要に分けて検討した。

　家庭における花きの購入金額は、商品特性から切花と鉢物等で違いはあるものの、景気後退期でも伸び続けてきたが、近年は雇用形態の変化、勤労者世帯の実収入の減少等により、減少し、横ばいである。また、切花の消費数量は先進国の中では少なく、今なお花きの購入頻度および購買比率が低い。

　小売構造をみると、1980年代に食料品スーパー等は花き部門に参入すると同時に利益を上げられなかった等の理由からすぐに撤退した。このため、小売における構造変化は、青果物のような大量販売に大きく結びつかず、小売の主導権は今なお花き等専門小売店が握っている。しかし、近年は、花束の品質保持ができるようになったこと等により、食料品スーパーとホームセンターを含む住関連スーパーの構成比の増加率が高くなった。この傾向が続けば、量販店が花き消費に与える影響が大きくなると考えられる。

　東京都では、中央卸売市場化が進展（地方市場では最大42市場）している。開設後、需要拡大を背景に、販売力のある中央卸売市場へ入荷が集中、取引量、金額とも増加し流通構造が大きく変化した。卸売市場における需要は次の3時代に分けて検討した。①地方卸売市場時代（1974～87年）の品目別需要についてみると、切花ではキクのように安定している品目とわが国の端境期に今までにない品種が輸入されたため、消費が刺激されて増加傾向に転じた品目があった。鉢物では和物の需要が激減した。この理由として、生活様式の洋風化や嗜好の変化等によるためと推察された。需要関数を計測し

た結果、価格伸縮性は、鉢物が切花より小さかった。従って、他の条件が変化しないと仮定すると、鉢物は市場全体として卸売数量を増加させても、価格の下落が小さく、市場全体の販売総額が増加すると推定された。鉢物と切花の価格伸縮性が異なる原因として、鉢物の価格水準が切花より高いこと、鉢物の用途は一般家庭用の割合が高いが、切花は特に冠婚葬祭用等として必需品的性格が強いこと等が考えられる。所得弾力性は鉢物が切花より高かった。②中央卸売市場化の進展期（1988年～96年）の需要についてみると、数量では鉢物の方が切花より高い値を示しており、鉢物で増加した品目は、その他観葉類、ラン類が著しく、切花では、ガーベラ、他ユリ、リシアンサスであった。嗜好品である花きでは、リシアンサスや他ユリのように、数量が増加し、価格とも同時に上昇傾向を示す品目があり、これらはライフサイクルの導入期・成長期と考えられる。切花、鉢物とも1991年の景気の後退期から、金額が減少している品目が多くなった。③中央卸売市場の成熟期（1997年～2007年）の需要についてみると、切花は全体的に数量、金額が横ばいであり、価格が少し下がった。キクは横ばい、バラ、カーネーションは数量と金額が増加し、重要が強い。リシアンサス、ダリア、ヒマワリは数量、金額とも増加した。これらは今なお多くの品種が開発されているためと考えられる。花きは品種が多く開発されると、そのライフサイクルを伸ばすことができると考えられる。

　わが国の花き類の産出額は、1998年から減少しており、約10年で約25％減少した。それまでの花きの増加率は他の多くの農産物が低迷するなか、花きのそれは著しかった。戦後の日本経済の発展と生活に潤いと安らぎを求める消費者ニーズの高まりが、商業的花き生産を発展させてきたといえる。しかし、1998年からは、景気がやや好転しても、花き類の産出額は減少傾向を示しており、時間差はあるものの、全ての種類の産出額が減少した。

　作付面積、販売農家数も同様に減少した。2007年の切花類の主要産県の産出額は愛知県、千葉県、福岡県の順であり、増加している県は北海道、鹿児島県、岩手県である。鉢物類の主要産県の産出額は愛知県、埼玉県、静岡県

の順であり、愛知県は1995年から切花類の産出額を減少させ、鉢物類の産出額を増加させた。

わが国における花き類の輸出入をみると、輸入が輸出より多く、花き類の輸入は、年々増加し、2007年の輸入金額は国内の生産額の約約12%になった。国内需要量が増加するとともに、ドルベースでの花きの価格上昇により、花きの輸入が促進されたが、近年は国内価格の低迷、為替相場の変動等により、増加率が低下した。輸入切花等を期間で分類すると、次のとおりである。①1970年代後半から、台湾のキクが増加したが、沖縄県でキクが生産されるようになってから、沖縄産のキクが台湾産より品質で上回るため、台湾からのキクの輸入が減少した。②1980年代後半より、オランダからチューリップ、ユリ等端境期に時期と品種による差別化された花き、オセアニアから自然的条件を利用した低コストの花き、東南アジアから自然的条件のうえに、さらに低い賃金で生産された低コストのラン類が輸入された。③1993年より、中国からサカキ・ヒサカキ類、中南米のコロンビアから一定以上の品質のカーネーションの輸入が増加した。④21世紀より韓国のユリ、コスタリカのシダ類、インドからのバラ、マレーシアからのキクの輸入が増加し、2007年の切花の金額では、マレーシア、コロンビア、タイ、中国の順であり、主に自然的条件に恵まれ、低賃金で生産された低コストかつ一定以上の品質の花きの輸入が増加した。

台湾からのキクが品質で上回る沖縄県の台頭などにより、キクの輸入が減少したこと等から、今後の花き生産では、高品質な花きの生産、消費者ニーズにあった品種開発と品種改良、さらなる周年出荷、低コスト生産などが求められている。

これら国内外の産地間競争（斎藤[19, 20, 21]）の激化から国内の主要産地では、消費者ニーズに応えた差別化、ブランド化として、日持ちの良い高品質の花きを供給するためのバケット等による湿式低温流通の導入、オリジナル品種の開発・導入、産地表示、生産・出荷者と小売業者等との連携等が図られている。特に、バラの割合が高いバケット等による湿式低温流通は、高品

質を保つことができ、輸送中に水揚げがすんでおり、小売店からの評価が高い。

そして、環境保全型農業を確立し、国内産である差別化商品とするための制度等として、エコファーマー認証制度、IPM（総合的病害虫・雑草管理）、MPS（花き産業環境認証プログラム）等があるが、食品衛生法等の適用を受けないことから、生産者のこれらに対する必要性とメリットが低く、消費者、流通関係者からの認知度も低いため、産地としての差別化が不十分である。今後は生産者の必要性とメリットを高める制度の優遇処置の改善、流通関係者、消費者の認知度の向上等が課題である。

また、生産者、産地は国内市場価格の低迷、国内外産地の台頭等に対し、流通経費が低い直接販売、契約販売、インターネットを利用した販売等、販売先と方法（佐藤[22]）を選択、組み合わせて対応している。

特に、立地条件を活かした直接販売では、摘み取り園、ハーブ園の設置、景観を活かしたログハウスでのティー等の販売は地域からも歓迎されている。さらに、伝統的花きを利用したアサガオ市、ホウズキ市、地域のグリーンフェスタ等々産地として販売先を拡大させている。地域流通としては共同直売所の利用があり、各月の年中行事の開催により販売額を増加させ、各世代に合わせたアレンジ教室、園芸教室等々により、消費拡大と、花育を実施し、花きによる情操面の向上と将来の購買層の拡大を図っている。

注
1) 日本花普及センター「フラワーデータブック」農林統計協会、1997-2008年．
2) 松尾英輔「墓花に関する研究．1．鹿児島市唐湊墓地における年間の使用切り花の実態と分析」鹿児島大学農学部学術報告（39）、1989年、309-318頁．
3) 鈴木昭・徳島康之「亡き人への花─葬儀・法要・墓参の花ガイド」三水社、1997年．
4) 小川孔輔・細野真喜子「フラワービジネスを学ぶ、花のしごと基礎講座」農村文化社、1996年．
5) 内藤重之「流通再編と花き卸売市場」農林統計協会、2001年．
6) 辻和良「切花流通再編と産地の展開」筑波書房、2001年．
7) 滝沢昌道「鉢花のマーケティング管理と技術対応に関する研究」千葉大学、2004年．
8) 滝沢昌道「都市生活者による花き市場の展望」『先進型アグリビジネスの創造』、ソフ

トサイエンス社、1999年、314-329頁．
9）今西英雄・腰岡政二・柴田道夫・土井元章「花の園芸事典」朝倉書店、2014年．
10）鶴島久男「新編花卉園芸ハンドブック」養賢堂、1996年．
11）太田弘「花卉の生産と流通」明文書房、1976年、203-206頁．
12）細川允史「変貌する青果物卸売市場―現代卸売市場体系論―」筑波書房、1993年．
13）安藤敏夫「フラワービジネス―伸びる花産業―」家の光協会、1994年．
14）松田友義「農産物市場における新たな取引―日本の情報化市場―」千葉大学園芸学部学術報告、第48号、1994年、163-173頁．
15）慶野征翁「中央卸売市場における仲卸の機能の変化―東京都中央卸売市場大田市場の青果物流通を事例として」千葉大学園芸学部学術報告、第48号、1994年、211-220頁．
16）滝沢昌道「花きの需要と嗜好の動向」農業経営研究、第28巻第2号（65）、1990年、40-42頁．
17）滝沢昌道「東京都卸売市場における花きの需要関数分析」東京農試研報、（22）、1990年、73-80頁．
18）滝沢昌道「輸入花きの流通実態［1］［2］」農及園、1988年、63：23-26頁．265-270頁．
19）斎藤修「高冷地野菜の産地間競争とマーケティングに関する研究―高冷地の参入と競争構造―」広島大学生物生産紀要、第22号、1983年、165-186頁．
20）斎藤修「高冷地野菜の産地間競争とマーケティングに関する研究―産地の行動様式と競争構造の変化―」広島大学生物生産紀要、第22号、1983年、187-216頁．
21）斎藤修「産地間競争とマーケティング論」日本経済評論社、1986年．
22）佐藤和憲「青果物流通チャネルの多様化と産地のマーケティング戦略」総合農業研究叢書第34号、1998年、1-156頁．

# 第13章
## カットフルーツの消費実態と製品開発上の問題点

河野恵伸
山本淳子

## 1 食行動の変化

　わが国における近年の消費者の食行動は多様化しているといえるが、購買行動や調理行動は、高齢化の進展や単独世帯・夫婦世帯の増加に伴う家族の形態の変化、社会との関わり方の変化を主な原因として、一般的には、調理時間や買い物時間の短縮などの簡便化志向、外食、中食（持ち帰り弁当や総菜など）の利用による外部化志向、栄養機能性や安全性の高い食品を重視した健康・安全性志向などに整理できる。

　小売りの現場をみると、スーパー等の量販店やコンビニエンスストア、デパートの食品売り場では、各種総菜やカット野菜の販売コーナーが拡張されており、1～2人用の少量パックも品揃えされている。果実については、スーパー等の量販店や果実専門店では生鮮果実の少量パックやカットフルーツのラインナップが増えており、コンビニエンスストアでも生のフルーツを使ったゼリーや各種カットフルーツなどが取り扱われている。また、ショッピングセンターや駅の通路などでは生搾りジュースのスタンドをよく見かけるし、2011年に地下鉄霞ヶ関駅に登場して話題になったカットリンゴ専用の自動販売機は、東京都と大阪府をあわせて約20カ所に設置されている。消費者行動が多様化する中で、これらの果実加工品は、低迷する果実の需要を底上げし、果樹産業の振興にも寄与できる可能性を持つと考えられる。

そこで、加工用果実の生産・流通状況および果実全体の消費動向を踏まえた上で、今後消費が伸びることが予想され、果樹産業振興及び国民の健康の視点からも消費拡大が望まれる果実加工品の中でもカットフルーツに着目し、その消費実態と製品開発上の問題点を探る。

## 2 加工用途の現状

果実の国内での生産状況をみると果樹の栽培面積は、1975年の43万 ha をピークに減少を続けており、近年では24万 ha になっている。また、果実の生産量も減少を続けており、1975年の670万トンから、豊凶の差はあるが、近年では300万トン前後になっている。産地では農業労働力の高齢化に加えて、果実・果汁の輸入自由化や生鮮果実消費量の減少により、果樹農家数は、2000年の33万戸から2010年の24万戸と10年間で3割近く減少している。

一方で、6次産業化に取り組むなど新たなビジネスモデルを構築している経営体もみられる。和歌山県のように梅のクラスターが形成されているケース、高知県 U 農協のようにゆずの高級調味料市場を開拓しその後も関連新商品を開発しているケース、和歌山県 S 果樹園のように食味の良い地域内の温州ミカン規格外品を集荷して高品質なジュースやデザート等の商品開発を続けているケースなど、果実の加工を通した優良事例は全国各地で散見される。しかし、ウメ、香酸カンキツ、醸造用ブドウなどでは、加工用途を前提とした生産が定着しているものの、他の主要な品目では生鮮果実の規格外品（いわゆる裾もの）を加工用途に用いることが一般的である。最近では、新たにカットリンゴやリンゴジュース専用の果樹園を設ける動きも見られるが、加工用専用園での生産は微少であり、各加工用途に向けた国内の生産体制は整っていない。国産果実の加工用途での利用は、原料供給・調達面に問題があるといえる。

つぎに、果実の流通の状況を農林水産省『果樹をめぐる情勢』でみると、需要量は800万トン前後で推移しているが、加工用途の割合が高まってお

り、2012年で4割強になっている。しかし、加工用途では9割近くが輸入されており、国産の割合は1割強である。特に国産のリンゴ・温州ミカン果汁は流通量が減少している。一方、生鮮果実では、国産6割、輸入4割で、輸入量の6割がバナナ、1割がパイナップルで、後はグレープフルーツ、オレンジ等である。輸入されたパイナップルやグレープフルーツ、オレンジ等はカットフルーツにも利用されている。

　このような中では、果実の加工用途の品種、栽培技術、加工・流通・貯蔵に関する様々な局面での技術開発が重要になる。カットしても褐変しにくいリンゴや各種加工で色が映える赤果肉リンゴなどの新品種、コンパクトな樹形や摘果剤等の利用による省力的かつ多収な栽培技術、栄養機能性成分を生鮮果実に近づけることができる果汁飲料加工技術、きれいなむき身がとれる食品用酵素を利用した剥皮加工技術、エチレン作用阻害剤を用いた鮮度保持技術などが実用化段階にあるが、今後はさらに、加工用途としてフードシステムを通じた技術体系の開発を進めていく必要がある。

## 3　果実消費の動向

　各種統計で果実の消費動向をみる。農林水産省『食料需給表』によると、果実の国民1人当たりの供給純食料は近年40kg/年弱であったが、2013年度は36.8kg/年、2014年度は34.9kg/年になっている。2014年は概算値であるが、「果実」に「果実的野菜」を加えても38.6kg/年となり、減少傾向にある（図13-1）。

　また、総務省『家計調査』によると、家計での生鮮果実（生鮮果物）の「二人以上世帯」の世帯員1人当たり購入量は2004年の30kg/年から2014年の27kg/年へと減少し、購入金額は同期間ほぼ11,000円強で推移している[1]。これを、1人1日当たりでみると100g前後であり、「毎日くだもの200グラム運動」で推進している量の半分を若干上回る程度である。特に若中年層では生鮮果実の消費量が少なくなっている。なお、カットフルーツに

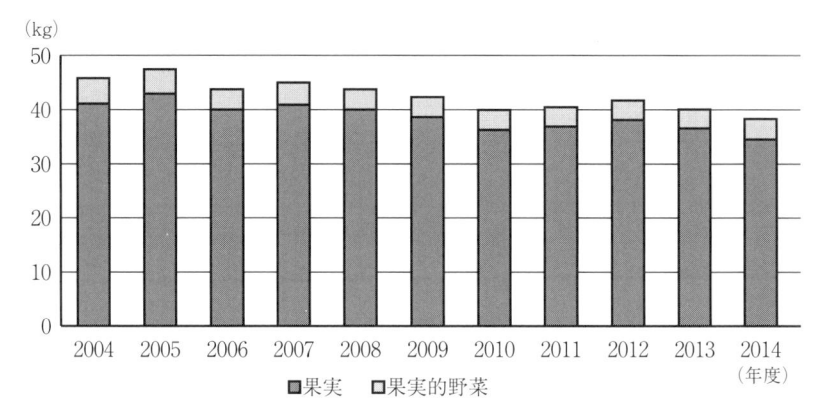

図13-1 果実の1人当たり供給量

資料：農林水産省『食糧需給表』

ついては、生鮮果実等に含まれており、統計データでは直接把握できない[2]。カットフルーツの消費量が増加していると仮定すると、ホールの果実の需要を代替している部分と、新たな需要を開拓（消費減を緩和）している部分があると考えられる。

## 4　カットフルーツの消費実態

### (1)　消費量の増加

統計データ等からカットフルーツが生鮮果実の消費減を緩和している可能性を示したが、前述の通り、統計からは直接カットフルーツの消費動向を把握することはできない。具体的な消費実態の把握には、加工業者や小売業者、消費者へのヒアリング及びアンケート等を用いることになる。

カットフルーツの消費動向を示す資料としては、農林水産省や中央果実協会の文献等が利用できる。農林水産省の2014年度の調査では、過去1年間にカットフルーツの取扱いのある食品小売業者（49社）のうち、カットフルーツの販売量が「かなり増えたと思う」は22%、「やや増えたと思う」は53

表13-1　小売業者のカットフルーツ取扱量の動向

| スーパー等の量販店 |||| 百貨店 | 果実専門店 | コンビニエンスストア |
|---|---|---|---|---|---|---|
| A社 | B社 | C社 | D社 | E社 | F社 | G社 |
| 95 | 200 | 100 | 200以上 | 150 | 500 | 300 |

資料：八木（2015）の第1-1表を引用し表頭の一部を修正。
注1）表中の数値は、5年前のカットフルーツ取扱量を100としたときの現在の取扱量。
　2）G社は5年前には取扱いがなかったため、3年前との比較である。

％、「変わらないと思う」は22％であり、また、その理由（複数回答）として、95％の小売業者が「カットフルーツに対する消費者の需要が増えた」と回答している（農林水産省統計部2014）。加えて、小売業者7社へのヒアリングの結果（八木2015）において、5年前よりカットフルーツの取扱量が増えたとする業者が5社になっており、小売業者の販売量は増加傾向にあることがわかる（表13-1）。また、中央果実協会の2014年度の調査（中央果実協会2015）では、購入機会の多い果実加工品を果汁（100％・濃縮還元）、果汁（100％・ストレート）、果物缶詰、カットフルーツ、ゼリー、ヨーグルト、ケーキ、ドライフルーツ、ジャム類の中から2項目を選択する設問で、カットフルーツは18.5％の消費者に選択されている（1,822人中337人）。この調査は過去にも実施されている。調査方法が若干異なり厳密には比較できないが、2004、2007、2008、2009年度は10％前後（ただし2005年度は12％）であったが、2012年度には13.6％になり、2014年度でさらに5ポイント程度上昇している。

　こうした調査結果を踏まえると、カットフルーツの消費量は最近増加していると考えられる。それでは、どのような消費者がカットフルーツを購入しているかを、近年実施された果実に関する消費者調査からみる（表13-2）。以下では、3-(1)を用いた分析結果（山本2012）を中心にして、他の調査結果で補足しながら消費者行動を把握する。

表13-2 近年のカットフルーツに関する消費者調査

| 整理番号 | 調査実施主体 | 調査年度 | 調査月 | 調査方法 | 対象地域 | 被対象者 | サンプル | 結果の公表 | 公表資料の表題 |
|---|---|---|---|---|---|---|---|---|---|
| 1-(1) | JA総合研究所 | 2009 | 7月 | Web | 全国 | 主婦、単身女性・男性 | 1,286 | 調査結果 | 野菜・果物の消費行動に関する調査 |
| 2-(1) | 果物普及啓発協議会・中央果実生産出荷安定基金協会 | 2009 | 12-1月(2010年) | 郵送 | 全国 | 20～60歳代男女 | 2,080 | 報告書 | 『くだもの』の消費に関するアンケート調査 |
| 1-(2) | JA総合研究所 | 2010 | 7月 | Web | 全国 | 主婦、単身女性・男性 | 2,000 | 調査結果の概要（報道発表資料） | 野菜・果物の消費行動に関する調査 |
| 2-(2) | 三菱総合研究所・中央果実生産出荷安定基金協会 | 2010 | 8月 | Web | 全国 | 20～60歳代男女 | 1,374 | 報告書 | 果物の消費増進に関する調査・分析事業報告書 |
| 1-(3) | JC総研 | 2011 | 7月 | Web | 全国 | 主婦、既婚男性、単身女性・男性 | 2,019 | 調査結果の概要（報道発表資料） | 野菜・果物の消費行動に関する調査 |
| 3-(1) | 農研機構中央農業総合研究センター | 2011 | 12月 | Web | 首都圏 | 20～60歳代男女 | 904 | 研究論文 | カットフルーツ利用の現状と高頻度利用者の特徴（『フードシステム研究』） |
| 1-(4) | JC総研 | 2012 | 7月 | Web | 全国 | 主婦、既婚男性、単身女性・男性 | 2,011 | 調査結果の概要（報道発表資料） | 野菜・果物の消費行動に関する調査 |
| 3-(2) | 農研機構中央農業総合研究センター | 2012 | 7月 | 面接 | 首都圏 | 18歳以下の子供がいる女性 | 10 | 研究論文 | カットフルーツの利用形態の特徴と類型化（『関東東海農業経営研究』） |
| 2-(3) | 中央果実協会 | 2012 | 10月 | Web | 全国 | 20～60歳代男女 | 2,000 | 結果の概要 | 果実加工流通調査報告書 |
| 1-(5) | JC総研 | 2013 | 7月 | Web | 全国 | 主婦、既婚男性、単身女性・男性 | 2,052 | 調査結果の概要（報道発表資料） | 野菜・果物の消費行動に関する調査 |
| 3-(3) | 農研機構中央農業総合研究センター | 2013 | 1-2月(2014年) | Web | 首都圏 | 20～60歳代男女 | 948 | 一部研究論文 | 年齢・性別間で果物及びカットフルーツ消費が偏在する要因（『農林水産政策研究』） |
| 1-(6) | JC総研 | 2014 | 7月 | Web | 全国 | 主婦、既婚男性、単身女性・男性 | 2,097 | 調査結果の概要（報道発表資料） | 野菜・果物の消費行動に関する調査 |
| 2-(4) | 中央果実協会 | 2014 | 9月 | Web | 全国 | 20～60歳代男女 | 2,000 | 報告書 | 果実の消費に関するアンケート調査報告書 |
| 3-(4) | 農研機構中央農業総合研究センター | 2014 | 1月(2015年) | Web | 首都圏 | 20～60歳代男女 | 1,098 | 研究論文 | 生鮮果物及びカットフルーツに関する購買行動の規定要因（『フードシステム研究』） |

資料：インターネット上で公開されている資料、及び、学会誌等で公開されている文献に表記されている情報より作成。

注）整理番号の1-はJC総研関連、2-は中央果実協会関連、3-は中央農業総合研究センター関連を表している。

## (2) 利用状況

まず、3-(1)(2011年度)の調査データで性別による購入状況を確認すると、カットフルーツの購入者は男性で2割、女性で4割強であるが、利用頻度は「年に数回」や「月に1回程度」が多くなっている(表13-3)。注目する点は、購入者の割合は少ないながらも男性の一部には高頻度に購入している回答者が存在することであり、こうした男性の高頻度利用者層の存在は、2-(3)(2012年度)、2-(4)(2014年度)の調査でも確認できる。また、男性の摂食者の2人に1人はカットフルーツを摂食しているが自分では購入していないことがわかる。

次に、月に2〜3回以上購入している回答者を「高頻度」、それより少ない者を「低頻度」、購入していない者を「非購入」とし、3-(1)(2011年度)と3-(4)(2014年度)の購入頻度を年齢別に比較する。両年度を比較すると男性の利用割合が増えており、特に低頻度層に分類される男性の割合が上昇していることがわかる(表13-4)。女性については、明確な傾向がみられ

表13-3 カットフルーツの利用頻度

(単位:人、%)

| | 計 | 非購入者計 | 購入者計 | 週1回以上 | 月2〜3回 | 月1回程度 | 年に数回 | 摂食者計 | 非摂食者計 |
|---|---|---|---|---|---|---|---|---|---|
| 男性 | 473 | 376 | 97 | 13 | 13 | 36 | 35 | 217 | 256 |
| 女性 | 431 | 240 | 191 | 8 | 25 | 61 | 97 | 217 | 214 |
| 計 | 904 | 616 | 288 | 21 | 38 | 97 | 132 | 434 | 470 |
| 男性 | 100.0 | 79.5 | 20.5 | 2.7 | 2.7 | 7.6 | 7.4 | 45.9 | 54.1 |
| 女性 | 100.0 | 55.7 | 44.3 | 1.9 | 5.8 | 14.2 | 22.5 | 50.3 | 49.7 |
| 計 | 100.0 | 68.1 | 31.9 | 2.3 | 4.2 | 10.7 | 14.6 | 48.0 | 52.0 |

資料:山本(2012)の表2を再集計した。
注)アンケート回答者1213人のうち、所得が無回答の者及び回答に不備のあった者を除いた904人について集計。

ず、全体として利用層は微増である。男女ともに50歳代以上の高頻度層、低頻度層の割合が上昇しており、高齢層の利用は増加しているといえる。つまり、近年のカットフルーツの市場規模の増加は、これまで利用が少なかった男性、及び高齢の利用層の増加が寄与している可能性がある[3]。

表13-4 購入頻度の性別年代別動向

(単位：%)

| 年代 | | 計 | | 20歳代 | | 30歳代 | | 40歳代 | | 50歳代 | | 60歳代 | |
|---|---|---|---|---|---|---|---|---|---|---|---|---|---|
| 調査年度 | | 2011 | 2014 | 2011 | 2014 | 2011 | 2014 | 2011 | 2014 | 2011 | 2014 | 2011 | 2014 |
| 男性類型 | 高頻度 | 5.5 | 9.1 | 7.9 | 4.3 | 10.2 | 10.1 | 4.7 | **10.4** | 1.3 | **12.7** | 2.1 | 6.8 |
| | 低頻度 | 15.0 | **29.3** | 13.2 | **31.5** | 16.1 | **34.3** | 17.0 | **32.3** | 15.8 | **26.3** | 12.4 | **23.3** |
| | 非購入 | 79.5 | 61.6 | 78.9 | 64.1 | 73.7 | 55.6 | 78.3 | 57.3 | 82.9 | 61.0 | 85.6 | 69.9 |
| 女性類型 | 高頻度 | 7.6 | 9.6 | 5.1 | 9.8 | 7.6 | 11.8 | 9.9 | 8.1 | 7.9 | 10.6 | 7.7 | 7.9 |
| | 低頻度 | 36.7 | 37.5 | 28.2 | **35.3** | 34.3 | 27.5 | 45.7 | 39.6 | 40.8 | 42.3 | 35.2 | **41.2** |
| | 非購入 | 55.7 | 52.9 | 66.7 | 54.9 | 58.1 | 60.8 | 44.4 | 52.3 | 51.3 | 47.2 | 57.1 | 50.9 |

注) 5ポイント以上購入頻度が増加した数値を太字で示した。

表13-5 カットフルーツの利用頻度別にみた消費者属性

(単位：%)

| | 類型 | 職業 | | | | 世帯 | | 子ども | | 世帯年収（万円） | | | | |
|---|---|---|---|---|---|---|---|---|---|---|---|---|---|---|
| | | フルタイム | パート・アルバイト | 学生 | 無職 | 複数 | 単身 | なし | あり | 299以下 | 300～499 | 500～699 | 700～999 | 1000以上 |
| 男性 | 高頻度 | 73.1 | 15.4 | 0.0 | 11.5 | 50.0 | 50.0 | 84.6 | 15.4 | 23.1 | 34.6 | 11.5 | 11.5 | 19.2 |
| | 低頻度 | 78.9 | 4.2 | 2.8 | 14.1 | 57.7 | 42.3 | 85.9 | 14.1 | 25.4 | 42.3 | 12.7 | 11.3 | 8.5 |
| | 非購入 | 72.1 | 7.2 | 5.3 | 15.4 | 79.3 | 20.7 | 78.5 | 21.5 | 22.3 | 24.2 | 21.8 | 15.4 | 16.2 |
| | 検定 | - | | | | * | | - | | * | | | | |
| 女性 | 高頻度 | 30.3 | 21.2 | 6.1 | 42.4 | 87.9 | 12.1 | 57.6 | 42.4 | 9.1 | 12.1 | 15.2 | 36.4 | 27.3 |
| | 低頻度 | 29.1 | 20.3 | 1.3 | 49.4 | 86.1 | 13.9 | 68.4 | 31.6 | 16.5 | 24.7 | 24.7 | 20.9 | 13.3 |
| | 非購入 | 35.0 | 17.9 | 2.9 | 44.2 | 84.2 | 15.8 | 74.2 | 25.8 | 27.1 | 26.7 | 18.8 | 17.5 | 10.0 |
| | 検定 | - | | | | - | | - | | * | | | | |

資料：山本（2012）の表3より抜粋して作成。
注) カイ二乗検定の結果10％水準で有意であった項目は「＊」を示した。また、調整済み残差分析の結果有意に大きいものは網掛け太字、小さいものは太字で示した。

さらに、3-(1)（2011年度）について、カットフルーツの購入頻度別に各種属性の構成比をみると、男性では、職業及び子ども（18才以下世帯員）の有無について明確な傾向はみられないが、カットフルーツの購入頻度が高くなるにつれて単身世帯の割合が高まることがわかる（表13-5）。また、高頻度利用の男性単身者の中には、普段は生鮮果物をあまり購入しない者が含まれている。女性では、職業、世帯（複数か単身か）について明確な傾向は確認されない。世帯年収については、非購入層で299万円以下の割合が高いが、高頻度層では700万円以上の割合が高く、利用頻度が高い層で世帯年収も多い。なお、統計的検定の水準を10％から15％に緩めると、利用頻度が高くなるにつれて18才以下の子どものいる世帯の割合が高くなる傾向がみられる。

　以上をまとめると、女性の場合は、購入者が半数近くになっており、子どものいる高所得層を中心にカットフルーツの利用が一定程度進んでいるといえるが、この4年間では横ばい傾向にある。一方、男性では全体的に利用頻度が増加しており、単身世帯を中心に普段は生鮮果物をあまり購入しない者の利用もみられる。高齢層の利用も進んできており、カットフルーツが徐々に市場に浸透していることが推測できる。そこで、さらに消費を拡大するためにどのような方向で製品開発を行ったら良いかを次節で検討する。

## 5　カットフルーツの製品開発の問題点

### （1）　消費者視点の製品開発の方向性

　食に関する意識をカットフルーツの利用頻度別にみると、男性は、果物好きが高頻度に購入しており、男女とも利用頻度が高いほど果物の摂取を心がけていることがわかる（表13-6）。また、男女とも、カットフルーツの利用頻度が高いほど、「惣菜や冷凍食品」「外食」の利用に積極的であり、簡便化志向もみられる。さらに高頻度層では「健康にいいと言われる食材」「糖分やカロリーの低い食品」「美容によい食品」を選んでおり、健康や美容を意

識した食品の摂取がうかがえる。安全性に関しては、男性では明確な意識の差はみられない。料理に関わる項目では、男性において購入者(高頻度層・低頻度層)の方が非購入者よりも「料理が好き」な傾向にある。また、男女

**表13-6 カットフルーツの利用頻度別にみた食に関する意識**

| | | 果物 | | 簡便化 | | | 健康・美容 | | |
|---|---|---|---|---|---|---|---|---|---|
| | | 果物が好きである | 果物をたくさん食べるようにしている | 惣菜や冷凍食品を上手に使っていきたいと思っている | 記念日やイベントのときは外食を利用するほうである | 健康にいいと言われる食材は積極的に使うようにしている | 糖分やカロリーの低い食品を選んでいる | 美容によい食品を選んでいる |
| 男性 | 高頻度 | 4.2 | 3.8 # | 3.8 | 3.5 | 3.5 | 3.3 | 3.3 |
| | 低頻度 | 3.7 # | 3.1 # | 3.4 # | 3.0 # | 3.1 # | 3.0 # | 2.6 # |
| | 非購入 | 3.6 | 2.9 | 3.1 | 2.8 | 3.0 | 2.9 | 2.6 |
| | 検定 | * | * | * | * | * | * | * |
| 女性 | 高頻度 | 4.1 | 3.8 # | 4.2 # | 3.5 | 4.1 # | 3.8 | 3.8 |
| | 低頻度 | 4.1 | 3.4 # | 3.7 # | 3.4 # | 3.6 # | 3.4 # | 3.2 # |
| | 非購入 | 3.9 | 3.1 | 3.4 | 3.1 | 3.4 | 3.3 | 3.0 |
| | 検定 | - | * | * | * | * | * | * |

| | | 安全性 | | 料理 | | | 新しいものへの関心 | | |
|---|---|---|---|---|---|---|---|---|---|
| | | 食品の原産地が気になる | 農薬や添加物の使用が気になる | 料理を作ることが好きである | 料理のレパートリーを広げるために情報収集するようにしている | 自分でオリジナルメニューを考案するほうである | 新しい食料品店ができたらすぐに行くほうである | 良さそうな食品があればすぐに買ってしまうほうである |
| 男性 | 高頻度 | 3.5 | 3.4 | 3.5 | 3.4 # | 3.2 | 3.4 # | 3.6 |
| | 低頻度 | 3.3 | 3.2 | 3.0 # | 2.7 # | 2.7 # | 2.7 # | 3.2 # |
| | 非購入 | 3.2 | 3.2 | 2.8 | 2.6 | 2.5 | 2.6 | 2.9 |
| | 検定 | - | - | * | * | * | * | * |
| 女性 | 高頻度 | 4.1 | 4.1 | 3.6 | 3.7 | 3.5 | 3.5 | 3.8 |
| | 低頻度 | 3.7 # | 3.6 # | 3.1 | 3.3 # | 2.9 # | 3.1 # | 3.5 # |
| | 非購入 | 3.6 | 3.5 | 3.1 | 3.1 | 2.9 | 2.6 | 3.1 |
| | 検定 | * | * | - | * | * | * | * |

資料:山本(2012)の表5より抜粋して作成。
注1)各項目について、「あてはまらない」1~「あてはまる」5の5段階評価の平均値を示した。
 2)3要因の分散分析の結果、10%水準で有意であった項目については*を示した。また、分散分析で有意差が確認された項目についてTukey法による多重比較を行い、10%水準で有意であったものは各欄に#を示した。

とも高頻度層において「レパートリーの拡大」や「オリジナルメニューの考案」に積極的である。加えて、男女とも購入者、特に高頻度層で「新しい食品や食料品店」への関心が高い。このように、高頻度層は果物好きで健康や美容、料理への関心が高いが、食の外部化にも抵抗がなく、新しい食品も積極的に取り入れようとする層であり、このようないわば「手軽に健康志向を満たそうとする」層がカットフルーツの製品開発ターゲットの1つになるといえる。ただし、こうした消費者層のみでは需要が限られることから、今後の市場開拓のためには低頻度層や非購入層のカットフルーツに対するイメー

表13-7 カットフルーツのイメージ

(単位：%)

|  |  | 値段が高い | 手軽に食べられる | 手間をかけずに食べられる | 1度で食べきれる量 | 1度に多くの種類が食べられる | 生ゴミが出ない | 消費期限が短い | 生鮮品より品質が落ちる |
|---|---|---|---|---|---|---|---|---|---|
|  | 計 | 38.7 | 33.7 | 33.3 | 26.5 | 18.6 | 18.5 | 18.3 | 15.5 |
| 男性 | 高頻度 | 19.2 | 38.5 | 46.2 | 53.8 | 19.2 | 30.8 | 23.1 | 3.8 |
|  | 低頻度 | 33.8 | 47.9 | 39.4 | 36.6 | 18.3 | 19.7 | 15.5 | 11.3 |
|  | 非購入 | 35.1 | 25.5 | 29.0 | 21.5 | 14.1 | 14.4 | 16.0 | 13.8 |
| 女性 | 高頻度 | 18.2 | 51.5 | 30.3 | 42.4 | 42.4 | 18.2 | 27.3 | 6.1 |
|  | 低頻度 | 39.2 | 48.7 | 47.5 | 33.5 | 24.1 | 26.6 | 27.2 | 13.9 |
|  | 非購入 | 50.4 | 29.6 | 27.9 | 21.7 | 18.8 | 17.9 | 15.0 | 22.9 |
|  | 検定 | * | * | * | * | * | * | * | * |
|  |  | 加工処理に不安がある | 新鮮さが感じられない | 見た目がきれい | 容器がゴミになる | 生鮮品より味が落ちる | 調理するのに便利 | バランスがよい食生活になる | 商品の種類が少ない |
|  | 計 | 13.9 | 13.3 | 12.8 | 12.5 | 11.8 | 8.8 | 6.5 | 4.2 |
| 男性 | 高頻度 | 7.7 | 3.8 | 23.1 | 15.4 | 3.8 | 7.7 | 26.9 | 7.7 |
|  | 低頻度 | 8.5 | 11.3 | 11.3 | 11.3 | 12.7 | 5.6 | 11.3 | 11.3 |
|  | 非購入 | 12.0 | 10.6 | 9.0 | 10.4 | 9.3 | 8.8 | 5.6 | 3.2 |
| 女性 | 高頻度 | 9.1 | 6.1 | 18.2 | 12.1 | 6.1 | 12.1 | 12.1 | 9.1 |
|  | 低頻度 | 14.6 | 11.4 | 22.8 | 22.2 | 13.9 | 11.4 | 5.7 | 6.3 |
|  | 非購入 | 19.6 | 21.3 | 10.8 | 9.6 | 15.8 | 7.9 | 4.2 | 1.3 |
|  | 検定 | * | * | * | * | * | - | * | * |

資料：山本（2012）の表7を引用。
注）表13-5と同様。

ジもあわせて把握しておくことが重要である。

　カットフルーツのイメージについては、男女とも購入者は「手軽に食べられる」「手間をかけずに食べられる」「一度に食べきれる量」といったイメージを持つ人が多い（表13-7）。購入者のうち高頻度層は、女性では「一度に多くの種類が食べられる」、男性では「バランスのよい食生活になる」点を評価しており、さらに男女とも「値段が高い」というイメージを持つ人は少ない。これに対して女性の非購入者は、「値段が高い」「生鮮品より品質が落ちる」「加工処理に不安がある」等のイメージを持つ人が多い。一方、男性の非購入者は、他の性別・頻度の各層よりも（統計的に有意な）高い値を示した項目がなく、カットフルーツに対してあまり強いイメージを持っていないと考えられる。これらから、良いイメージが明確になっている消費者には、それぞれ抽出された手軽さや適量、詰め合わせによるお得感などの要素をより強調し、各消費者層がもつイメージを実感できる商品を開発することが有効であるといえる。また、明確なイメージを持っていない男性の非購入層に、購入層のようなイメージを形成するためには、出張時や夜間などの食生活が不規則になる場面や時期を捉えたプロモーション活動が必要であろう。コンビニエンスストアや駅の売店などを販売チャネルとした製品開発が一つの方策として考えられる。一方で、悪いイメージが明確になっている女性の非購入層には、抽出された要素を克服できるような技術開発と、品質保持や加工処理に関する地道なコミュニケーション活動が必要であるといえる。

### （2）　加工業者・小売業者の問題点

　前項で消費者階層ごとの製品開発の方向性をみたが、カットフルーツの製造に関しては様々な解決すべき問題点がある。カットフルーツの製造は、現時点では、加工業者等の工場で加工して店舗に配送する場合と、小売店舗のバックヤードや専用スペースで加工する場合の主に2つの方式がある[4]。コンビニエンスストアでは加工業者等が納入しているが、スーパー等の量販店

では、時間帯や時季、品目によって2つの方式を併用していることが多い。バックヤードで生産した方が鮮度を保てるが、毎朝の開店時にはバックヤードの作業が間に合わない、時季や時間帯によって店舗の人手を加工にまわせない、季節によっては店舗だけでは品揃えができない、リンゴは衛生管理と果肉の褐変防止処理からバックヤードでの加工が難しいなどが両方式を併用している理由である。また、果実専門店やデパートのテナントなどでは、店舗や専用スペースで加工することが多く、このように小売業者の多くが加工業務を担っている。加工業者と小売業者の双方からヒアリングした結果を、加工業務に関わる問題点や技術開発ニーズとして表13-8にまとめた。

　カットフルーツ加工に関わる問題点とニーズを網羅していないが、消費者訴求、原料調達、加工適性、品質保持、加工残渣処理と多岐にわたる要素が抽出できている。これらの顕在化している問題点を解決し、女性の非購入層がもつ悪いイメージを1つずつ改善していくことが、今後の市場拡大のために重要であると考える。例えば「値段が高い」に対して原料生産の低コスト化や加工歩留率の向上等の関連する様々な技術開発を行う、「生鮮品より味や品質が落ちる」「新鮮さが感じられない」「加工処理に不安がある」に対して品質保持技術の向上に加えて、カットしても褐変しないリンゴ品種「千雪」のような品種を開発する、消費者に説明しやすい加工技術を開発する、などである。

　一方で、果物が好きな高頻度利用層をターゲットにする場合は、顧客満足度をさらに上げるために、消費者訴求で挙げられた特別な味の良さや彩り、美容・健康効果、ニーズに合致したネーミング等の商品の内容や表示に関する技術を開発し、カットフルーツの枠にとらわれない新たな商品を提供していくことが重要である。

　いずれにしても原料調達が安定しないと、カットフルーツビジネスの拡大には結びつかない。トレーサビリティの確保や流通・一次加工業者による供給調整など、原料調達や利用に関する社会的なネットワークが必要であり、加工後の残渣の処理などを含めたフードチェーン全体を見通した技術開発と

表13-8 加工業者・小売業者の問題点と技術開発ニーズ

| 加工業者・小売業者の意見 ||| (参考)業者数 ||
| --- | --- | --- | --- | --- |
| | 問題点 | 技術開発ニーズ | 加工業者 | 小売業者 |
| 消費者訴求 | | 特別に味が良い品種 | | 3 |
| | 季節によって商品の彩りが無い | | | 2 |
| | | 健康・美容に良い品種 | | 1 |
| | | 品質の訴求等、名前の良い品種 | | 1 |
| 原料調達 | 原料価格が変動する | 隔年結果の無い生産技術 | 4 | 2 |
| | 良質原料の周年調達 | リレー生産できる病気に強い品種群 | 4 | |
| | 原料品質が変動する | | 3 | 1 |
| | | 原料の貯蔵技術 | 3 | |
| | 原料の数量が確保できない | | | 3 |
| | | 原料生産の低コスト化 | 1 | |
| 加工適性 | 加工歩留まりが低い | 均等な形になる品種・生産技術 | 2 | 2 |
| | 食べ頃の見極めが難しい | | | 2 |
| | | 皮の除去が必要ない品種 | 1 | |
| 品質保持 | 加工後に変色する | 色素が安定している品種 | 3 | 4 |
| | 商品の消費期限が短い | | 1 | 3 |
| | カット・解凍後にドリップが出る | | 1 | 2 |
| | 加工後に味や香り・食感が劣化する | | 1 | 1 |
| 加工残渣 | 加工残渣の処理に手間とコストがかかる | | 1 | |

注）表中のデータは、農林水産政策研究所三澤とあ子氏、八木浩平氏との協定研究の中で実施した加工業者7社、小売業者9社への聴取調査の結果であり、主にリンゴのカットフルーツに関するもの。

その実用化が求められている。

注
1）果実の消費者物価指数で調整した後の金額である。
2）農林水産省統計部（2014）をみるとカットフルーツに利用されている三大品目は、ス

イカ、メロン、パイナップルであり、また、国産原料に限定するとスイカ、メロンに加えて、イチゴが上位に入ってくる。パイナップルを除くと、これらの品目は農林水産省の統計や資料では果実的野菜に分類され果樹や果実とは別に集計されているが、総務省や厚生労働省の統計では生鮮果物、果実類に含まれている。
3）ただし、中央果実協会の2-(3)（2012年度）と2-(4)（2014年度）の比較では、これらの点は確認できない。首都圏での調査（3-(1)、3-(4)）と全国での調査（2-(3)、2-(4)）の違いによる相違の可能性もある。
4）八木（2015）に整理されている。

### 引用・参考文献
[1] 農農林水産省統計部『カットフルーツの取扱いに関する意識・意向調査結果』2014年。
[2] 八木浩平・三澤とあ子・種市豊『カットフルーツのサプライチェーンに関する研究』農林水産政策研究所、2015年。
[3] 中央果実協会『平成26年度　果実の消費に関するアンケート調査報告書』2015年。
[4] 山本淳子・大浦裕二・中嶋晋作・本田亜利紗「カットフルーツ利用の現状と高頻度利用者の特徴」『フードシステム研究』18 (3)、2012年、231-236頁。

# 第14章
# 植物工場野菜に対する消費者イメージの理解とマーケティング

丸山敦史
矢野佑樹

## 1 はじめに——植物工場事業の展開と課題——

　植物工場は、施設を利用して野菜などの作物を栽培する施設園芸に分類される。しかし、保温・変温装置や自動給排水装置といった設備が揃えられ、コンピュータによるシステム管理が高度に進んでいるという点で、従来の施設とは大きく異なっている。ここ数年、メディアで取り上げられることが増えたため、植物工場という言葉を耳にした人も多いだろう。

　世界で初めての植物工場は、1957年のデンマーク（クリステンセン農場）にあったといわれている（高辻2007）。日本では1970年代後半から研究開発が進み、1990年代に入ると大手食品メーカーが植物工場で生産した野菜の販売を始めた。さらに、2000年代になると、経済産業省・農林水産省の補助金を利用したプロジェクトが日本各地で立ち上がるようになり、化学・建築・運輸・製造業など様々な業種からの参入が相次いだ。現在日本には、380ヶ所ほどの植物工場がある（日本施設園芸協会2014）。そのおよそ半分は、太陽光のみを用いる太陽光利用型の施設であり、残りの半分には、蛍光管やLEDといった人工光が用いられている。

　太陽光利用型植物工場は、従来の温室施設の延長線上にあり、人工光を用いた場合に比べ初期投資やランニングコストが抑えられる。大規模化もしやすく、近年、その数を急速に増やしている。しかし、外界から隔離されてい

ない施設が多く、虫の侵入を完全に防ぐことはできないといった問題もある。他方、人工光のみを使った施設では水や温度だけではなく光強度も制御することが可能であり、完全に隔離された栽培環境（完全閉鎖型）を作ることができる。そのため、人工光・完全閉鎖型の植物工場は、空き工場や地下室、ビルの一室などの室内空間にも導入でき、天候や季節の影響がない安定的な生産、農薬を使わない安心・安全な生産、栽培期間を大幅に短縮した効率的な生産が可能となる。

そもそも日本の施設園芸には、効率的な生産が行われ、食品安全性の管理も適切に行われているというイメージがある。従って、上記のような人工光・完全閉鎖型の植物工場の利点を聞いても、消費者はその価値を実感しにくい。しかし、人工光・完全閉鎖型植物工場への期待は、次の二つの点から強調されなくてはならない。

一つは、医療分野での植物工場に対するニーズの存在である。先進国では生活習慣病にかかる人が多くなっており、高度な機能性野菜が求められている。糖尿病や高血圧といった症状にはリコピンや$\beta$カロテンの含有量を高めた野菜が適当であるとされている。また、患者のQOL（生活の質）を向上させるため、腎臓病患者でも食べられる低カリウム野菜の生産が求められている。これらのニーズに対応することは、栽培環境をコントロールできる人工光・完全閉鎖型植物工場の得意な分野である。また、高度な細菌管理が可能であるため、ワクチン原料となる植物体の生産にも期待が集まっている。この分野では、天候に左右されず安定的に通年で供給できるという植物工場の利点に加えて、動物由来の原料より安価であるという点も高く評価されている。

もう一つは、都市型農業の新たな展開に対するニーズの存在である。消費地の近郊で収穫された農産物を販売するという形態は都市型農業の典型的なスタイルであるが、人工光・完全閉鎖型植物工場は、その究極的な形として位置づけることができる（Berman 2013）。レストラン内で栽培して客に提供すること、勤務先のビルの一室で栽培された野菜を購入して帰宅するこ

と、商業施設において自分で収穫した農産物を購入することなどは、人工光型生産技術の確立により実現が可能となった。日本はもとより欧米でも安全で新鮮な野菜に対する需要はとても大きく、今後もこのようなニーズは高まるであろう。また、植物工場を中心とした都市型農業の発展により、人口が集中しやすい都市的地域における雇用創出という面でも社会的に貢献できる可能性がある。

　このように大きな期待を集める人工光・完全閉鎖型植物工場であるが、課題も多い。先述したように、初期投資やランニングコストは太陽光利用型のそれよりも大幅に高い（古在2014）。市場競争力は、生産費用の高低や商品の差別化の程度などによって決まるものであるから、高い生産費用は、植物工場で生産される農産物普及の足かせになっている。技術進歩による生産費用の削減が、今後の鍵となろう。また、商品の差別化という点にも、大きな問題がある。一般の小売市場において、植物工場で生産された農産物のマーケットは確立しているとは言えない。植物工場で生産されても、あえてその情報は使わずに販売するという事例もあるほどで、このような状況は植物工場の経営を圧迫する。小売市場における問題の所在がどこにあるのか知るためには、まず、植物工場で生産された農産物に対して、消費者がどの様なイメージを持っているかを十分に理解しなくてはならない。

　本章では、植物工場で生産された農産物、特に植物工場野菜に対する消費者イメージの問題に焦点を当てる。以下では、まず、イメージ分析に用いられる代表的な手法について解説し、次に、埼玉県で収集されたデータを例に、植物工場で生産された野菜に対する消費者イメージについて検討し、最後に、植物工場野菜のマーケティングを行う上でどの様な事柄が重要になるかについて解説する。

## 2　どのような方法で分析すべきか

　人工光・完全閉鎖型植物工場で生産された農産物の付加価値を測りたいの

であれば、消費者に支払い意志額（人工光・完全閉鎖型で栽培された農産物を購入するために支払っても良いと考える最大の金額）をたずねたり、コンジョイント法（人工光・完全閉鎖型で生産されたということを一つの商品属性として捉え、それを価格や鮮度、形状などといった商品属性とともに消費者に評価してもらい、その後、個々の属性が商品の購買に影響する度合いを算出する手法）を用いたりすればよい。しかし、明らかにすべき課題が、植物工場野菜の付加価値を数量化することではなく、消費者評価の背景を知ることにあるならば、消費者が人工光・完全閉鎖型植物工場野菜という言葉をどの様に捉えているか、どのようなイメージを持っているかというような、潜在的な消費者意識の構造を把握しなくてはならない。このようなケースで良く用いられる手法が、語句連想法（Word Association Method）とラダリング法（Laddering Method）である。

　語句連想法は心理学の分野で発展した手法であり、投影法（Projection Method）に分類されている。投影とは、態度、意見、欲求などが直接的に表現できない（しにくい）場合に、人や物に託して表すことを意味している。マーケティングの分野では、直接的に問われても考えを言葉に表現しにくい時、即ち、無意識下の消費者行動や消費者の潜在意識を知りたい場合に、投影法は効果的であるとされている（Steinman 2008）。語句連想法やラダリング法は、特定のブランドをどの様に認知しているか、ある企業のイメージはどうか、この広告の訴求力はどこにあるか、製品を購入した理由は何か、といった事柄に用いられることが多い。

　語句連想法では、回答者は、調査者が提示した言葉（刺激語：Stimulus word）に対して最初に心に思い浮かんだ言葉（反応語：Response word）を回答するように求められる。例えば、食品というテーマが与えられたとき、回答者は思い浮かんだ順に、鮮度、果物、野菜、高値、安全性などと答えるといった具合である。この手法は、回答に際し何の制約も与えないため、自由連想法（Free Association Method）ともよばれる。また、先の鮮度という言葉には、食品＝鮮度が良いというポジティブな関連性を示してい

る場合と、食品＝鮮度が悪いというネガティブな関連性を示している場合がある。このような違いを把握するためには、回答された単語が良いイメージとして想起されたか、悪いイメージとして想起されたかを追加質問する。他方、文の形でデータが収集された場合には、テキストマイニングや文脈分析の手法を用いて、情報を分解、集計、分析することとなる。語句連想法を消費者意識分析に用いた事例は多い（Ares et al. 2008, Guerrero et al. 2010, Ares and Deliza 2010, Son et al. 2014）。

ラダリング法は、ある商品や商品特性が、消費者にどのように評価されており（機能的便益）、それを手にすることによりどの様な感情に至るのか（感情的便益）、もしくは、消費者の生活にどの様な価値をもたらすのか（価値観の達成）といった、消費者評価の背後にある階層的な価値構造を明らかにしようとするものである（Reynolds and Gutman 1988）。例えば、食品Ａには、鮮度がよい、伝統的な生産方法で作られている、価格が高いといった商品特性があったとする。まず、回答者には、それら項目を個々人の好みに従ってランキングしてもらう。そして、順位の高いものから、あなたにとってどの様な点が重要なのか、それは何を意味しているかといった質問を行う。もし、価格が高いということは安全であることを意味していると答えた場合、価格が高いことの機能的価値は高い安全性ということになる。次に、高い安全性が意味することが何であるかについて聞く。安全性が高い食品を消費することにより、大きな安心感を得るといった感情が生まれるならば、それが感情的便益となる。さらに、大きな安心感を得るということの意味を問えば、安心感を得るということは後悔しない選択をしたいといった価値観につながるかもしれない。このように、階段を上るがごとく質問を繰り返し、より高次な概念を抽出していくのがこの手法の特徴である。さらに、得られたデータを数値処理することにより、階層的価値構造マップ（Hierarchical value map）として、視覚的に関連性を表すこともできる。

ラダリング法は、消費者意識の構造を詳細に把握することができるが、階層間の結びつきが不明確な回答が得られた場合は一段階戻って聞き直すな

ど、調査には手間がかかる。調査時間が長くなると、調査場所や回答者の事情による時間の制約がはたらき、それが回答に深刻な影響を与える可能性がある。また、回答者の語彙力や表現力・伝達力による影響も受けやすいため、入念な調査設計が必要になる。これに対し、語句連想法の手法は極めて単純であり、消費者意識の階層構造は分からないものの、簡便にデータを集めることができる。意味のない、もしくは、全く関係のない語句が回答される場合があるため、基本的には1対1の対面調査が適当であるが、記入式の調査でも相応に信頼性の高いデータが得られる。

語句連想法やラダリング法を用いて、露地栽培、施設栽培、植物工場生産といった栽培方法に関する消費者意識を分析した研究は、日本ではあまり行われていない。そこで、海外の事例について関心の範囲を広げ、以下に応用事例を紹介する。

Roininen et al.（2006）は、フィンランドの都市的地域と農村部に住む消費者に対して、地元で栽培、有機栽培、慣行栽培、集約的栽培という言葉に対するイメージを調査した。語句連想法では、回答された数多くの単語を18のカテゴリーに分類し、味や鮮度が良く、安全性が高いというポジティブな評価は地元で栽培、有機栽培、慣行栽培に多く、集約的栽培は依然として負のイメージが強いことを明らかにした。また、ラダリング法を用いた分析では、都市部と農村部の消費者の階層的価値構造マップに大きな違いがあり、特に、生産者支援について意識の違いが大きな影響を与えることを示した。他方で、語句連想法とラダリング法の分析結果を比較すると、同じ用語が抽出されているという点で、高い類似性が認められている。

また、Haas et al.（2013）は、アメリカニューヨーク州とフロリダ州の街頭・店舗で調査を実施し、地元で生産された食品と有機食品に対する消費者意識の違いを検討した。語句関連法による分析では、地元で生産された食品から連想される言葉は15のカテゴリーに分類され、有機食品から連想される言葉は7つのカテゴリーに分類される（即ち、地元で生産された食品の方が有機食品よりイメージの広がりが大きい）こと、地元で生産された食品と有

機食品のイメージはかなり重なっていることを示した。また、ラダリング分析は、地元で生産された食品と有機食品にイメージの重複が起こっていることを示すと同時に、前者は後者よりも、地域社会への貢献という因子により強く結びついているという点で異なった性質をもつことを明らかにした。

分析手法がやや異なるが、栽培方法の違いを検討した研究に、Sirieix et al.（2008）がある。この研究では、フランスの消費者が露地栽培と施設栽培という栽培方法の違いを認識しているのか、栽培方法による環境負荷の違いを認識しているのか、露地栽培は、味、鮮度、健康志向、生産者支援、地域社会貢献などの面で施設栽培より高く評価されているのか、持続的開発に関する関心の強さが消費者の意思決定に影響を与えるのか、環境や地域貢献についての情報が消費者の態度を変化させうるかといった5つの仮説の検証が試みられている。分析結果は、消費者は栽培方法の違いを認識しているものの、施設栽培における詳細な技術的情報には不案内であること、農薬などがもたらす環境負荷については栽培方法による差はあまり認識されておらず、露地栽培については健康面でも味の面でも良い印象を持っていること、情報提供の効果があることなどを明らかにしている。さらに、英語の温室を表すGreen houseという言葉が地球温暖化を連想させてしまい、施設栽培に対してネガティブな意識を持っているということも指摘されている。

これらの研究結果は、消費者は類似した商品概念を明確に区別しておらず、詳細な情報を有していない、もしくは、情報を誤解している可能性があることを示している。マーケティング活動において、このような消費者の意識構造が無視されるのであれば、栽培方法の違いによる商品の差別化戦略が上手くいかないことは容易に想像がつく。語句連想法やラダリング法といった手法は、マーケットが十分に確立していない商品の販売戦略を立てる場合の一義的な手法といえよう。

## 3　植物工場野菜のイメージ

　ここでは、人工光を用いた植物工場で生産された野菜に対し、消費者がどの様なイメージを持っているのかについて説明する。消費者イメージの全体像を把握することが目的であるため、回答数を確保しやすい語句連想法を用いる。調査は、2014年11月3日に共栄大学（埼玉県春日部市）で実施された。学園祭に来場した者をランダムにリクルートし、20歳以上であることを確認した後、調査の協力をお願いした。最終的に233名分の回答が集まったが、分析には不完全回答を除いた230名分の回答を用いている。性別内訳は、男性80名、女性150名と女性の方が多かった。食品の主たる購買者が女性であることを考えると、深刻な偏りとはいえない。また、年齢（20代19％、30代14％、40代28％、50代16％、60代以上23％）、世帯員数（1人6％、2人16％、3人25％、4人28％、5人17％、6人以上8％）、職業（一般企業25％、公的部門14％、主婦33％、学生11％、その他17％）、学歴（高校34％、短大・専門26％、大学35％、その他5％）に関しては、階層・区分間に大きな偏りは見られなかった。

　語句連想法では、『人工光で栽培された野菜』と『水耕栽培で作られた野菜』を刺激語として設定し、連想する言葉を自由に記入してもらった。これらの刺激語は、人工光・完全閉鎖型植物工場のイメージを、「（太陽光ではなく）人工光を用いていること」と「（土耕栽培ではなく）水耕栽培であること」という二つの要因に分解して理解するためのものである。加えて、『植物工場』という言葉自体からどのようなことを連想するのかについても、記入してもらった。記入式のアンケート調査で語句連想法を行う場合、無回答が多くなる傾向が強い。そこで回答者には、各刺激語に対して連想する言葉を「最低3つ記入してください」と依頼した。また、質問票には、植物工場や植物工場野菜に対する知識や、それらに対して消費者が高く評価する項目を調査するための質問も含まれている。これらの設問に回答することが語句の連想に何らかの影響を与える可能性があるため、語句連想法に関する設問

は調査票の冒頭に配置されている。

　反応語を集計した結果、総数は『人工光で栽培された野菜』で551、『水耕栽培で作られた野菜』で546、『植物工場』では528であった。1人当たりの平均反応語数は、「最低3つ」と依頼したものの2.27～2.40の範囲にあり、これらの刺激語に対する反応語を増やすことはなかなか難しい作業であったことが分かる。

　次に、同義もしくは近い意味の反応語をまとめ、上位概念となるカテゴリーを作成した。例えば、「きれい」・「清潔」・「衛生的」といった言葉は「安心・安全」のカテゴリーとして集約した。また、「栄養がなさそう」・「栄養不足」は「栄養価が不安」というカテゴリーに、「沢山育てられる」や「大量生産」は「大規模大量生産」のカテゴリーに分類した。表14-1には、そのようにしてまとめられたカテゴリーのうち、言葉の出現頻度の高いものをリストアップしている。また、表中の太字の数字は、回答者ベースで集計したときに10％以上の者によって挙げられたカテゴリーであることを示している。それぞれのカテゴリーを消費者イメージのまとまりとして読み替えると、全ての刺激語について「安心・安全」、「安定供給」といったポジティブなイメージが強いことが分かる。これは、人工光・完全閉鎖型植物工場では室内で土を使わない栽培がなされる、即ち、作物に虫がつかなく無農薬で安定的に栽培できるというイメージが、消費者に浸透している結果といえる。

　その他のイメージは、刺激語間で頻出度に差異が生じているものも多い。「栄養価が不安」・「味が心配」・「体への悪影響が不安」といったネガティブなイメージは、『人工光で栽培された野菜』について多く見られた。これは、一部の消費者が、太陽の光を浴びずに生産された野菜に対して様々な不安を抱いていることを示している。また、『植物工場』には、「大規模大量生産」や「低コストで生産できて安い」などのイメージが強いことも分かる。「人工的・自然からの乖離」や「機械による徹底管理」といった、いわゆる「一般的な工場」から連想されるイメージも数多く挙げられている。『水耕栽培で作られた野菜』に対しては、「新鮮でおいしい」や「手軽に栽培できる」

第14章　植物工場野菜に対する消費者イメージの理解とマーケティング　235

表14-1　頻出カテゴリー（イメージ）

| カテゴリー | 人工光で栽培された野菜 | 水耕栽培で作られた野菜 | 植物工場 |
| --- | --- | --- | --- |
| 安心・安全 | **96** | **81** | **61** |
| 安定供給 | **76** | **41** | **50** |
| 栄養価が不安 | **68** | **48** | 6 |
| 新鮮でおいしい | 17 | **55** | 7 |
| 大規模大量生産 | 9 | 5 | **60** |
| 味が心配 | **38** | 17 | 7 |
| 手軽に栽培できる | 16 | **25** | 4 |
| 人工的・自然からの乖離 | 9 | 6 | **25** |
| 場所を選ばない | 13 | 11 | 15 |
| 機械による徹底管理 | 8 | 2 | **25** |
| 将来性がある | 8 | 3 | 18 |
| 低コストで生産できて安い | 9 | 3 | 15 |
| 体への悪影響が不安 | 17 | 1 | 3 |
| 平均 | 2.40 | 2.34 | 2.27 |
| 上位10位集中度 | 66% | 58% | 56% |
| 総数 | 551 | 546 | 522 |

注：表中の太字の値は、10%以上の回答者によって挙げられたことを示している。

といったポジティブなイメージもあったが、「栄養価に対する不安」も強かった。注意すべき点は、『人工光で栽培された野菜』と『水耕栽培で作られた野菜』のイメージにはオーバーラップしている部分が多いが、いくつかの点でイメージの乖離があるということである。マーケティングに際してはその違いを明確に認識しなくてはならない。

　次に、どのような消費者がどのようなイメージを持つ傾向にあるのかを知るため、回答者属性と頻出イメージの関連性を統計的に分析した。分析の結果、性別・年齢・学歴・職業といった個人属性と表明されたイメージとの間には、統計的に意味のある差異は見られなかった。このことは、『人工光で

栽培された野菜』・『水耕栽培で作られた野菜』・『植物工場』といった事柄に対する消費者の潜在意識において、個人属性によるセグメント化は起こっていないことを示している。

　個人属性以外の要因で唯一関連性が見いだされたのは、人工光・閉鎖型植物工場に関する事前情報・知識であった。事前情報・知識の有無とイメージとの関連性についてまとめたものが、表14-2に示されている。ここでの「事前情報・知識のある消費者」とは、植物工場のことをメディアで見たり、植物工場で生産された野菜を店頭で見たり、または、購入したりした経験のある者をさしている。まず、『人工光で栽培された野菜』については、

表14-2　人工光型植物工場に関する事前情報・知識のイメージに対する影響

|  | イメージ | 事前情報・知識 なし | 事前情報・知識 あり | 有意差 |
|---|---|---|---|---|
| 人工光で栽培された野菜 | 安心・安全 | 25 | **72** | ** |
|  | 安定供給 | 19 | **57** | ** |
|  | 栄養価が不安 | **31** | 37 | ** |
|  | 味が不安 | **23** | 15 | *** |
|  | 合計 | 98 | 181 |  |
| 水耕栽培で作られた野菜 | 安心・安全 | 15 | **68** | ** |
|  | 新鮮でおいしい | **22** | 35 | * |
|  | 栄養価が不安 | 17 | 31 |  |
|  | 安定供給 | 6 | **36** | ** |
|  | 合計 | 60 | 170 |  |
| 植物工場 | 安心・安全 | 14 | 48 |  |
|  | 大規模大量生産 | **23** | 38 | * |
|  | 安定供給 | 7 | **44** | ** |
|  | 機械による徹底管理 | 10 | 16 |  |
|  | 合計 | 54 | 146 |  |

注：p値はカイ二乗検定によって算出したものであり、*p＜0.1、**p＜0.05、***p＜0.01の水準で統計的に有意であることを示している。

「安心・安全」や「安定供給」といったポジティブな記述をする割合が事前情報・知識のあるグループで統計的に有意に高かった。同時に、「栄養価が不安」や「味が心配」といったネガティブな回答をする割合は、事前情報・知識がないグループで統計的に有意に高かった。つまり、人工光を利用して野菜を育てることに関するイメージは、テレビ等で植物工場に関する情報や知識を得ることで大きく変化する（改善する）可能性がある。

　『水耕栽培で作られた野菜』に関しても、「安心・安全」や「安定供給」といったイメージを示す人の割合は、事前情報・知識があるグループで高いことが分かる。しかし、栄養価に対する不安を記述する人の割合は、情報・知識水準による差異は見られなかった。これは、植物工場について知ることにより水耕栽培に関する情報や知識が増えても、栄養に関するイメージの改善にはつながらないことを意味している。テレビや店頭・商品パッケージから得られるような情報では、養液の作り方や管理の方法といった詳しい水耕栽培の仕組みについての理解は進まないのかもしれない。さらに、『植物工場』に対するイメージは、事前情報・知識があるグループの方が「安定供給」のイメージが多く、「大規模大量生産」のイメージは少なかった。情報や知識の獲得は、人工光で生産された野菜の消費者イメージの改善にポジティブな影響を与えている。

　最後に、消費者に植物工場野菜のメリットを提示した後、どのメリットを高く評価するかを聞いた結果と、人工光・完全閉鎖型植物工場で生産された野菜に対する消費者イメージとの一致性について検討する。回答者には、7つの選択肢（農薬の問題がない・価格が安定する・放射性物質の問題がない・虫食いの問題がない・栄養価を調整できる・食べやすくおいしい・料理しやすい）の中から、個々人の重視度に応じ上位3位までを、順序付けて列挙してもらった。回答されたデータを、1位3点、2位2点、3位1点として総合得点を算出し、ランク付けを行った結果が表14-3に示されている。一番評価されているのは完全無農薬である点であり、これは最も出現頻度の高いイメージ「安心・安全」に合致している。第3位の放射性物質の問題が

表14-3 植物工場野菜で高く評価される点

| 順位 | メリット | 総合得点 |
| --- | --- | --- |
| 1 | 農薬の問題がない | 492 |
| 2 | 価格が安定する | 286 |
| 3 | 放射性物質の問題がない | 239 |
| 4 | 虫食いの問題がない | 187 |
| 5 | 栄養価を調整できる | 104 |
| 6 | 食べやすくおいしい | 67 |
| 7 | 料理しやすい | 23 |

ないと、第4位の虫食いの問題がないというメリットも、「安心・安全」のイメージと結びつくものである。また、第2位の価格が安定するというメリットは、「安定供給」というイメージと結びついている。この結果は、植物工場野菜に対してイメージしやすい点と消費者が高く評価する点はかなりの程度重複しており、消費者がイメージしやすいメリットを強調してマーケティングすることにより、より高い宣伝効果が得られることを示している。

　以上の結果は、植物工場野菜のマーケティングを行うには、個人属性よる違いよりも、植物工場に関する情報と知識の有無に焦点を当てることが必要であり、人工光で栽培された野菜と水耕栽培で作られた野菜に対して抱く消費者イメージには異なる部分があることを認識し、さらに、消費者がイメージしやすい機能は購買に際しても重視されやすい傾向があることを知ることが重要になることを示している。特に、栽培方法や植物工場産野菜の質について詳しく知ってもらうことは、消費者のマイナスイメージを払しょくするために有効な手段となる。マーケティングの担当者は、マスメディアや商品パッケージを通して、これらの情報を効率的に伝達しなくてはならない。

## 4　むすび——植物工場に期待されていること——

　冒頭に述べたように、機能性食品や医療分野などを中心として、植物工場野菜に対する国内需要の拡大が今後も期待される。しかし、一般消費者については、植物工場に対するマイナスイメージは依然として存在しており、それを前提とした情報発信が、植物工場野菜のマーケティングに求められている。植物工場で生産された農産物の差別化が成功し、小売市場で一定の収益性を確保することは、補助金に頼らない持続的な植物工場経営を行う上で極めて重要なことである。

　国内的な事柄だけではなく、植物工場には、世界規模の食料問題を解決する生産システムとしても大きな期待が寄せられている（Despommier 2011, Besthorn 2013）。世界の人口は2050年に97億人になると予測され（United Nations 2015）、FAO（国際連合食糧農業機関）によれば、2050年までに増加する人口を養うために、世界の農業生産は今後70％増加しなければならない（FAO 2009）。途上国には未開発の土地や労働力が豊富にあり、農産物の増産が可能であると思われやすい。確かに、一部の地域では生産余力があるが、土地や水といった農業生産に不可欠な資源は地域的に偏在しており、どこの地域でも食料の増産が可能というわけではない。人口についても、人口増加は都市部で起こりやすく、農村部の人口（農業人口）が大幅に増加するとは考えにくい。

　もちろん、相対的に資源が豊富にある国での生産を徹底的に拡大し、農産物貿易を活性化させることにより問題の解決を図ることもできる。しかし、国際市場にはわずかな需給の変化で価格が大きく変動するという特徴があり、過度の貿易依存は所得の低い世帯の家計を不安定な状態にしてしまう。さらに、食料増産と持続的な供給システムの構築には、地球温暖化による降雨パターンの変化とそれによる栽培適地の移動、干ばつや水害に対する対応、長距離輸送に伴う温室効果ガス排出の問題なども考慮しなくてはならない。これらのことは、生産環境を人工的にコントロールできる生産システ

を、世界規模の食料問題に対応するオプションとして、我々が持つべきであることを示唆している。

日本だけではなく様々な国において植物工場に対する社会的関心が高くなれば、先端技術に対する研究開発を進めるための投資も行われやすくなる。社会的関心は、植物工場に対する消費者の理解と認識が十分になることにより高くなるものであり、本章で紹介した消費者意識の潜在構造を明らかにしようとする試みは、この点でも大いに役立つであろう。

**引用文献**

[1] Dickson Despommier, "The vertical farm: controlled environment agriculture carried out in tall buildings would create greater food safety and security for large urban populations," Journal für Verbraucherschutz und Lebensmittelsicherheit, 6 (2), 2011, 233-236.
[2] FAO "Feeding the World in 2050," World Summit on Food Security Documents, FAO: Roma, 2009.
[3] Fred H. Besthorn, "Vertical farming: Social work and sustainable urban agriculture in an age of global food crises," Australian Social Work, 66 (2), 2013, 187-203.
[4] Gastón Ares and Rosires Deliza, "Studying the Influence of Package Shape and Colour on Consumer Expectations of Milk Desserts Using Word Association and Conjoint Analysis," Food Quality and Preference, 21, 2010, 930-937.
[5] Gastón Ares, Ana Giménez and Adriana Gámbaro, "Understanding Consumers' Perception of Conventional and Functional Yogurts Using Word Association and Hard Laddering," Food and Quality Preference, 19, 2008, 636-643.
[6] Jung-Soo Son, Vinh Bao Do, Kwang-Ok Kim, Mi Sook Cho, Thongchai Suwonsichon and Dominique Valentin, "Understanding the Effect of Culture on Food Representations Using Word Associations: The Case of "Rice" and "Good Rice," Food Quality and Preference, 31, 2014, 38-48.
[7] Katariina Roininen, Anne Arvola and Liisa Lähteenmäki "Exploring consumers' perceptions of local food with two different qualitative techniques: Laddering and word association," Food Quality and Preference, 17, 2006, 20-30.
[8] Lucie Sirieix, André Salançon and Carmen Rodriguez "Consumer perception of vegetables resulting from conventional field or greenhouse agricultural methods," Working Paper Moisa (Marchés, Organisations, Institutions et Stratégies d'Acteurs), France, 2008.
[9] Luis Guerrero, Anna Claret, Wim Verbeke, Geraldine Enderli, Sylwia Zakowska-Biemans, Filiep Vanhonacker, Sylvie Issanchou, Marta Sajdakowska, Britt Signe Granli, Luisa Scalvedi, Michele Contel and Margrethe Hersleth "Perception of Traditional

Food Products in Six European Regions Using Free Word Association," Food Quality and Preference, 21, 2010, 225-233.
[10] Rainer Haas, James Sterns, Oliver Meixner, Diane-Isis Nyob and Vera Traar "Do US Consumers' Perceive Local and Organic Food Differently?: An Analysis Based on Means-End Chain Analysis and Word Association," Int. J. Food System Dynamics, 4 (3), 2013, 214-226.
[11] Ross B. Steinman, "Projective Techniques in Consumer Research," Northeastern Association of Business, Economics and Technology Proceedings, 2008, 253-262.
[12] Sarah Berman, "Salad Towers," Alternatives Journal, 39 (5), 2013, 48-50.
[13] Thomas J. Reynolds and Jonathan Gutman. "Laddering theory, method, analysis, and interpretation," Journal of advertising research, 28 (1), 1988, 11-31.
[14] United Nations, "World Population Prospects: The 2015 Revision," United Nations: New York, 2015.
[15] 古在豊樹「人工光型植物工場の進歩と発展方向」、日本農学アカデミー会報、21、2014、4-18。
[16] （社）日本施設園芸協会『平成25年度 次世代型通年安定供給モデル構築支援・環境整備事業報告書』2014年。
[17] 高辻正基『完全制御型植物工場』オーム社、2007年。

# 第 3 部　6次産業・農商工連携と地域再生

# 第15章
# 農業経営の多角化・連携とコーディネーターの役割

櫻井清一

## 1 背　景

　政府は2000年代以降、一定の地理的領域内での異業種連携による地域経済活性化やイノベーション推進を支援する事業を各種導入してきた。当初は都道府県を超えるやや広い領域を想定した大型の異業種連携支援策が実施されたが、その後はやや狭い領域を想定した中小企業ないし個別農業経営体向けの支援策にシフトする傾向がみられる。後述する農商工連携事業や6次産業化・総合化事業計画をはじめとする農業・農村多角化支援策も、こうした流れに沿って展開している。また、政府・地方自治体による事業に頼らずとも、農業経営体による主体的な経営多角化や商工業者との連携が各地で展開している。

　農業と異業種・分野との連携ないし農業経営体自身の多角化が注目されると同時に、異なる部門の相互交流と連携を支援するコーディネート活動も注目されるようになった。特に農商工連携や6次産業化が事業化されて以降、実際にコーディネート業務を担う専門家の育成・登録・派遣に関する制度も整備されてきた。しかし整備のプロセスが順調であったとはいえない。支援制度自体をめぐる混乱や、支援を希望する企業・経営体とコーディネーター[1]のミスマッチも発生している。

　だがこれまで農業に特化していた経営体が多角化ないし連携をすべて自律的に進めることは想定しがたい。多くのケースにて、いずれかの段階でコー

ディネーターの支援を受ける必要性が生まれるであろう。その時のためにも、農業・農村の特性を踏まえたコーディネート活動ができる専門的人材の育成とレベルアップは強化されるべきである。

本章では上記の背景を踏まえ、農業経営ないし農村経済の多角化に関わっているコーディネーターの現況、またコーディネーターに関わる制度の問題点を整理する。そこから得られた知見をもとに、今後農業・農村経済に関与するコーディネーターに期待される役割を考察する。

## 2　農業・農村多角化政策におけるコーディネーターの必要性とその実態

フードシステム学が日本に定着した1990年代前半から、多くの著作で「コーディネーション」ないし「コーディネート」という用語は高頻度で用いられていた。ただし当時の研究では、コーディネートは専ら取引における価格交渉ないし設定のメカニズムを総称する用語として用いられていた。そのため、コーディネートを実際に行うアクターであるコーディネーターは、取引その他当該の経済活動を実際に遂行する経済主体が担うことが多かった。

しかし本章が想定しているコーディネーターは、多角化ないし連携を実際に行う経営体・経営主ではなく、そうした個人・組織を外部から支援する人材である。本章ではこうした人材を「独立型コーディネーター」と呼ぶ。独立型コーディネーターは、支援する活動の経営には携わらず、あくまでも支援活動そのものを専門的に行うことを主たる業務とする。それだけに高い専門性と、第三者的な立場にある者に期待される中立性や冷静な判断が求められる。

経営多角化や食農連携に取り組む経営体とは独立した立場のコーディネーターがなぜ必要なのか。その理由ないし背景は以下の3点にまとめられる。

まず、実際に経営の高度化を図る場合に必要な技術・ノウハウ・専門知識が、当該の経営者に不足しており、外部の人材に依存せざるをえないケース

が増えている。農業経営者の場合、既存の営農・加工・流通に関する経験では対応できない新規の取組みは、どうしても外部の人材ないし組織に依存せざるをえない。時間の余裕があれば、自ら試行しつつOJTによって技能を蓄積することも可能であろうが、近年の食農連携の取組みは（その是非は別として）短期間で一定の成果を出すことが求められており、外部の専門家からノウハウを学ぶことが必要になる。

　次に、食農連携ないし農業経営の多角化を進めるプロセスを第三者の視点から俯瞰し管理できる人材が求められている。連携に参画する企業・個人が多様化し、利害関係者が増えれば、連携に参加する者が中立的な立場に立って関係者を調整することは難しくなるであろう。産業クラスター論では、成経済果が特定の企業・組織に集中するのは望ましくないことが説かれているが、連携ないし多角化のプロセス内部にいる者が利益配分の妥当性を厳密に把握し判断することは難しい。経済的利害関係からある程度距離を置いた人材が全体を把握することが必要になってくる。

　さらに、連携活動ないし多角化のプロセスそのものの進捗状況を常に把握し、適切に誘導することも求められている。食農連携の必要性が叫ばれて以来、異業種の出会いと情報交換を促す交流会的なイベントないし組織は多数取り組まれているが、持続性に欠ける、または結果として特定の企業・部門に偏った交流に陥るなど、その運営は決して順調とは言えない。利害関係者全体を見渡しながら、時には関係者を鼓舞し、またある時は意欲はありながら具体的な主張・提案ができない関係者をファシリテートできるような人材が求められている。特に事業認定を受け、経済的支援も受けているプロジェクトでは、その成果を期限内に示すことが求められるため、プロジェクト管理はより重要な課題となる。

　最後に、新たな事業を組み込んで経営成長を図る場合、経営体自らが新事業を内部化して多角化を図るのか、適切なパートナーに事業を委託等して連携によって経営拡大を図るのか、その判断を支援することも独立型コーディネーターに期待される。農林水産省が6次産業化事業計画を制度化して以

来、総じて農業部門は内部化による経営多角化に関心が向いている。しかし規模が相対的に零細であることが多く経営資源も十分備わっていない農業経営体が安易に経営多角化を図ることは、かえって経営を圧迫することにもなりかねない。内部化か連携かの意思決定支援も、中立的立場から冷静に判断できる独立型コーディネーターの重要な役割と言える。

実際に独立型のコーディネーターが制度として明確に位置づけられたのは、1990年代の半ばであろう。表15-1に示したとおり、地域レベルの研究支援や産学官連携を促す各種事業が当時立ちあげられたが、それにあわせて研究機関や大学が持つ研究シーズと産業界とのマッチングを支援するためのコーディネーター登録制度もほぼ同時にスタートした[2]。その後2000年代に入り、経済産業省の産業クラスター計画や文部科学省の知的産業クラスター計画がスタートすると、クラスター・マネージャー（経済産業省）のような研究成果の事業化をより強く意識したコーディネーター制度が設けられる。

さらに2008年スタートの農商工連携事業計画、2011年スタートの6次産業化・総合化事業計画では、根拠法に基づき、事業計画を申請して認定を受けた企業・経営体が一定期間（一般には5年）支援を受けるという仕組みが制

**表15-1 地域経済多角化ないし異業種連携に関わる支援制度とコーディネーター関連制度の変遷（年表）**

| 年 | 多角化・連携関係 | コーディネーター関係 |
|---|---|---|
| 1996 | 地域研究開発拠点促進拠点支援事業 | 科学技術コーディネータ |
| 2001 | 産業クラスター計画（経済産業省） | クラスター・マネージャー等 |
| 2002 | 知的産業クラスター計画（文部科学省） | |
| 2008 | 農商工連携事業（経産＆農林水産省） | プロジェクト・マネージャー（2008）<br>食農連携コーディネーター（2009） |
| 2011 | 6次産業化・総合化事業計画（農水省） | 6次産業化プランナー（2011）<br>6次産業化プロデューサー（2013） |

注）コーディネーター制度は関連する事業の開始後に稼働することも多く、開始年を正確に特定できないことが多いが、概ね判別できたものについてはカッコ書きした。

度化された。そのため、事業申請から認定後のプロジェクト管理までを一貫してサポートすることが期待されるコーディネーター制度として、農商工連携ではプロジェクト・マネージャー、6次産業化計画では6次産業化プランナーの各制度が設けられた。その他、認定事業計画を想定しないものの、農業と食品産業との連携を支援する食農連携コーディネーター（FACO）や、段位制度を導入して技能レベルの階層化と技能研修の標準化および高度化を狙った6次産業化プロデューサー制度も発足している。

このように食農連携や農業の多角化に貢献することを期待して独立型コーディネーターを登録ないし派遣する制度が整備されつつあるが、そのプロセスは2000年代後半以降の数年で急激な展開を遂げた。その早急さゆえ、コーディネーターをめぐる問題点も散見されるようになった。

まず、農業と異業種をつなぐ役割を期待されながら、実際に登録されたコーディネーターの多くは中小企業への経営支援を主業とする経営コンサルタントであることが多いため、農業・農村への理解ないし基礎知識にかなりの個人差がある。依頼した農業経営者の抱える問題点とニーズを速やかに理解し、改善に向けてサポートできるコーディネーターももちろん存在するが、コーディネート業務の初期段階で依頼者の営農上の特性を理解するのに時間がかかるコーディネーターや、農村の地域特性に無理解なコーディネーターが存在するのも事実である。

また、農商工連携と6次産業化が事業化された際には、事業認定を目指す経営体を申請段階から認定後の実行段階までサポートすることを目指し、それぞれプロジェクト・マネージャー制度と6次産業化プランナー制度が整えられた。しかし両制度の運用方式が頻繁に変更され、その周知も十分でないため、依頼者側、コーディネーター側双方から不満が出ている。ここでは6次産業化プランナーの運用について課題を列挙してみる。2011年の制度発足当初は、各都道府県に設けられたサポートセンターに、概ね5名程度のプランナーをほぼ均等に配置していた。また各プランナーは基本として所属する県の案件を担当していた。しかし2013年に運用方式が変更され、プランナー

は県単位のサポートセンターに所属する者と、より専門的な業務支援を行う中央サポートセンター所属のプランナーに分かれた[3]。また、地域のプランナーも一定の範囲で複数の地域を兼任できることとなった。さらに地域のプランナーの所属先であり依頼者にとっては窓口となる各県の「サポートセンター」は、実際には地域の経済団体（県の農業会議、中小企業団体等）に委託されることが多いが、委託先の変更も各地で発生している。また地域間でプランナーの構成や力量にも格差が生じていると言われている。こうした制度上の不具合によって依頼者とコーディネーターの間にミスマッチが発生することは避けなければならない。全国レベルで担保すべきミニマムな水準やルールを再確認すべきと筆者は考える[4]。

## 3 現行コーディネーターの特徴

まず、実際に稼働している二つのコーディネーター・データバンクの掲載情報をもとに、現行の独立型コーディネーターの属性その他の特徴を概観してみよう。表15-2は、（一財）食品需給研究センターが事務局となって運営している食農連携コーディネーター（FACO）に登録されている206名の所在地と職業区分の分布状況である。事務所・活動拠点の所在地は、明らかに関東（甲信越・静岡を含む）に偏在している。また北海道、北陸など、登録者が少ない地域も存在する。FACOは活動地域を限定しない全国・広域対応型のコーディネーターが多く登録されているため、都市部に登録者が遍在するのはやむをえないかもしれない。しかし農村部にもコーディネート需要のある食農連携においては、今後、活動拠点を地方に置くコーディネーターの育成が求められる。職業区分では、民間のコンサルタントないしシンクタンク職員が圧倒的に多く、およそ3分の2を占める。中小企業診断士として地域の中小企業の経営支援を行っているコンサルタントが大半である。また経歴を調べると、食品メーカーや流通業者にて一定期間食品製造や関連サービスの経験を積み、ノウハウを蓄積した者が退社・独立してコンサルタント

表15-2 食農連携コーディネーター（FACO）登録者の属性
（2015年9月現在：総計206名）

| 地域 | 構成比 | 職業区分 | 構成比 |
| --- | --- | --- | --- |
| 北海道 | 1.5% | 民間コンサルタント・シンクタンク | 66.0% |
| 東北 | 10.2% | 大学・研究機関 | 7.8% |
| 関東 | 47.1% | 行政・公的機関 | 4.9% |
| 東海 | 8.3% | 農業・食品 | 4.9% |
| 北陸 | 3.9% | 流通・外食 | 3.9% |
| 近畿 | 11.7% | その他 | 12.6% |
| 中国四国 | 11.2% | | |
| 九州沖縄 | 6.3% | | |

出典：FACOホームページ掲載データより筆者集計

として起業しているケースが多い。研究者や行政担当者の登録例もあるが、全体としてはまだ少数派である。特に行政関係者の場合、その公的立場ゆえ、営利に関わるコーディネート業務や自身の職務とは直接関係のない業務には関与できないこともある。

表15-3には、6次産業化中央サポートセンターが管轄する中央サポーターの諸属性をまとめた。まず年齢をみると、40代から60代に厚い層があることがわかる。プランナーの多くは概ね20代から40代までに各種業務を経験することで専門的技能を身に着け、その後に専門家として自立していることを示唆する結果となっている。コーディネーターの年齢適性については様々な議論がある。個別専門分野に限定したスポット的な支援・アドバイスであれば、特に年齢は関係しないであろう。しかし食農連携の場合、特定の地域に焦点を定め、そこに集う経営規模や業務内容の異なる多様な経営体や人と関わりながらじっくりとコーディネートを進めることが多い。そのため、地域を巻き込んだ中長期のコーディネート活動を進めるには、50歳くらいまでのコーディネーターが中核となることが大切で、高齢者は適さないという意見もある[5]。次にコーディネーターが対応可能な一次産品の種類を見ると、青

表15-3　6次産業化中央プランナー登録者の属性
（2015年9月現在：総計212名）

| 年齢 | 構成比 | 対象とする一次産品 | 構成比 | 専門分野 | 構成比 |
|---|---|---|---|---|---|
| 20代 | 0.9% | 野菜 | 51.9% | 国内販路開拓 | 54.2% |
| 30代 | 8.5% | 果樹 | 34.4% | 新商品企画 | 47.6% |
| 40代 | 26.4% | 米麦・穀類 | 22.2% | ブランディング | 47.2% |
| 50代 | 26.9% | 水産物 | 20.3% | 新商品設計 | 45.3% |
| 60代 | 23.6% | 畜産物 | 15.6% | 販売促進・店舗管理 | 34.0% |
| 70以上 | 4.7% | 林産物 | 7.1% | 食品加工技術 | 22.6% |
| 不明 | 9.0% | | | 原料生産 | 17.5% |
| | | | | 輸出 | 11.8% |
| | | | | 会社設立業務 | 6.6% |

出典：6次産業化中央サポートセンター・ホームページ掲載データより筆者集計
注1）対象とする一次産品と専門分野は複数選択が認められている。構成比は全プランナー数212に対する比率である。
注2）対象とする一次産品および専門分野は複数回答可である。

　果物を扱う者が多い反面、産出額の多い畜産物や生産者の多いコメを含む米穀類を扱う者は相対的に少ない。作目・品目の物理的特性や加工適性も影響しているだろうが、作目によっては支援できる人材が希薄である点が憂慮される[6]。専門分野では、販路開拓が最も多く、商品の企画・設計、ブランディングといった製品開発に関係する分野を得意とする者が多い。反面、より専門的知識を要すると思われる、食品加工技術や海外への輸出業務を支援できる者は少ない。輸出は農林水産省が近年支援を強化している分野であるが、それを担える人材は多くないのが実態である。
　上記2つのコーディネーター・バンクは、利用者が求める人材情報を提供するためのシステムであるから、得られる情報はコーディネーターの基礎的属性と専門性に偏りがちである。以下では、筆者のこれまでの調査経験および勝野・藤科［2010］をはじめとする先行研究に依拠する定性的なまとめとなるが、現行のコーディネーターのその他の特徴を補足説明する。

まずほとんどのコーディネーターが、6次産業化ないし農商工連携事業に関わる制度化されたコーディネート事業に専念しているわけではない。コンサルタントを本業とするコーディネーターであれば、他の一般的なコンサル業務も兼任しているし、研究者であれば通常の研究ないし教育を続けながらコーディネートしている。そのため、各自が食農連携事業に費やすエフォートには大きな個人差がある。

また、これまでの食農連携または農業多角化に対する支援実績にも大きな個人差がある。特に2000年代後半以降、食農連携関連の人材バンク設置や事業付随型のコーディネーター制度が相次いで設定されてから、これまで農業部門に関与した経験に乏しいコンサルタントが数多く参入している。多様な人材の確保のためには必要なことであるが、前述した農業に対するリアリティ不足に起因するコーディネート初期段階のミスマッチが多発する一因はここにある。

## 4　これから求められるコーディネーター像とその支援制度

今後、独立型コーディネーターがその機能を十全に発揮し、経営体や農村経済の多角化に貢献するには、コーディネーター自身のブラッシュアップと、コーディネーターが関わる組織・制度の改革の双方が必要である。しかも両者は強く連関している。双方のブラッシュアップを図るには、以下の諸点を改善していく必要があるだろう。

### （1）　農業・農村に関する知識・経験のブラッシュアップ

農業が関わるプロジェクトをコーディネートしているにも関わらず、農業や農村のリアリティを理解できないコーディネーターの存在を、多くの同業者が指摘している。そのため、プロジェクトの初期段階にて依頼者との意思疎通に多くの時間を要している。まずはコーディネーター本人の努力によるブラッシュアップが必要だが、それを促すためにも、コーディネーターをサ

ポートする機関や同業者からの意識づけがなされていいだろう。また、コーディネーターの養成ないし能力強化を狙った人材育成プログラムが立ち上がっているが、その研修プログラムに組み込まれている農業の概論的講義や視察の内容も精査されるべきである。

### （2） プロジェクト進行管理の重要性を再認識

専門的知識・技能をプロジェクトのタテの糸にたとえれば、プロジェクト進行管理はヨコの糸といえる。多様な利害関係者が協力・連携しながらプロジェクトを進めていく過程で、時に計画どおりの実践ができないこともある。利害関係者間のコンフリクトも発生する。こうしたネガティブ要因を調整し、プロジェクトの進行を管理するのもコーディネーターの役割である。しかし専門分野が明確に分類でき、その能力もある程度は確認・検証できるのに比べ、プロジェクト管理の能力は本人も外部者も確認しにくい。また適切な調整とはケース by ケースで判断されるべきもので、一般化もしにくい。 プロジェクト管理全体のマニュアル化は困難であるが、それを支援する意思決定ツールや分析枠組（例えばSWOT分析等）は各種提案されている。こうしたツール類の特性と限界について、研修の場などを通じて周知・普及させることは可能だろう。

### （3） コーディネーターの能力の定期的検証

コーディネーター人材の育成に対する期待は高いが、これは裏を返せば、期待に応えていないコーディネーターの存在も示唆する。また、意欲的なコーディネーターは自ら常に能力を高めようと努力しており、自らの到達点の検証の場を求めている。そのためにも、一回限りの認証でなく、定期的にコーディネーターの能力・水準を検証できるシステムがあってもよいだろう。これまでのコーディネーター・バンクは、一度登録が認められると、その後特に実績や能力を検証することもなく継続して登録されることが多い。しかし人材バンクとして長期的に有効性を発揮するには、登録人材の定期的な追

加ないし更新を行うような仕組みを整え、意欲も能力もあるコーディネーターが瞬時に把握できるようなシステムに改めることが求められる。

### （4） 地域コミュニティとプロジェクトの接点づくり

地域により多様に展開しており、資源管理をめぐって地域コミュニティとの関係性を無視できない農業が経済多角化事業に関わる場合、地域コミュニティの多様な利害関係者を視野に入れたコーディネートが必要になる。また食品産業や観光業などの地域密着型産業との連携強化により、地域経済への波及効果が期待されているのも事実である。農業を巻き込んだ経済多角化プロジェクトでは、地域コミュニティへの視座が不可欠である。しかし必ずしも当該コーディネーターが地域コミュニティの状況を理解しているとは限らない。特に専門的知識を期待されて関与するようになったコーディネーターや遠隔地から派遣されるコーディネーターは、対象地域に対するリアリティが乏しい状態から業務をスタートせざるを得ない。そうした場合、地域の事情に詳しい利害関係者や多様な知人ネットワークを持つ利害関係者と知己になれるよう、本人も努力する必要があるし、依頼者側も配慮をすべきであろう。一方で、専門性や居住歴はなくとも、当該地域に強い愛着を持ち、新たに居住しながら在住民の活動の場作りをサポートする「補助人」「地域サポート人材」といわれる人材が活躍している[7]。こうしたサポーターと連携することも地域コミュニティとの接点作りには有効であろう。

### （5） コーディネーター関連制度の整理と継続的な運用

1990年代後半以降、事業に付随する形でコーディネーターを登録する制度やコーディネート活動を支援する制度が生まれた。しかし親事業が終了するとともに、運用が停滞した制度も多い。更新されていない人材バンクは多数ある。また運用が継続されている場合でも、人材の所属地域や専門分野をめぐる偏りや、運用実態の地域差が発生している。資金が枯渇し自主運営も難しくなっている制度については、類似の制度に統合再編するなどして整理す

ることも検討されていいのではないか。また継続している事業も、それが国内全域でのサービス提供を想定している限り、運用をめぐる地域間格差の是正に努力すべきである。

注
1）長音記号を略した「コーディネータ」という表記が用いられることも多いが、本章では原則として「コーディネーター」と記す。ただし制度により呼称が定められ、固有名詞化している場名は長音記号を省略する。
2）表15-1に記した制度以外にも、産官学連携を支援することを目指したコーディネーター制度は多数存在する。この点は勝野・藤科［2010］に詳しい。
3）2013年当時の都道府県レベルにおける6次産業化計画のサポートシステムについては、栃木県を事例としながらではあるが、小林［2013］に詳しく紹介されている。
4）コーディネーター問題だけでなく、6次産業化事業計画の実績には地域差が存在する。櫻井［2015］を参照。農業には地域性があるため、地域差が生じるのは致し方ない側面もあるが、地域差の一因は農政局に運用の多くが任された結果ではないかと筆者は推測している。
5）勝野・藤科［2010］による。
6）農商工連携ないし6次産業化事業計画の認定事例を集計しても、野菜を対象とする事例が多く、作目による認定格差が存在することが確認できる。櫻井［2015］参照。
7）補助人、地域サポーターの概念は小田切徳美氏の指摘に依拠している。小田切［2014］など参照。

文　献
[1] 小田切徳美『農山村は消滅しない』岩波書店、2014
[2] 勝野美江・藤科智海「食料産業クラスターにおけるコーディネータに関する調査研究」『科学技術政策研究所 Discussion Paper』71、2010
[3] 小林俊夫「栃木県における六次産業化支援の仕組みとその動き」高橋信正（編著）『「農」の付加価値を高める六次産業化の実践』筑波書房、2013、31-39
[4] 櫻井清一「6次産業化政策の課題」『フードシステム研究』22（1）、2015、25-31

# 第16章
## ローカルフードシステムの展開と地域再生
——都市問題の農業による解決——

西山未真

## 1 はじめに——問題の所在——

　食と農を地域で結ぶローカルフードシステムが注目されるようになったのは、グローバルフードシステムの負の側面が露呈したことと大きく関連している。食の生産と消費がグローバルレベルに乖離するグローバルフードシステムは、食料を商品としてのみ、人々を消費者としてのみ扱うことにつながり、結果、食の安全、安心が危ぶまれる状況を生み出している。加えて、近年では、気候変動や食料が投機の対象となるなど複合的な要因が関連して、食料の安定供給さえもままならない状況が起きている。本来食料とは、四季折々に自然からもたらされる大地の恵みである。それは、人間の生きる糧であって、単に栄養とカロリーを摂取するためのものではない。さらに、食は生産から消費までのさまざまな情報を基に、人々が主体的に選択してきたものでもある。しかし、グローバルフードシステムに依存することによって、消費者の食の選択はグローバル企業が提供する範囲に限定される。また、生産者は品目や生産量をグローバル企業のニーズに合わせざるを得ず、農業生産の自由な選択が困難になっている。こうした状況は、農業の地域性の喪失や地域資源の衰退をもたらしている。生産者と消費者がグローバル化の負の影響を超克し、食を主体的に選択できる状況を取り戻すためには、生産と消費の地域における再結合が必要である。ファーマーズマーケットやCSA（地域支援型農業）などのローカルフードシステムの取り組みは、生産と消

費の結びつきを取り戻そうとする人々に支持され、その動きを拡大してきた[1]。こうした取り組みを地域の視点でみたとき、人々の生活の現場である地域の中で食と農を介して人間関係がかたちづくられる過程は、地域再生のプロセスにほかならない。

本章では、都市近郊地域を対象とし、ローカルフードシステムの展開により地域が再生されるプロセスを整理し、都市近郊地域の地域再生に農業やローカルフードシステムが果たす役割について考えてみたい。その上で、ローカルフードシステムが、農業者と都市住民の連携による農業や地域資源の管理の機会を生み出し、そのことによる地域再生の可能性について論じたい。

## 2 論点整理――なぜ農業だったのか？ 都市近郊の抱える問題とローカルフードシステム――

ファーマーズマーケットやCSA（地域支援型農業）などのローカルフードシステムの取り組みは、アメリカでは1990年以降その活動が顕著になった。行き過ぎたグローバル化への対抗という立場から、ローカルに注目が集まったのである。グローバル化以前はローカルな範囲での経済活動が通常であったことから地域で生産したものを地域で消費することにより地域内で経済を循環させることは、グローバル化で疲弊した地域経済の衰退にも歯止めがかけられる。また、長い流通経路を経ないことは、環境問題の改善にも結びつく。これらは、食と農の再ローカル化とも呼べるものである。日本でも、2000年前後から地産地消運動が全国的に広がった。それは、政府や自治体主導の運動ではあったが、生産者と消費者が地域で結びついた初めて取り組みであり、それが面的に広がったことの意義は大きい。しかし、Nishiyamaらによる直売所の利用者を対象とした調査分析では、安全・安心に対する不安の裏返しとして食の関心は高まったものの、地域コミュニティや地域農業への関心を喚起することには結びついていないことが明らかにされている（Nishiyama et. al 2007）。

しかし、ローカルが注目されるより本質的な意味は、グローバルの対極にある地域への注目だけでなく、その地域（土地）と人々の結びつきをつくることにより、地域の問題解決を住民主導で行っていくことにある。そうした意味で、地域（土地）と人々の結びつきに注目しているのは、流域管理の取り組みを分析した大野である（大野2005）。「山と川と海は自然生態系として有機的に連関し結びついている相対的存在である」とし、水系でつながる流域で人々が意識と行動の両面においてつながる可能性と必要性を指摘している。流域＝ウォーターシェッドということばから生み出されたフードシェッド（食域）の重要性を指摘しているのは Kloppenburg らである（Kloppenburg and et.al 1996）。自分の食料の生産から消費、さらに廃棄にまで責任を持ち、それを通して自分たちのくらしが大地に根差したものであることを認識できる場所がフードシェッドであると述べている。土地に愛着を持ち、その場所を知ることは、土地の管理に責任を生むものである。自分たちの場所（地域）をもち、そこでお互いに結びつくことが自分たちの主体性を守ることにつながると説いている。

　千葉県の都市近郊地域の動きを見ていると、農業が一つの核になって新しい取り組みが始まっていることが少なくない。事例とする2つの取り組みは、都市住民が抱えている問題が農業や地域に関心を向かせた点で共通している。それぞれの問題を解決するために、都市住民が農作業に関わったり、地域住民同士で連携する取り組みが始まったりしている。こうした動きを、地域で食と農を結びつけることで地域コミュニティが再生されるプロセスととらえ、そこでのローカルフードシステムの役割を考えてみたい。


## 3　事例分析——食と農の連携による地域再生の可能性——

　地域で食と農が結びつく、つまり生産者と消費者が直接結びついて様々な活動を展開している2つの事例を紹介する。事例の対象としたのは、千葉県白井市における NPO 法人しろい環境塾と、千葉県柏市・我孫子市を中心と

したCSA農場「わがやのやおやさん風の色」と「食のフューチャーセンター柏」である。

### (1) 事例1：千葉県白井市・NPO法人しろい環境塾

**活動の概要と展開**

千葉県の北西部に位置する白井市は混住化が進む地域である。NPO法人しろい環境塾は2000年に発足し、現在130名ほどの都市住民が農村集落である白井市H集落を中心に、里山整備や耕作放棄地での集団市民農園などに取り組んでいる。農家と日常的に密接なコミュニケーションを行うことで、市民農園だけでなく、農に触れたい都市住民への農業体験や食育等の機会の提供、さらに農繁期の農家の手伝い、里山整備など農家側への支援を行う仕組みを作ってきた。管理している里山は8ha、農地は3.6haにのぼる。このことは、日常的に旧住民である地域の農家と密接な関わりを持ち、里山や農地管理に成果を残すことで構築した信頼関係に基づいているといえる。

しろい環境塾発足のきっかけは、地域づくりに関心を持った市民が、「まず自分たちの地域をよく知ろう」と地域の環境ウォッチングをはじめ、荒廃した里山の存在に気づかされたことにある。そこで地域の環境整備に何かできないかと考えていたところ、環境ウォッチングでトイレを借りに訪れた寺の住職から「旧住民も地域の環境には関心を持っている」という話を聞き、新旧住民の対話が始まった。表16-1に示す活動内容は、環境教育や、食育、里山を使った市民交流活動など都市住民向けの活動から、農業技術講習会、トラクター運転講習など農作業に関連する活動、さらに耕作放棄地の草刈りや農繁期の農作業の手伝い、新規就農者支援といった農家や農業に直接かかわる活動にまで広がっている。しろい環境塾の管理する里山や農地の面積と依頼する地権者の人数も徐々に増加しており、H集落の人々がしろい環境塾の活動を徐々に認知し、信頼を深め農地管理を依頼してきたことがわかる。

**しろい環境塾の会員の参加動機と効果**[2]

会員の属性は、男性が約8割、65才以上が7割、東京駅から電車で約1時

第16章 ローカルフードシステムの展開と地域再生　261

表16-1　しろい環境塾の活動年表

| 年次 | 活動内容（新規） | 会員数 | フィールド面積（ha）里山 | フィールド面積（ha）耕作放棄地 | 里山所有者数 | 農地所有者数 |
|---|---|---|---|---|---|---|
| 2000 | 環境ウォッチング<br>環境講座 | 17 | | | | |
| 2001 | NPO法人設立<br>里山保全事業<br>子供環境教育事業 | 47 | 0.3 | | 1 | |
| 2002 | 里山保全事業（市からの委託）<br>ごみマップ作成事業（市委託）<br>写真パネル展 | 65 | 2.3 | | 8 | |
| 2003 | かめ救出作戦事業 | 71 | 4.3 | | 10 | |
| 2004 | 炭焼き事業、販売 | 68 | 6 | | 12 | |
| 2005 | 農業支援活動<br>トラクター運転講習<br>休耕地の野焼き、すき返し作業<br>5周年事業（竹笛コンサート、フォーラム他） | 79 | 6.8 | | 15 | |
| 2006 | 農業技術研修<br>休耕地の植え付け<br>休耕地復活の仕組みづくり<br>里山保全事業<br>フィールドを生かした市民交流事業（絵画展、音楽会ほか） | 87 | 6.8 | 1.9 | 17 | 8 |
| 2007 | 竹工芸、きのこ栽培部門新設<br>スタッフ養成講座<br>農業支援活動本格化<br>不耕起移植栽培研修会受講 | 103 | 6.8 | 2.3 | 20 | 13 |
| 2008 | 不耕起栽培開始<br>田んぼの学校開始<br>市民向け講座（農業体験、農業技術、炭焼き、竹工芸）<br>食育活動 | 133 | 7 | 2.5 | 21 | 19 |
| 2009 | 田んぼの生き物調査<br>里山景観づくり<br>農業者支援活動有料化<br>新規就農者支援<br>不耕起栽培、冬期湛水 | 136 | 7.2 | 3 | 25 | 20 |
| 2010 | NTTコミュニケーションズのCSR活動支援開始 | 125 | 7.3 | 3.6 | 25 | 22 |
| 2011 | 山王谷津田で冬季湛水を開始<br>農水省田園自然再生活動コンクール「農林振興局長賞」受賞<br>（財）都市緑化気候の緑の地域作り部門「奨励賞」受賞 | | 7.4 | 3.6 | | |
| 2012 | 白井市平塚田園自然再生活用協議会設立 | | 7.4 | 3.6 | | |
| 2013 | 食と音楽の里山まつりin平塚」開催 | | 7.4 | 3.6 | | |
| 2014 | 体験農園えびちゃん農園の開園 | 130 | 8.0 | 3.6 | 25 | 22 |

出典：しろい環境塾の総会資料より筆者作成

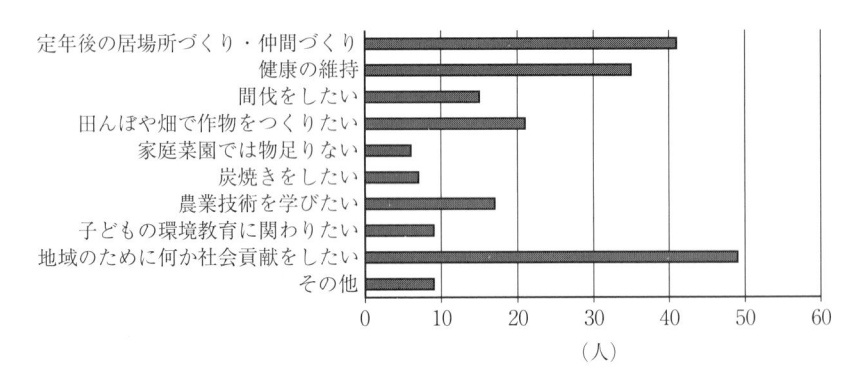

図16-1 会員の入会理由　N=70（複数回答可）

| 項目 | 人数（概算） |
|---|---|
| 定年後の居場所づくり・仲間づくり | 41 |
| 健康の維持 | 35 |
| 間伐をしたい | 15 |
| 田んぼや畑で作物をつくりたい | 21 |
| 家庭菜園では物足りない | 6 |
| 炭焼きをしたい | 7 |
| 農業技術を学びたい | 17 |
| 子どもの環境教育に関わりたい | 9 |
| 地域のために何か社会貢献をしたい | 49 |
| その他 | 9 |

(人)

間のベットタウンとして開発された千葉ニュータウン（白井市）在住者が7割である。会員の入会理由で、最も多いのは「地域のために何か社会貢献したい」で、次に「定年後の居場所づくり・仲間づくり」で、どちらも半数以上の人が入会理由に挙げている。加えて、「田んぼや畑で作物をつくりたい」「家庭菜園では物足りない」とか、「農業技術を学びたい」という農業への関心から入会した人も多い（図16-1）。以下に、インタビューによる会員の意見を一部紹介したい。

「仕事を辞めて、何もなくなった状態で自分に何ができるのか？男はそういう意味で大変だよ．女は既につながりがあるけど．だから、ここに来て、人とのつながりを持つ．話をして、一緒に活動して．これがなくなるとダメになってしまう．」（70代前半　男性）

「定年後どう過ごすか．ずっと家にはいるわけにいかない．だから、居場所を求めて参加．家庭菜園では物足りないしね．」（70代後半　男性）

「（定年後）地域と何らかの関わりを持ちたいと思ったから、地域のことをいろいろと知りたいと思った．」（60代後半　男性）

会員が語っているように、老後の居場所、あるいは人とのつながり、地域とのつながりを持ちたいことが、しろい環境塾への入会理由である。しろい

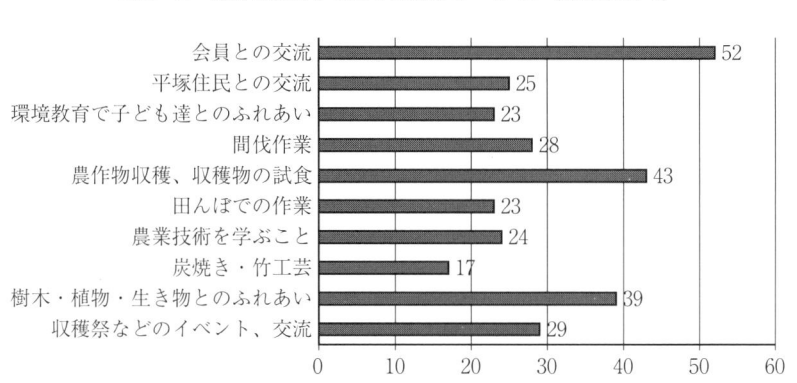

図16-2 会員の活動する上での楽しみ　N=69（複数回答可）

| 項目 | 人数 |
|---|---|
| 会員との交流 | 52 |
| 平塚住民との交流 | 25 |
| 環境教育で子ども達とのふれあい | 23 |
| 間伐作業 | 28 |
| 農作物収穫、収穫物の試食 | 43 |
| 田んぼでの作業 | 23 |
| 農業技術を学ぶこと | 24 |
| 炭焼き・竹工芸 | 17 |
| 樹木・植物・生き物とのふれあい | 39 |
| 収穫祭などのイベント、交流 | 29 |

（人）

　環境塾の活動を行っていて楽しいことについては、会員同士のふれあい、農産物の収穫と試食、自然に触れることが上位に挙がっている（図16-2）。

　ニュータウンに在住し、仕事中心の生活を送ってきた男性にとって、リタイア後毎日の時間をどう過ごすかという問題は切実である。リタイア後も、社会とつながっていたいという思いは当然あるし、経済的な対価とは関係なくとも、やっていることにやりがいを求めたい。長い老後を過ごすリタイア世代にとって、地域の農業と触れる機会は、余暇を過ごす趣味的な活動以上に魅力的なものになっている。

**地域の農家との連携による新しい展開──体験農園の取り組み──**

　2013年に、H集落の農家で千葉県の指導農業士でもあるE氏としろい環境塾が連携するかたちで、体験農園を開園した。E氏としろい環境塾とは2003年頃から付き合いが始まり、E氏が年に数回行われる農業後継者と環境塾との懇談会のコーディネーターをつとめるなど、集落側の窓口となっている。またしろい環境塾のメンバーで新規就農希望者の農業研修を受け入れたり、E氏の農作業をしろい環境塾の農業者支援活動として有料で手伝ってもらっている。また、E氏が年4回行っている消費者との交流会を、しろい環境塾のメインの活動場所であるベースキャンプ（里山）で行い、その準備を

しろい環境塾が手伝ってきた。またE氏は、荒廃した里山の整備、耕作放棄地の管理を行うなど活動を積み重ねてきたしろい環境塾の「地域のために役に立ちたい」との思いを理解し、「農業は農家だけでどうにかなる時代ではない」と常日頃痛感してきたことも相俟って、しろい環境塾からの呼びかけに応え、体験農園を開園した。E氏は、15年かけて土着菌を利用したボカシ肥料を基本とした独自の農法を確立してきた誇りと、かねてから「農家は野菜をただ販売するだけではだめ。農業の社会的地位を向上させるための役割をやらなくては」と考えていたことから、都市住民が農業の現状を知る機会になることを期待してもいる。1区画30㎡の35区画が初年度から全部埋まった。受講者の9割が農業の未経験者であり、年齢は50代から60代が中心だが、子育て世代が4組いて、休日には子供たちが畑を駆け回っている。受講料は年間43,000円で、内訳は、指導料10,000円、種苗代3,000円、作物代30,000円である。月2回の農業指導は、園主であるE氏が行うが、募集や広報、書類作成などの事務処理、指導の補助、交流会やイベントの企画・実施は、しろい環境塾が行うなど、両者の連携によって運営されている。

　体験農園を開園して2年ほどの間で、変化が表れている。1週間来ないうちにこんなに野菜が大きく成長するのかと驚いたり、食への関心がますます高まり玄米菜食の店の手伝いを始めたりした人もいる。これまで全く農業に関わりのなかった人たちが、土に触れることで、徐々にではあるが、作物、農作業、農薬、農業事情へ理解を深め感性を変えてきているとE氏は実感している。E氏はこれまで、野菜を直売している消費者に呼ばれて公民館で野菜や農業の話を消費者向けに行い農業への理解を深めてもらう活動を続けてきた。さらに、体験農園は、都市住民が直接農作業に関わることにより、農業への理解を促す意義は大きいと考えている。

**活動の意義**

　しろい環境塾では、H集落の里山管理から始まった活動が、祭りやイベントの準備等の支援、環境教育、食育、体験農園の運営支援に至るまで広がっている。都市住民であるしろい環境塾の会員と農家の連携について、その

意義を考えてみる。たい肥のための落ち葉や燃料の供給場所であった里山との関わりはほとんどなくなっており、耕作放棄地や里山の管理が行われなくなっていた。こうした状況は、農村住民の高齢化でさらに深刻化してきた。従来は集落総出で行っていた草刈りや水路の補修などの共同作業が行われなくなり、祭りや宗教行事も参加人数が減少している。農業の衰退だけでなく、集落機能も弱体化しているのであり、救世主となったのが、混住化した地域の隣人であるリタイア世代の都市住民だったといえる。

一方、都市住民においては、会員が入会動機として語っていたように、都市地域でリタイア後の過ごし方をいかに見いだすかが切実な問題となっている。これまでつながりがなかった地域にリタイアして初めて目が向き、地域に関わりを持ちたいと思うようになる。長期化する老後には、生きがいややりがいを持って生活を送りたい気持ちも当然生まれる。さらに、都市的くらしの中では実現しづらい、自然との関わり、自給の喜び、食生活へのこだわりなど時間的、経済的に余裕があるリタイア後だからこそ、実現できるといえよう。リタイア後の生活目標、ライフスタイルを提供しているという意味で、しろい環境塾は都市住民の抱える問題を解決しているのである。

このことから見いだせるのは、農村と都市の両方の問題を解決しているということである。つまり、深刻化した農業・農村問題の解決のために都市の力が必要となっているだけでなく、都市住民にとっても、地域社会で生きがいを持って生活を送るためには農業・農村と関わることが有効なのである。農業・農村が都市生活者の生きがいの場となるのは、都市近郊地域で先駆けて表面化している現象かも知れないが、農と離れる生活が広がるほど逆にその要求は高まっていくだろう。

## （2） CSA 農場「わがやのやおやさん風の色」と「食のフューチャーセンター柏」

### CSA 農場「わがやのやおやさん風の色」の活動概要

「わがやのやおやさん風の色」（以下、風の色）は、千葉大学園芸別科の同

級生である植物や生き物好きが高じて農業を志したHさん、家族が幸せになれるおいしい野菜を自分で栽培したいと同じく別科に入学したIさん（2人とも女性）が立ち上げた農場である。2008年に我孫子市と柏市で農地を借りて有機野菜の栽培を始めた。2013年からは、CSA（地域支援型農業）農場として、年間契約を基本とした野菜の宅配を行っており、現在は45世帯が会員となっている。一般にCSA農場では、会員である消費者が農作業やイベントなどの手伝いをすることが多い。農作業や農場から得られる恩恵を生産者と消費者間で共有できるという関係が気に入り、Hさん、IさんはCSA農場という看板を掲げることにした。

**CSA農場「わがやのやおやさん風の色」活動の展開**

就農して3年、無農薬有機栽培による周年生産がようやく安定した時に原発事故が発生した。彼女たちの農場のある柏・我孫子市周辺地域は放射能のホットスポットとなった。農業の仲間との独自の情報収集や勉強会をやりながら、「このまま生産を続けていいのか」考え続けた。悶々としていた時期に前に進むきっかけとなったのが、生産者と消費者が一緒に放射能問題に取り組む「『安全・安心の柏産柏消』円卓会議」[3]に参加したことだった。自分たちの野菜の安全基準を、地域住民と一緒に考え、安全性を確保していく取り組みを行った。そうした取り組みを通して、野菜の安全性が確認でき、自分たちの野菜に自信が持てた。放射能検査を積極的に行い結果を公表することにより、問題に向き合う姿勢が消費者の信頼を生むことにつながった。

2013年からCSA農場として再スタートした。CSA農場の看板を掲げてから、毎日のように消費者や地域の人が農場を訪れるようになった。農作業を手伝いに集まった際、イベントの企画の話が盛り上がることもある。援農ボランティアなどで農場に関わる人が講師となって、漬け物、味噌、囲碁、ウクレレなどの講座が農閑期に開かれている。また、料理に関心のある会員や野菜ジュニアソムリエの資格を持つ会員からは、宅配される野菜を使ったレシピが提供され野菜ボックスに添えられるようになるなど、会員との関わりが多様化している。さらに、市内の小学校での食育活動に参加したり、地域

の親子グループの農業体験や野菜の勉強会が開催されるなど、会員以外の地域との関わりも増えている[4]。

### 「食のフューチャーセンター柏」の取り組み

　「風の色」が地域において多様な人との関わりを形成してきたのは、地域や地域農業への市民の関心の高まりと無関係ではないだろう。そこで、柏市民による「食のフューチャーセンター柏」の取り組みを紹介したい。食のフューチャーセンター柏は、食をテーマにつながる地域を目指して2012年6月に柏市民が中心となって立ち上がった。市民の力を活かすことで、社会の閉塞感を打ち破りたいとの思いから、まちの中に学びの場を作る「まちなかカレッジ」を主宰していたYさんが呼びかけた。都市農業と市民を結ぶことで、誰にでも身近な食を地域再生の核にしようとするものである。第1回の会議には、生産者、レストラン経営者、料理研究家、主婦、行政の担当者ら100名を超える人達が集まった。これまで食に関わりながらも、専門ごとに別々に活動してきた人達が一同に会し食について思いを話し合った。「食と農のつながりで柏を盛り上げていこう」、「協力し合える関係を作ろう」と仲間意識が芽生えた。市民には、自分の住んでいる場所のすぐ近くに農業生産の現場があることに新鮮な驚きがあった。食の生産者と消費者が身近に地域でつながることが柏の宝だとの認識が参加者間で共有できた。会議では、参加者それぞれが考える「食でつながる社会」実現のストーリーが話し合われ、会議後はいくつかの活動が始まっている。

　活動の一つは、食育である。食育チームのリーダーNさんは、福島の原発事故後PTA役員として、校庭の除染活動に奔走していた。ある時、養護教員から小学生の食生活の乱れが発育不足を招いている話を聞いたことから食の問題にPTAとしてきちんと向き合い何かアクションを起こせないか考え始めていた。食のフューチャーセンター柏への参加をきっかけに、市内小学校で子供だけでなく保護者も対象として、1人1人が食に関心を持ち、自分の判断基準で食の選択ができる生活を実現することを目標に食育活動を実践するようになった。活動には、農業者、料理研究家、レストランのシェフ

などが関わり、保護者対象の食育講座、農作業体験、直売市での食に関する本の読みきかせの会、親子で作る弁当講座などを企画・開催してきた。食育活動で重要なことは、地域農業につながっている食の存在を体験的に理解することである。そういう意味で、生産者による講座への関わりが不可欠であり、食育チームには、「風の色」のIさんとHさんも中心メンバーとして関わっている。

他にも、柏市周辺地域では、食と農を結ぶ取り組みがいくつも生まれている。ストリートブレーカーズは、柏市商工会議所青年部が母体となって、柏の地域と若者の接点をつくることを目標にまちづくりに取り組んでいる。地域の農家を巻き込みながら「手づくりての市」という直売市を開催している。その運営には、地域の農家の潜在力を知り、市民のニーズと結びつける役割が欠かせない。その役割を柏市民のKさんがボランティアで買って出ている。Kさんは、「手づくりての市」の企画・運営だけでなく、柏市内のデパートでの地産地消フェアのコーディネートなども行っている。さらに、「ジモト畑プロジェクト　新鮮なジモトの農産物で柏産柏消」では、ジモトワカゾー野菜市を開催し、地域の農家と市民をつなぐコミュニケーション作りを行っている。

食育チームの中心メンバーの1人であるMさんは、道の駅しょうなんで「フードコミュニケーター」の肩書きで活動し、消費者であり地域住民でもある視点から、地域の農産物を使ったソフトクリームや紅茶などの商品開発を行っている。

**都市近郊地域における農の意義──ホットスポットに揺れた地域再生における農業の役割──**

これまで紹介した取り組みは、都市住民が地域農業に目を向けたことで、自らが果たせる役割を見いだし、活動が展開してきた。消費者の立場を超えて、農業に接近することによって地域の農業をとらえ直すとともに、生きがい、自己実現の場として自らをそこに位置づけている。KさんやMさんは「自分にできることは何か」を考え、主体的に農家を応援している。生産者

と消費者と立場を分けて考えるのではなく、同じ地域の住民として地域の問題や地域の宝（資源）を共有しているのである。

　食のフューチャーセンターの立ち上げを呼びかけたYさんは、食でつながる社会を通して、現在の閉塞感、無力感を打ち破りたいと考えていた。フューチャーセンターの立ち上げ直前には、震災による原発事故が起き、ホットスポットとなった柏市周辺地域の住民の心に暗い影を落としていた。地域の多くの農家が、風評被害で販売先を確保できないだけでなく、農業生産自体継続できるのかに悩み、被害者であるにもかかわらず、加害者であるかのような罪悪感にも襲われた。一方で、地域の消費者も、この場所に住み続けていいのか、住み続けられるのかに大いに悩んでいた。原発事故後、「安全・安心の柏産柏消」円卓会議で、自分の放射能問題を話し合う中で、「これは農家だけの問題ではない。もう少しがんばってみようと思った」と風の色のIさんは当時をふり返っている。同じ地域で生活する者同士、お互いの存在を認め合って、励まし合いたい気持ちが強くなった。ホットスポット問題は、地域住民の誰にとっても思い出したくない出来事である。したがって、表立ってそのことを語ることは多くなくても、地域と住民、住民同士の連帯感を強くしたことは間違いない。そのきっかけとなったのは、Y氏が地域に広がっていた「閉塞感・無力感」こそが何とかしなければならない地域の問題であると気がついたことだろう。その思いを食のフューチャーセンターで参加者にぶつけたところ、それぞれの参加者の思いが噴き出て、さらにその思いが絆となって様々な活動につながった。その活動の核になったのがすべての人に身近で不可欠な食であり、それを生み出す地域農業の重要性が認識された。食と農が地域で結ばれることが、地域を再生する力になることを示した一つの重要な取り組みといえるのだろう。

## 4　まとめ——地域再生のためのローカルフードシステムの役割——

　千葉県内の都市近郊地域で、地域住民と農家や農業生産者が連携する活動が盛んになっている。それらの連携は、体験農園の運営だったり、CSA農場での活動だったりした。重要なのは、それら連携の契機には、都市の、あるいは農村の問題があり、それらの問題を、お互いで共有する経験があったことだろう。

　しろい環境塾では、農村の里山や農地の荒廃が進行していた。仕事をリタイアして地域に目を向けた都市住民は、「何か手伝いができないか」と放っておけない気持ちになった。それらは農村の問題でもあったが、自分の居住する地域の問題でもあることに、リタイア後に地域に戻って気がついたからである。その原動力は、地域に居場所を見いだしたい、生きがいを持って長期化するリタイア後の時間を過ごしたい都市住民の切実な思いだった。

　柏市は都市と農村資源とが併存する混住化の進む地域であったが、その距離をぐっと縮めたのは、原発事故後のホットスポット問題だった。避難する、あるいは農業生産を停止するという行動をとらなかったとしても、悶々とした気持ちを持ったまま生活し続けていたのは、地域の生産者も消費者も同様だった。その問題に向き合おうと生産者と消費者が同じ地域住民として共に地域の食、農業に注目し連携し始めた。連携することで地域資源の価値が認識され、連携してその価値を発信することでさらに地域資源の価値を高めていったといえる。

　これら両事例の場合、明示的にグローバルフードシステムの対抗、あるいはその代替としてのローカルフードシステムに注目したわけではない。しかし、グローバリゼーションは、日常生活の隅々に深く影響を与えている。その弊害の一つに、地域と人々との関係が希薄化していることが挙げられる。地域の人と交流がない、地域の農産物を消費しない生活は、人々の生活の質の低下を招きかねない。特に、仕事がなくなるリタイア後は、居住地である

地域との関わりが生活の質を大きく左右するのである。柏市でも、「この地域で住み続ける」と当たり前に考えていたことの保障が揺らいだとき、人々は地域に関わりを求めたといえる。1人1人が地域と主体的に関わることで解決策を見いだしたといえるのである。地域で人々が関係を作っていくために、食と農は重要かつ不可欠なテーマとなることが今回の事例で示された。都市と農村が問題を共有した時に、これまで分断されていた両者に連携が生まれる。ローカルフードシステムとして地域で食と農が結ばれることで、その地域の問題解決の糸口が見いだされていく。地域で食と農をむすぶローカルフードシステムの構築が地域再生をもたらすことを、都市近郊の2つの事例は示しているといえる。

## 注
1) ローカルフードシステムとは、地域の農産物が再評価されることで、地域での生産や消費を促すための食と農（食の生産と消費）の関係を構築することである。ローカルフードシステムとして地域の食と農が再評価されるきっかけは、行き過ぎたグローバルフードシステムにより生産者や消費者の食料主権が奪われる懸念にあった。したがって、ローカルフードシステムの特徴は、人々の食の生産と消費における主体性が回復され、人々が生活の場として地域を自覚することにあるといえる。
2) 会員へのアンケートとインタビュー調査は、荒木惇志「都市近郊農村において都市住民が関わる農的空間の管理に関する研究」（平成22年度千葉大学修士論文）より引用。
3) 円卓会議については、『みんなで決めた「安心」のかたち』を参照のこと。
4) 食のフューチャーセンター柏を呼びかけたY氏が主宰するまちなかカレッジが、風の色でも開催されている。大学教員によるCSA農場に関するミニ講義や参加者が農作業をともに行い、地域の農業の可能性を語り合う会となった。

## 引用文献
[1] 荒木惇志「都市近郊において都市住民が関わる農的空間の管理に関する研究」平成22年度千葉大学大学院修士論文
[2] 五十嵐泰正＋「安全安心の柏産柏消」円卓会議『みんなで決めた「安心」のかたち ポスト3.11の「地産地消」をさがした柏の一年』亜紀書房、2012年
[3] Jack Kloppenburg, John Hendrickson and et.al. Coming into the foodshed, Agriculture and Human Value, No.13 Vol.3 1996
[4] Mima Nishiyama Shinpei Shimoura and et.al. The Analysis of Consumers' Interests for Construction of Local Agri-food System, Japanese Journal of Farm Management, No.45, Vol.2, 2007

[5] 大野晃『山村環境社会学序説：現代山村の限界集落化と流域共同管理』農文協、2005

# 第17章
# 中国における農業経営の新展開と六次産業化の動き

安　玉発

## 1　中国農業の現状と問題点

　中国農業は経済の高度成長期後に農業経営システムの再構築を重点とする農業発展様式の転換が進められている。20世紀80年代からの改革開放政策により農村の家庭請負体制の実行は農産物の供給保障、国民経済の高速成長を支えてきた。2003年以降に穀物生産量が13年連続に増加し農業の基礎地位を強化しつつある。農業の成長は13億人口の食事問題を解決するだけでなく農村住民の生活の改善をつなぎ、国家の工業化と都市化の建設に貢献する。

　ところが、最近では農産物の市場需要が供給より上回り、農産物の品質安全問題が突出し、農業労働力の不足と農業生産コストの増加などの問題が顕在化し、食糧安全保障政策は厳しい挑戦に直面する。主な問題点は次のようである。

　①農産物輸入の増加。国産穀物の市場価格は国際市場価格に接近して農産物の輸入が増加しつつある。2014年に穀物の純輸入量は1874.7万トン、前年より38％増加し、そのうちに高粱と大麦は1119万トンを輸入した。大豆はほとんど国際市場に依頼し7139.9万トンを輸入した。その他に植物油、綿花、砂糖、乳製品、羊肉と牛肉、豚肉なども一部の輸入が見える。農産物は国内生産の増長が消費の増長に間に合わず輸入せざるを得ない。

　②農業生産コストの増加。農業生産投入品の価格が増加し、とくに最近に労働力賃金が上がり農業生産の高コスト時代が到来している。2010年以降労

働力市場の供給が緊張し、各地の最低賃金水準が20％上がった。農業生産の中に種、肥料、農薬、農業資材、機械作業、土地賃貸の料金を合計して農業生産総コストの80％を超える。とくに他の作物に比べて穀物の生産収益性が低く政府から補助金をもらっても農家は穀物の生産に意欲があまりない。

③政府の農業保護政策が限度になる。中国はWTOの加盟国であり、WTO農業協定に従う農業政策の制定をしなければならない。国内支持に関連するイエローボックス（黄の政策）の補助上限に接近しつつあることから、今後に政府から穀物生産へ直接に補助金を増加する余地があまりない。

④農業資源と環境が農業発展の制約条件となる。中国の農業資源環境はすでに限界に来ている。耕地、水などの農業資源は開発しすぎて農業の持続的な発展を支えにくくなる。農業環境汚染の防止、食品安全管理制度の構築、農産物の数量と品質の安全保障は農業発展の大きな課題である。

以上の問題は中国農業発展と農家収入増加を制約するものとなり、それを解決するには新型農業経営システムの構築を重点とする農業発展様式の転換が必要とされる。本章は中国農業経営システムの構築に中核となる新型経営主体の成長とその背景を考察したうえで事例分析を通じて新型経営主体の役割を明らかにする。さらに農業発展様式の転換に関わる六次産業の動きについてその現状と事例を整理することにする。

## 2　新型農業経営主体の構造と特徴

中国政府は毎年の最初に中央第1号文書を発表することがあり、その内容は農業に関する政策指導意見であり中央政府は農業問題を重要視する態度を表す。2015年中央第1号文書「改革イノベーションの取り組みを拡大し農業の近代化建設を加速することに関しての若干の意見」によると、2015年の農業と農村をめぐる主な任務は、穀物価格の安定と増収、生産効率の向上、イノベーションによる農村の活性化などであり、農村改革を引き続き全面的に深化させることである。文書の中に、新型の農業経営システムの構築を加速

させると明確して新型農業経営主体の育成によりそれを実現すると指摘した。また、2015年8月国務院の通達「農業発展様式の転換を加速する意見」を発表して、経済高度成長期後に農業の持続発展に直面する問題を指摘し、農業発展様式の転換は農業近代化を実現する有効な道でなければならないと表明している。すなわち、単純な数量的な成長から数量・品質・収益の総合的な向上へ転換し、生産の物的な要素投入の単純依頼から技術進歩と労働者能力の向上へ転換し、資源消耗を主とする粗放経営から集約経営へ転換して、生産の高効率性、農産物の安全性、農業資源の節約、環境友好的な近代農業発展道路を歩くことである。

中国においては、農家の家庭経営が基本的な経営タイプであり、すなわち、農家は村の公的所有する農地を請け負い、家庭単位で生産と販売を営む。しかし、このような経営体制は30年あまり経て、労働力の流出に伴う農業担い手の老齢化と村落の空洞化が現れ農村地域の活力が失い、農業生産性と農家収入の確保が困難するなど、いわゆる「三農問題」が発生する。農業経営体系のイノベーションの目標としては家庭経営のほかに、土地流動によって家庭農場、土地委託経営、龍頭企業経営、合作社経営などの新型経営主体を育成し、農業の適度規模経営を推進するということである。

### (1) 新型農業経営主体の類別

**穀物生産専業農家**

中国で「種糧大戸」という、すなわち経営する農地の面積が大きく穀物生産を専業する農家である。穀物生産地域では専業農家は自分の請け負う農地のほかに、同村の他人の農地を契約で借りて経営する。経営面積は村農家平均面積の2倍以上で主に小麦、稲などの機械作業を利用しやすい作物である。

**家庭農場**

2013年中央第1号文書の中に初めて「家庭農場」という用語を記入し、農地の請負う使用権の流動は優先的に専業農家、家庭農場、合作社、農業サー

ビス組織へ流動し、これらの経営主体を農業支持政策の対象とすると明らかにした。家庭農場の規模は地方によって異なるが、その認定標準は各地で制定し試行する。2013年末に上海市松江区が認定した家庭農場は1236戸であり、稲作農場は平均収入10万元以上である。2014年末まで江蘇省が認定した家庭農場は2.18万戸であり、前の年より1.02万戸増加した。その中に穀物農場が9300戸で全体の43％を占め、野菜園芸農場20％、畜産農場16％、水産養殖農場14％、耕作と養殖を兼営する総合農場7％とそれぞれ占めている。また、6.7-20haの家庭農場は1万戸で49％を占め、6.7ha以下の約7800戸で36％を占め、20-67haの2900戸で13％を占め、67ha以上の446戸で2％を占めている。家庭農場の収益は普通農家より多く、6.7ha規模の場合に稲と小麦の二毛作での年純収益が8-12万元となる。

### 農民合作社

2007年「中華人民共和国農民専業合作社法」が実施してから中国の農民合作社組織は速やかな発展を遂げた。中国工商行政管理局の統計によると、2014年年末まで全国農民合作社の数量は128.88万社であり、出資額は2.73万億元である。現段階では農民合作社は主に農家の生産資材の統一購買、農産物の統一販売を行い、農業生産は基本的に農家単位で別々に行う。

中国農民専業合作社は成立の歴史が短く、探索する道を辿っている現状である。法律に従い、農民社員たちにサービスを提供し、民主的な管理、利益返還などを実行する合作社はそれほど多くない。したがって、農民合作社は正しい方向へ発展させるには、2013年中国農業部などの九部門連合で「国家農民合作社モデル社評定と監督方法」を制定し、2014年に全国から4013社の先進モデル社が選ばれ、先進なモデル社を宣伝し全国の農民合作社の学ぶ手本とする。

### 農業社会化サービス業者

中国では中国供銷合作社（供給販売共同組合）という従来の農業サービス組織が存在し、ほとんどの農村地域ではその店があり、全国的ネットワークが形成されている。主に農業生産資材の販売、農産物の流通、廃棄物の回収

などを業務として営み、農村に社会化サービスを提供する業者である。最近の動きとしては、供銷合作社は農地委託管理モデル事業を新しく創立し、農家と村民委員会と共同で協議したうえで、農家の農地を「托管」する業務を展開している。それによって、規模的な農地経営が実現され土地の生産性と農業の収益性が上がる。山東省などの農業地域ではそのモデル事業がだんだん拡大している。

### 農業産業化龍頭企業

中国では20世紀90年代後半から「農業産業化」という農業発展モデルが全国で普及してきた。その基本的構造は「企業＋農家」であり、農工商一体化とも言える。その中に企業（龍頭企業）は農家と契約して農家の生産物を購買し、それを加工、包装して国内市場あるいは海外市場へ販売する。企業による市場販路が確保されるために農家は生産を専念できるし、市場リスクが減少される。企業が農家を引っ張って、市場と農業生産者の間にチェインを構築し地域農業発展を促進する役割が多い。

### 農業へ参入する工商企業

工商資本の農業参入について中央政府はいつも慎重な態度を持つが、この二、三年に規制がだんだん緩和する動きが見える。2015年中央第1号文書の中に、工商資本の農業参入について、企業経営に適切な近代栽培業と養殖業を含み、農産物加工・流通業、農業社会化サービス業と限定している。その後、農業部などの四部門連合で「工商資本の農地リースを監管しリスク事前防止についての意見」という文書を公表した。この文書には、まず工商資本の農業参入は資本と技術の投入によって近代農業の経営理念と産業組織方式の導入、要素資源の配置の最適化、伝統農業から近代農業への変身、一二三産業の融合に有利であると指摘したが、以下の4点を明確にした。

①工商企業による大面積農地の長期間リースが制限される。
②政府や地方組織から農家の土地流動を強要することが禁止する。
③農地の用途を勝手に変更することが禁止する。
④リースした農地を破壊や汚染するなどの違法行為が禁止する。

農地に関連しない分野の工商資本参入は制限しないことが明らかになった。農村地域に農産物加工、流通、農業サービス業などの参入は政府が支持する対象となる。

## （2） 新型農業経営主体の事例分析

### 家庭農場の事例

何勇家庭農場は安徽省宿州市灰古鎮秦圩村にあり宿州市のモデル家庭農場である。農場主の何勇氏は男、47歳、高校卒業、村民委員会に共産党の支部書記を担任している。2011年に60戸の農家から農地を50haリースし、毎年農地1haに6750kgの小麦を農家へ支給する契約で家庭農場をつくった。何勇夫婦と息子夫婦の4人の家族労働力で働くが、農事の忙しいときに村民の短期アルバイトを雇い、多いときに50人を雇うこともある。農地をなるべく集中にして農業機械作業の便利のため、農家の隣接地をリースする。

現在では何勇家庭農場は小麦の生産を専念し、地元の食糧産業生産組合に加入して栽培技術の指導、農業機械の作業、生産物の販売などの専門サービスを受けることができ、普通農家より経営収益が高い。ところが、家庭農場は農地の整備、生産機械の購入、倉庫施設の建設などには大量の資金がかかり、政府より新たな資金補助政策が立てられる必要である。

### 農民合作社の事例

山東省寿光市燎原果菜専業合作社は2000年に成立し無公害野菜の生産・販売を経営する農民組織である。2007年工商管理局に登録して現在に社員317戸、事務員18名である。合作社は社員の野菜ビニルハウス336軒を利用して、「燎原」という商標の無公害認証野菜を生産・包装し、トレーサビリティシステムを導入し消費者に安全安心な野菜を提供する。生産資材の共同購買、営農指導、共同販売、社内融資の四つの事業が合作社のメインな仕事である。

①生産資材の共同購買。合作社農業資材専門配送センターが設立し、生産企業から直接に共同購買した化学肥料、農薬、ハウス資材を卸売価格で農家

社員に販売する。これだけに農家の野菜ハウス一軒当たりは1000元ぐらい生産コストが減少する。

　②生産の営農指導。合作社の技術指導員がハウス栽培の知識と無公害野菜の標準化生産技術を社員に教え、営農指導と作業監督を行い、生産中の難問をその場で解決する。

　③野菜の共同販売。合作社は共同販売の利潤返還制度によって、契約社員へ野菜共同販売の利潤を返還する。合作社は市場価格の高い年には経営利潤の13％を社員へ返還するが、市場価格の低い年には16％を返還するという、社員の経営リスクを分担する機能が設ける。また、農家から出荷された野菜を残留農薬検査し、合格しなかったら購買を拒否する。二回目の不合格品があった場合にはその社員を合作社から除名し、またその社員に技術指導を担当する技術員に責任を問う。

　④社員の融資保証。合作社は社員の一時資金不足問題を解決するには地元の寿光農村合作銀行と協議して合作社社員の融資連帯保証人とする。寿光農村合作銀行は５万元、10万元、30万元など融資額のローンを設けて合作社社員の野菜生産を支持する。

**農業企業の事例**

　山東省泰安泰山亜細亜食品有限公司は1994年成立し国内の有名な有機野菜生産、加工、貿易企業である。現在には有機野菜加工場６か所、総合食品加工場１か所で30000tの加工能力を有し有機冷凍野菜、有機脱水乾燥野菜、有機調理食品などの４種類の60ぐらいの品目が生産される。冷凍と冷蔵倉庫の容積量は15000tであり、ほかに有機肥料工場１か所、総合検測センター１か所がある。会社の生産した有機食品はアメリカ、カナダ、日本、オーストラリア、ニュージーランドおよびヨーロッパなど30か国と地域へ輸出し、「九州豊園」という商標で国内市場へ販売する。泰山亜細亜食品有限公司は有機野菜の品質管理戦略を実施するポイントはつぎのようである。

　①生産基地の認定と管理

　有機農業の認定標準で生産基地を選択し有機認証機構の認証を取る。有機

野菜の生産経営は主に「企業＋合作社農場」、或いは「企業＋家庭農場」の様式で行う。合作社農場とは有機農家が成立した合作社により経営する有機農場である。合作社農場では「栽培計画の統一、生産資材供給の統一、販売契約の統一、技術指導の統一、集荷運送の統一、代金決済の統一」の管理を行い、社員農家が技術指導員の指示に従って作業しなければならない。お互いに監督する責任としては誰かが品質問題を生じるなら、他人を連帯し全体社員の損失を招く。公司は合作社農場に自社の監督員を派遣し農場の生産過程を監督する。「企業＋家庭農場」の場合には、家庭農場は公司の「六つの統一」を認め、それを守って有機野菜の栽培管理を行う。

　②原料の仕入れる管理

　有機農場で栽培した野菜を有機野菜加工場で加工・包装して海外市場あるいは国内市場へ販売する。農場で野菜を収穫する前の3－10日にサンプルを取って農薬残留量を測定し、合格すれば現場へ会社員を派遣して有機野菜の規格標準で仕入れ、有機野菜の専用車を使って4時間以内に加工場へ運ぶ。そこに加工場の原料担当者は穫り入れ記録票に照合し納品明細表・追跡事項票などを記入して貯蔵場所へ移動する。貯蔵場所の管理者は保管に関する規則制度にしたがって他原料の混入や汚染のないように保管する。

　③加工過程の衛生管理

　有機野菜の加工施設と加工過程にGMP、HACCPの認証をし、標準化管理を実施する。加工場には原料置き場、粗加工場、精加工場、包装場、冷蔵場などが相互に隔離して、加工原料、補助材料、半製品、製品を順序に区分し、生ものと熟物を場所に区分し、人流と物流を別々にし、加工機械の潤滑剤も食品級のものを使用するなどの汚染防止対策を講じている。加工場では「衛生標準作業基準」によって加工用水、環境衛生、作業員の健康を管理する。

　④製品の品質検査

　出来上がった製品について生産ロットごとに品質検測を行う。企業は品質検測室で53項目を検測するほか、公的検測機構と独立な検測機構へサンプル

を送検する。泰安市出入境検疫局は公司のすべての加工製品に安全監視を実施して問題製品を検出しなかった。

**農業社会サービス事業の事例**

鴻運富民合作社は山東省嘉祥県義和鎮大張楼村にあり2009年12月に成立し、登録資産額366万元である。この合作社は土地の集中経営と「土地託管」（農家から土地の経営を受託する）サービス業務を中心に展開する。最初に7戸農家が農業機械と土地を資本金として入社し、66.7haの農地に小麦とトウモロコシを栽培する。2年後の2013年には合作社の経営範囲は嘉祥県内の3郷鎮60村に及ぼし、社員も16000人余りになり、経営面積が200haに拡大した。このように鴻運富民合作社は「土地託管」の方式を採用し多数の兼業農家から土地を受託し管理することによって土地の規模経営が実現される。

「土地託管」とは、農地の経営権が変わらず前提で農家は一部あるいは全部農地を合作社に経営を委託して、その土地の経営利益が両方で共有する一種の土地集約経営方式である。農村労働力減少による土地生産性の低下や土地の放棄などの対策として注目されている。

鴻運富民合作社の「土地託管」方式は、さらに「全託式」と「半託式」とがあり、農家は自分の状況によってどちらかを選択する。「全託式」は農家が合作社に土地を託して合作社が全過程の農作業を行い、土地の収益は合作社が所有するが、契約によって年末には受託農地1ha当たり小麦3000kgとトウモロコシ3000kg（合計6000kg）をリース料金として農家へ返還する。「半託式」は「メニュー式」ともいう、農家は農作業の全段階に生産資材の提供、機械播種、灌漑、施肥、病害虫防除、機械収穫、統一販売など、どれかの作業を合作社に託し、土地の収益は農家が所有するが、合作社へ作業ごとに一定の費用を支払う。

このように農業社会サービス事業が農村労働力の不足を解消するばかりでなく、土地の経営規模が拡大し農業生産効率があがった。鴻運富民合作社の計算によると、農家経営に比べて合作社の「土地託管」経営は穀物1ha当

たり約1500kgが増収したという。

## 3　農村における六次産業化の動き

　前にも述べたように、中国農業は資源と市場と両方とも困難に直面する現状である。2015年中央第1号文書の中に農業発展様式の転換を強調し、「農村地域の第一、第二、第三次産業の融合（六次産業化）を通じて、農家に加工と流通段階の付加価値を取得させ、農村の雇用増加と農家の所得増加を実現する」という「六次産業化」の概念を打ち出した。農村地域に新産業を創出することで農村の活性化と農業の収益増加に寄与する。

### （1）　六次産業の概念

　「六次産業」という概念は日本の農業経済学者である今村奈良臣が初めて提唱した。農村地域の中にある農業および中小企業の活性化を図り、活力ある農村・農業を目指していくための「六次産業」は、今中国でも注目されている。農家は農産物の生産だけに留まらず、農産物加工、流通・販売、さらに観光にも取り組んで、他業種との連携による経営を行い、それによって高い付加価値や新たなアグリビジネスを創出し、新しい産業を育成する。農村地域の六次産業化は農業生産所得のほかに農産物加工、販売の利潤も配分され農家の所得増加につながるばかりでなく、地域交流のプラットフォームが形成しイノベーションを誘発しやすい。六次産業化は新型農業経営主体の成長、工商企業の農業参入、地域ブランドの形成などを促進し農村・農業の活性化が期待される。

### （2）　六次産業化の成立条件

　中国では「六次産業化」と類似する「農業産業化」（竜頭企業＋農家）という概念がよく使用されるが、違うところがある。六次産業化の目的は農村地域にある第一、第二、第三次産業の融合によって「バイの拡大」効果が期

待し、またその付加価値を農業・農村サイドへ傾く配分する。ところが、農業産業化の場合に企業と農家との間の契約購買だけでは情報が共有せず、付加価値の配分もうまくいかない。原因の一つは竜頭企業は有利な地位を占め、農業サイトは組織的な対応が欠ける。今まで、政府は大企業を優先に支持する方針であるため、農業中小企業や農家組織の成長が遅れている。これから六次産業化を推進するには政府の政策調整が必要である。

　大都市周辺にある近郊農業は都市規模の拡大によって農地が減少しつつあり、作物は高価な野菜・果樹・花卉に集中し、出荷組織もある程度整えている。最近では市民の休憩場所・体験施設の整備が各地で行い、市民農園、農家民宿、農家レストランなどのサービス施設は市民消費者のニーズに合うものなので都市農業発展の重要な内容となる。近郊にあるサービス施設は大型観光農園が企業経営するが、市民農園、農家民宿、農家レストランがほとんど農家単位で経営する。

　また、北京市の例では、都市近郊の野菜農家は農民合作社の共同販売を利用して都市部への産地直売が盛んに行う。山間部に位置する延慶県緑富隆農業公司は地域の農家と連合して農民専業合作社を設立して有機野菜や緑色食品の認証をして、「緑富隆」という自社ブランドで「安全安心」の野菜の販売事業を展開し、都市部の住宅団地に直売店を設置したり、団体消費者へ直送したりする。今後での六次産業化の推進は最初に大都市の近郊農村にモデル事業を作ってやりやすいと考えられる。

（3）　六次産業化の事例分析
**事例1：都市近郊の観光村**
　南京市江寧区邸坊村は南京市の近郊にある。都市住民を観光誘致するため、農村観光資源を開発する。「農家楽」という主題で地元の原料で手作り食品を生産・販売する。豆腐屋、春雨屋、味噌屋、お茶屋、餅屋、麺食屋、米菓子屋などの地方特色のある商店街をつくり、ベテランの職人が現場製作したり伝統的な食品加工プロセスを観光客に演示したりして販売する。観光

客もその場で楽しく手入れなどの仕事が体験できる。このように地域にある自然景観、農村の歴史文化・習俗などの資源を有効に利用し、地元原料による食品加工と販売を展開することで、農村における第一、二、三次産業の融合が発生する。それで本来の川上に位置する農業生産者は川中・川下に生じる付加価値を獲得することができ、農家の収入増加につながる。しかし、観光農業の発展は地理的な位置、自然資源、資金と技術などの要素に制限されることがある。

### 事例2：合作社の産地直販

江西省新建県厚田郷新洲村にある小洲種養殖専業合作社は農業公司と一体化した大規模な合作社である。2007年成立して野菜の栽培、養豚、養魚、養鶏などの生産と販売を行う。合作社は2012年から自社産の野菜、魚・タマゴなどを直販し始まり、30kmあまりに離れる南昌市内に事務所を設置し20店舗の直売店を開店した。133haの野菜栽培農場と3000頭規模の養豚場を有する。合作社は自社の農産物を初加工・包装して直接に販売店へ配送する。自社直売店を経営するほかに、移動販売車も30台があり都市住宅団地へ販売車で流動販売を行う。このように合作社による生産、加工、販売を一体化する方式はアグリビジネスの展開であり農産物の流通と販売利潤が合作社に残される。ところが、消費者へ直売するために、商品の等級選別や商品包装が必要であり供給の品目、数量と品質の要求も高いので、実力のある大規模な合作社でなければ対応できない。

### 事例3：「竜頭企業＋合作社＋農家」

重慶市二聖茶業公司は緑茶の生産と加工を業務とする重慶市農業産業化竜頭企業である。従来では原料茶の仕入れ先は産地市場、直営茶園、茶葉合作社などであるが、茶葉合作社が産地市場より茶葉の品質が良く供給量も安定的であるため、合作社からの原料茶購入を拡大した。企業はさらに茶葉農家を引いて芭茶之郷茶葉合作社を成立し、企業は合作社にサービスを提供し、合作社は企業の要求によって茶葉の生産管理を行う。企業は市場価格より高い価格で合作社から茶葉を購入し、合作社は茶葉の販売利潤を農家に返還す

るという仕組みになっている。こういう「竜頭企業＋合作社＋農家」の産業化経営方式は三者の協調と利益調整が必要であり、合作社は企業と農家との間に調整役となり、両者の取引コストを減少することができる。この事例では、竜頭企業の製品ブランドと市場販売力が重要である。

## 4　今後の展望

　中国農業は新たな成長を実現するために、農業経営システムのイノベーションと新型経営主体の育成が全面的に推進され、農村における六次産業化の動きが見えている。

　中央政府はすでに近代農業の発展戦略と目標を制定したが、政策と資金の支持が必要であり、これから具体策の制定が急務である。つぎには今後の発展を展望しながら、問題を解決する対策をいくつか指摘しておきたい。

　まずは新型農業経営主体の育成については土地流動をさらに推進し、家庭農場を優先的に発展させることである。家庭農場は主に家庭労働力を使用するし、経営品目と労働力と技術水準にあわせて適当な経営規模を選択するため、土地生産性と労働生産性が高く、農作物栽培に適切な経営主体である。一方、農民合作社は数量的に見れば多いが本当に農家の組織として運営しているのは少ないで、これからの関連法律の修正と組織の整頓によって農業発展における合作社の役割を十分に果たすことが期待される。

　つぎは工商企業の農業進出について、政府としては限定する業種範囲で認める方針であるが、工商企業は農地を大面積にリースする行為が政策的に困難なので、政府が支持する農産物加工・流通業、農業サービス業などに参入し、地域の農民合作社と共同で経営を展開すれば企業にとっては有利である。工商企業は農業竜頭企業のように生産農家と契約して加工・販売を重点としての産業化経営を行うことも問題がない。

　さらに、六次産業化については、また政府から具体策を出していないが、都市近郊地帯に農業観光施設の建設が始まり、農家が経営する民宿や農家料

理屋などは都市消費者に喜ばれ、訪れる顧客は年々増えている。本来の生産農家は加工・観光施設を作る場合に常に資金、技術、人材などの問題に直面し、六次産業化を推進するために地域政府の支援策が必要である。ただ、農村地域に対してどのくらい顧客が来るか、何を作るか、どこへ販売するかなどの問題に市場調査や消費者ニーズの研究を要するし、食品製造・加工する場合には衛生管理と食品安全が重要視でなければならない。また、今までの農業企業の経営と違って、六次産業化には経営収益の大部分が農業生産者に配分し農家の収入増加につながるという点が重要であるので、農産物の付加価値がどのように農村に残されるか今後の課題であろう。

**引用・参考文献：**
［1］韓俊「新常態下如何加快農業発展方式」人民網—理論頻道2015- 1 -28（http://theory.people.com.cn）
［2］国務院辨公庁「関於加快転変農業発展方式的意見」国辨発〔2015〕59号、中国政府網2015- 8 - 7 （http://www.gov.cn）
［3］呉錦「江蘇省2014年認定的家庭農場達2.18万家」『新華日報』2015- 5 -18.
［4］農業部等「関於加強対工商資本租賃農地監管和風険防範的意見」『農民日報』2015-04-14.
［5］趙鯤等「基於対安徽宿州両戸家庭農場的実地調研」『農村経営管理』2014-12.
［6］譚文列婧等「発展合作社是建設農業社会化服務体系的有効路径—基於山東省燎原果菜専業合作社的案例分析」『中国農民合作社』2012-12.
［7］楊朝慧等「我国蔬菜加工企業質量安全管理案例研究—以泰安泰山亜細亜食品有限公司為例」『山東農業科学』2015-47（8）.
［8］呂亜栄等「土地托管専業合作社：運作模式、成効、問題及対策建議—以嘉祥県鴻運富民合作社為例」『農業経済与管理』2013-5.
［9］趙海「一二三産業融合模式探討」『中国農民合作社』2015-6.
［10］斎藤修「6次産業・農工商連携とフードチエーン——論理と検証」斎藤修・佐藤和憲編『フードチェーンと地域再生』農林統計出版 .2014.

# 第18章
## 水産業と6次産業化
――沿岸域管理と生活者のために――

廣田将仁

## 1 はじめに

　本章では、水産業からの視点としてフードシステムにおける6次産業化の価値を振り返ってみたい。第一次産業の生産者自らが、第二次産業である流通や加工、第三次産業におけるサービスに積極的に関与し、生産物の付加価値と収益性の向上や就業機会の創出を図る取り組み一般を指す6次産業化[1]というアプローチ。これは弱体化しつつある農漁村の生産基盤を強化するという産業政策的目的もさることながら、地域に住む人々による自発的なアクションに基づいて地域資源を持続的にマネジメントする手法としてとても大切である。さらに水産学における6次産業化の意味を考えたとき、近年、世界的に見直されているコ・マネジメント（地域資源の共同管理）のコアに当たる大切なアプローチであることに気づかなければならない。しかし、最近では水産行政の現場に赴くと6次産業化に批判的な声をよく聞く[2]。いわく、6次産業化は同じ地域内にある流通・販売業を妨害するもので地域での内発的発展を阻害するものであると。6次産業化をただ生産者による事業の多角化とのみ解釈すればそのような批判もあろう[3]。しかし、水産物は限りある大切な天然資源である。なお且つ地域に生活する人々にとって大切な地域資源でもある。その持続的な利用に対する積極的なアプローチの中核として6次産業化というものを慎重に、正しく理解していくことが水産業にとって必要となっている。

## 2　海外に見る水産業にとっての6次産業化

　6次産業化とは言葉の表層だけ捉え経営の多角化とのみ理解している場合が多い[3]。その誤解から最近の批判の矛先は、漁協や漁業者による直接販売やレストランなどの新しいビジネスに対して向けられる。すなわち川下に多角化すれば地域内にある同業者の商売を侵すことになる。そのようなことでは地域に生活する者の自発・自立を返って妨げてしまい、むしろ地域経済の内発性を削いでしまうという。フードシステム論においてはこのような批判を受けるまでもなく、すでに地域内のネットワークやコミュニケーションの連携を通じて価値を生み出していくことを説くが[4], [5], [6]、実際、地域の生活者にとっては理解されないらしい。そこでまず、世界各地の沿岸域に生きる人々の利用を見比べながら、コミュニケーションの実際という視点から6次産業化というものの意味を改めて考えてみようと思う。

### （1）　東南アジアに見る水産物の利用の原風景

　東南アジアの国々では、生鮮品市場が日常的な水産物の購入や消費の場であることが多い。これは国や地域よってパサールと言ったりフレッシュマーケットと言ったりするが、ここで興味深いのがこの場から発進するバイクや自転車による訪問販売や行商のような水産物の売り方、買い方である。図18-1は東南アジアでのコモディティチェーンをラフ・マッピングしたものである。右側の地域内の食品消費、"集め人"から下の流れを見て欲しい。

　パサールや家内食品加工より以降は行商のようなかたちで各家庭にデリバリーされることが多い。ただし彼らは、ただ当てずっぽうに売り歩くわけではない。ちゃんと地域内の生活者の家族構成や仕事、台所事情を分かった上で、生活者の顔を思い浮かべながら魚を仕入れ、一切無駄にすることなく販売する。写真18-1はインドネシア南スラウェシ島の行商人の品揃えであるが、多くの行商人が行商仲間同士で多様な魚種やサイズの魚を融通しあい、海の恵みを生活者の台所事情に即して、家庭の隅々にまでいきわたらせてい

第18章 水産業と6次産業化　289

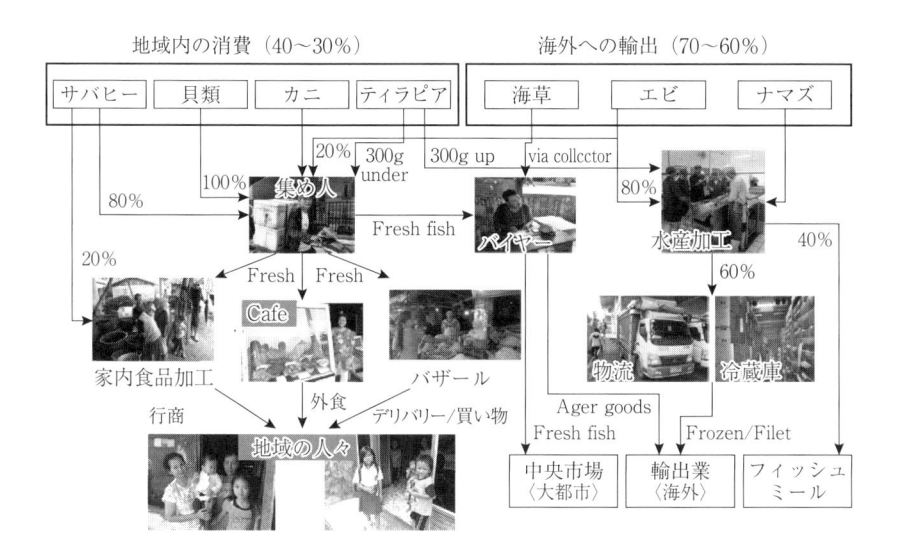

**図18-1　東南アジアにおける水産物のコモディティチェーン　ラフ・マッピング**

地域内の消費（40〜30%）　　　　海外への輸出（70〜60%）

サバヒー／貝類／カニ／ティラピア　　　海草／エビ／ナマズ

100%　20%　300g under　300g up　via collector

集め人 → Fresh fish → バイヤー → 水産加工

80%　　　　　　　　　　　　　80%　　40%
20%　　　　　　　　　　　　　　　　60%

家内食品加工　　　バザール　　　物流　　冷蔵庫

行商　　外食　デリバリー／買い物　Ager goods Fresh fish　Frozen/Filet

地域の人々　　　　　中央市場〈大都市〉　輸出業〈海外〉　フィッシュミール

く。もちろんここをスーパーマーケットのない未開の地と誤解してはならない。スーパーもある。洗練されたレストランだってある。しかしそこでは彼らが主役である。つまり、そこには地域の人々の生活をベースにして漁業の生産と流通があり、地域の商業者もまたそれぞれが生活者の顔と台所事情を慮りながら商売をする。いわば地域全体が生活を通じて地域の水産資源をみんなで利用し、商業と生活のつながりが一体化している図である。

　ここで教えられる大切なこととはなんであろうか。それは、それぞれの消費者の生活や事情に寄り添った地域生活者のための仕組みなのであるが、コミュニケーション、連携、効率性を備え、誰もが生活者として満足できる地域資源の経営のあり方を示しているようには見えないだろうか。6次産業化の求めるべき地域資源の活用モデルとは、ある一個の主体の例えば漁協などの経営技術上の手法としてだけではなく、地域に生きる生活者のためにあり、且つ生活者を生かすための仕組みこそが根っこにあらねばならない。沿岸域の地域資源の共同管理のあり方において、コ・マネジメント（地域資源

写真 18 - 1　出発準備に余念のない行商・デリバリー商人（南スラウェシ）

の共同管理）を考えるに当たっても、そのコアとして6次産業化が位置づけられるためには経営技術的な課題だけではない。もう一度、生産と生活をベースに考える必要があるのかもしれない。

### （2）　アジアの新興国としての水産物利用の一形態

次に台湾を見てみたい。日本や東南アジアと同じく魚食国として知られる台湾でも6次産業化は注目を集めている。台湾は韓国とともにかつてはアジア四小龍と言われた経済的な新興国である。首都である台北市近郊にあり台湾最大の漁業地域である宜蘭県と新北市は沖合漁業を中心に沿岸漁業もの盛んな地域であるが、近年、漁業者による販売への多角化が活発である。彼らはこれを6次産業化と呼んでいる。台湾海洋大学の学識経験者である荘慶達教授によれば、近年の漁獲量の減少に伴い漁家所得が低調であったが、海鮮レストランや直売などへの取組みにより所得向上に役立っているという。資源量が低下していくのに対して漁業者は所得を維持しなければならない。その資源の回復のため漁獲を制限する資源管理に対して、所得維持を図るための6次産業化に注目したい。これが日本を含む先進国が6次産業化に求める大義である。要するに漁家所得の向上に注目した大義でもある。

大切なことは、このような生産者のためだけにある6次産業化において地域社会にはどのような効果があるのだろうかというところである。写真

写真18-2　漁業者が直接、消費者に販売する6次産業化の一例（台湾）

18-2は漁船から観光客に直接販売している。中には簡易なレストランを営むものもある。このような漁業の生産者による直接的な多角化というべきか、川下への進出は新たな需要を呼び込むという効果がある一方、地域内の流通や小売・外食業者にとっては圧迫と映る可能性もあろう。また、新たな需要の価値とその相乗効果が明瞭に計測できなければ、単に地域内でのパイの奪い合いと揶揄されても仕方がなく、結果、地域経済に貢献しないという意見も出はじめる。日本でも最近の6次産業化への批判はこのようなものである。ここで学ぶべきは何であろうか。一つは、やはり地域内にある流通や販売業者との連携の仕組みをどう仕掛けておくかということであろう。一人勝ちではなく、地域全体としてどう連携の底上げが得られるか仕組みが大切である。これはフードシステム論における極めて基本的なところでもある。

### （3）　欧州での沿岸域管理に見る6次産業化

　6次産業化は欧州では経営上の技術として語られるよりも、沿岸域のあらゆるステークホルダー（利害関係者）の参画するコミュニティ・マネジメントの一環として評価されるようである。6次産業化に対する関心は、沿岸域

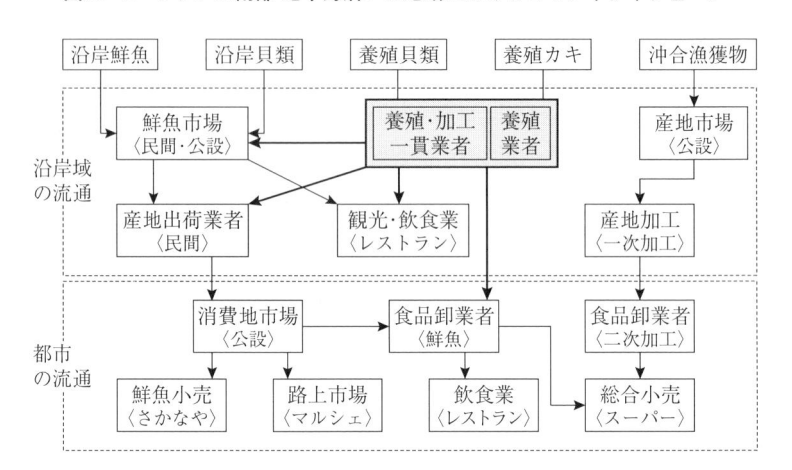

図18-2 フランス南部 地中海沿いの地域におけるコモディティチェーン

```
沿岸域の流通:
  沿岸鮮魚 → 鮮魚市場〈民間・公設〉
  沿岸貝類 → 鮮魚市場〈民間・公設〉
  養殖貝類 → 養殖・加工一貫業者
  養殖カキ → 養殖業者
  沖合漁獲物 → 産地市場〈公設〉
  鮮魚市場 → 産地出荷業者〈民間〉、観光・飲食業〈レストラン〉
  養殖・加工一貫業者 → 産地出荷業者、観光・飲食業
  産地市場 → 産地加工〈一次加工〉

都市の流通:
  消費地市場〈公設〉
  食品卸業者〈鮮魚〉
  食品卸業者〈二次加工〉
  鮮魚小売〈さかなや〉
  路上市場〈マルシェ〉
  飲食業〈レストラン〉
  総合小売〈スーパー〉
```

管理のうちコ・マネジメント（共同管理）のコアとして、生活者を含むステークホルダーが市民としてどのように沿岸域を適切に管理し利用していくかというところに期待する。しかし、そこでさらに大切なことは沿岸域の総合的な管理がどのような全員参加の仕組みを提供するかという関心である。

　フランス南部の都市、セート市トー湖（Thao Lagoon）は養殖カキや地中海での漁業で有名なところである。当地区は地中海に面したリゾート地であるため観光用のシーフード需要のほか、パリなどの大都市にもその多くを出荷しているところである。また、それだけではなく、地域住民も生活の中にマルシェなどを通じて地元産の水産物がよく利用されている。水産業と観光、そこに住む住人の生活が一体となっているふうである（図18-2）。しかし一方、北アフリカへの玄関口として歴史的に商業港や工業都市として発展してきた経緯もあり、水産業の6次産業化は環境への配慮も含めて地域内にある異分野のステークホルダーとのバランスの取れた合意形成の仕組みが必要となる。図18-3はセート市のステークホルダー参加型の沿岸域管システムである。このシステムでは、産業界だけではなく市民や研究者など幅広いステークホルダー（利害関係者）が参加しており、戦略的計画委員会が市民

**図18-3 ステークホルダー参加型の沿岸域管理システム**
**（コ・マネジメント共同管理体制）**

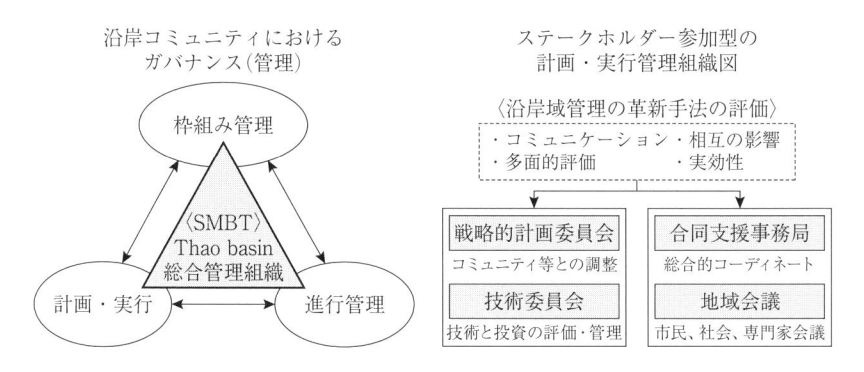

や社会と調整をとり、技術委員会が社会の改善に必要な技術の導入を決定する。そして、市民、社会、専門家によって構成される"地域会議"がそれを評価するという民主的な沿岸域管理のシステムを持ち、さらにこのようなシステムや技術の導入を支えるのは、ファンド・パートナーという投資家の役割が大きいという。行政の役割が大きい日本とは異なるシステムであるが、漁業者やビジネス関係者だけではない、市民も含めた全員参加型の沿岸域管理システムとその中での6次産業化の役割を考える上で学ぶことも多い。

### （4） 水産業の6次産業化に大切なこと

6次産業化を考えるとき水産業は農業と比べてどう異なるだろうか。もちろん、天然資源であること、魚種交替や資源変動を伴うこと、品質劣化が早いことなど水産業だからこそあるものも多い。しかし、6次産業化という視点からアジアとヨーロッパを見渡したときにその違いに気づかされることは多い。つまり、水産物が地域の生活に適切に十分に利用されているのかどうか、そして環境との共生について生活者に十分な意識と責任があるかどうかというところである。水産物は畜肉類と同様に、生産と地域生活の乖離は生じやすい。また、海面の利用においてもアクセス性（権利や技術、コスト

等）の面から沿岸域の生活者にとって制限があり必ずしも密接不可分のものではないことも多い。

　6次産業化は、生産物の付加価値と収益性の向上や就業機会の創出を図るものとして農漁村の生産基盤を強化するという産業政策的な目的が注目されやすい。しかし、6次産業化を地域の生活者による自発的なアクションに基づいて地域資源を持続的にマネジメントする手法として捉えたとき、生活と水産資源の利用の一体化、生活と海環境の密接な関係というファンダメンタルな部分を改めて見つめることが大切である。そのことがなければ、6次産業化は単なる経営的な技術論に矮小化し、肝心の地域生活者による推進と組織化において大義が得られないことになる。冒頭に述べた水産業の6次産業化に対する批判はこのようなところに起因していると考えている。6次産業化は大切な概念である。これを慎重に適切に理解を進めるには地域生活と一体となった管理・推進体制の基盤が大切である。アジアとヨーロッパを見渡して6次産業化を考えるとき、生活と利用、生活と環境がどのように一体化しているか、また出来ていないかというフィルターを通してみれば、6次産業化自体の基盤の強さもまた明らかになってくるように思う。特に台湾の事例は、日本の実情に近いものと見える。このことの是非をどのようなクライテリアで評価するか、6次産業化に関する学術的アプローチの次のステップはどのようなものか。基本的には生活と利用、環境の距離を考えておかなければならないと思う。

## 3　日本における水産業6次産業化の論点

### （1）　水産業で失われた地域流通・消費

　ここからは視点を変えて、日本における水産業の6次産業化の課題と意義を考えてみたい。水産業で価格の低下や後継者不足など産業としての活力が問題とされてきたのは1990年代以降のことである。6次産業化ということばを借りるまでもなく漁業生産者による販売のための取り組みは、すでにこれ

までも様々な事例があり、例えば漁協による加工や直売所、レストランの経営などは多くの事例がある。しかし、その多くは順風満帆であったというわけではなく、そこには水産業としての多くの課題がある。

　6次産業化の課題、地域の水産資源を地域内で利用できていないという課題すなわち本稿の最も大きな論点である地域の生活と水産資源の一体化。この課題は日本の沿岸漁業がこれまで遠隔地にある都市住民への食料供給者としての役割に甘んじてきた歴史によるところが大きい。日本では地域産業の担い手であった沿岸漁業でも、沖合漁業と同様、大消費地の都市住民のための食料の供給の役割を背負わされてきた[7]。いうまでもなく漁業者は国民への食料供給を果たすために特別に魚を取る権利を付与されているという法律的、国策的な前提がある。そのため知らず知らずのうちに、遠くに住む都市の生活者の食料のための漁業になってしまったことに疑いを持つこともなかったが、気がつけば伝統的に育まれてきた地域での水産資源の利用はいまやなかったもののようである。そのような事情もあって水産業では、農商工連携などで謳われてきた地域内の異業種との連携という枠組みを伴って消費財を創り出すということも絶えて久しい。

　この国民への円滑な食料供給を図るためという前提のために卸売市場の流通機構が整備された1960年代からすでの半世紀が経ち、沿岸漁獲物の多くが地域内の生活と一体のものであったとことを語るものも少なくなっている。この、かつての地域内の生活者による地域資源の利用の姿は農業よりも水産業の方がより顕著に消え去ったのではないかと思う。水産業における6次産業化の出発点は、先に挙げた生活とその利用の一体化を省みる必要があるし、6次産業化の試みはこの反省に立って地域生活者利用とそこから生じる知恵を生かすことからはじめなければならない。例えば、近年、漁協による移動販売事業がいくつか見られるようになった（写真18-3）。その背景は、買い物難民への救済策として補助事業化されたこともあるが、地域の水産資源を地域に住む生活者に還元するという理念は、生活と水産資源の利用という原点回帰を強く意識したものであった。この理念は、移動販売という6次

写真18-3　水産物の地域生活者利用のたに取り組まれた移動販売（大村湾漁協 長崎県）

産業化の一形態が採算性もつかどうかということではなく、生活者の「利用」を通じて地域資源とその基礎となる環境が生活に深く関わるという生活者参加型の沿岸域管理の呼び水として期待したいというところにある。

### （2）"生活と利用"の再定義の必要性

　ならば、かつての地域の利用とはどういうものだろうか。われわれは、漁業というものは資源が変動し、魚も種類や品質や大きさが大きく異なることをよく知っている。そしてその一方、季節の変化だけではなく魚の生態のリズムに合わせて無駄なく上手に利用するために保存技術を発達させたこと。また、この保存の技術を元にした利用、すなわちその土地の風土に応じた地域独自の食べ方があったこと。そしてこの地域住民が利用する量に合わせて生産と流通のキャパシティが守られていたこと。このような自然と生態のリズムに合わせて水産物を利用してきたこと。これが地域における生活者の"利用"である。この"利用"というものは現在ではよく食文化とされるものの根っこにあるものである。もともと水産資源は自然と生態環境のリズムに合わせて収穫されるものであり、これを利用する人間はこのリズムに合わ

せて上手に食べる。そしてその生活様式で必要とされる量だけを漁獲するという、自然と人間の生活の調和によって成り立つものであった。ゆえに環境や地理に即した形態の数だけ"食文化"というものがあり、それゆえそれぞれが独自性を持つのである。東南アジアの行商形式の流通はこのことを思い出させる。

この文化的な様式は地域需要ならぬ"生活と利用"ということばが適している。地域利用のベースは環境と共生する生活様式そのものにある。国連ミレニアム生態系サービス評価[8]においては、これに関連する生態系サービスは"Provisioning Service（供給サービス）"というように貨幣価値に換算される機能のみを捉える向きもあるが、このような生活様式を持つ生活者による"利用"において発揮される環境との共生に基づく知識と役割が不足していることに気づかされる。"利用"は環境に合わせて変動を伴う水産資源のもっとも合理的な活用形態であり、6次産業化の目指す水産資源の活用を考える際不可欠の要素である。

しかし、その地域"利用"はやがて漁業が大消費地のためのビジネスに変じることで姿を消した。その先には、地域内の他の業種との連携も育たずに、近年、積極的に進められてきた農商工連携も経験できなかったという結果があり、都市生活者の生活様式を追随するような販売形式が定着し、環境や資源の変動、魚の多様性に応じた加工や食べ方、獲り方など"利用"にかかわる知識が忘れ去られるという結果がある。これが、6次産業化の適用を阻む地域の流通と消費の抱える課題についての背景であるように思う。

### （3） 水産業の抱える組織的な課題

さらに、水産業の6次産業化へのアプローチにおいての組織的な課題とはどのようなことであろうか。まず、水産物は資源が変動しやすいし腐りやすい性質のもので、農畜産業に比べれば計画的生産に基づいた緻密な事業多角化も図りにくい。また、水産業における直接販売など多角化の例を見るとネット販売にはじまり、小規模な直売店舗が選択されやすい。このことから、

その推進体制は既存業務のかたわら兼務のような形で片手間になりやすく、新たに組織を組み替えて新しい販売形態に本腰を入れようとした例は水産業では少ない。しかし、これは経営や組織基盤の弱い漁協やそれに準ずる生産主体そのものの性質上、仕方がないことであり、それよりもむしろ地域内のステークホルダーや生活者のバックアップや連携が得られないところにこそ問題がある。6次産業化に対する表面的な理解が、このような実情に上乗せされ誤解され、現場では不満や不信が募ることも多いと思う。

しかし、このような制約においても水産業の地域利用に目を移した取り組みとその議論をあきらめるべきではない。水産業の現状を見れば、国内消費の縮小により価格も停滞し、また、人口減少・高齢社会を間近に迎え、生産基盤の存続そのものも問われている。6次産業化を伴う地域利用の取り組みは、漁業の生産基盤そのものの維持のためだけではなく地域に生活する人々のために大切な手法として積極的に議論されるべきである。なればこそ、地域のステークホルダーや生活者の全員参加型の推進体制やその仕組みが出来てこなければならないのである。先に述べたフランスのセート市の例は、このことの重要性を提起してくれる。

フードシステム論における理論的整理[4]、[5]、[6]においては6次産業化による多角化の成否は、サプライチェーンやバリューチェーン、プラットフォームの設定などのマネジメント技術を組み合わせのみならず、地域内の異業種とのクラスターへの拡張をいかにして成功させるかというところに注目する。水産業の6次産業化においてこのような技術的な課題のほか、利用者である生活者を含むあらゆるステークホルダーが参加する推進体制を得るためには、地域住民の生活をベースにした地域内資源の合理的な"利用"のあり方を基礎に据えることがとても大切である。"地域利用の生活様式"とは、変動しやすい水産資源を上手に無駄なく利用するための知恵を育み、風土に合わせた伝統的な加工技術や食べ方をもつ生活様式である。例としてあげた南スラウェシの生活と利用はその参考となるところが大きい。このような社会と生活様式は、より便利なサービスを享受できる現代の生活に反し、昔の

生活に回帰しようという消極的なものではない。もともと水産資源は有限であり、むしろ人間の方が自然や生態のリズムに合わせて生活の糧として利用してきたものである。このような考え方は、「漁業資源を地域の環境に合わせて利用する（食べる）」という本来的な漁業のあり方の再考として学術的にも価値を高めてきている。例えば、都市生活者に消費されやすい魚種だけを資源管理とセットにしてマーケティングするような西欧諸国的な科学的アプローチよりも、牧野ら[9]によるとかつてのように自然のリズムに合わせて、大きいものから小さいものまで万遍なく食べる方が資源の持続的性により良いという。つまり、水産資源とはビジネスとして都市消費者の生活様式に合わせたかたちで供給させるだけのものではない。元々、自然と生態、環境に合わせて上手に無駄なく利用すべきものという考え方は6次産業化を考え、進める上でとても大切なことなのである。そして、そこに居住し糧を得る地域の生活者の生活様式と知識においてより適切に利用される方が水産業の持続的な利用としてより有効であるという解釈を間接的ながら科学的に説明していくことは研究者としての責任であると考えている。そしてその意義は極めて大きい。この考えに基づけば、"地域利用"という生活様式に関わる食べ方の再考は、天然資源の持続的利用を命題とする水産業にとって大切なアプローチであり、6次産業化の推進主体として参画する生活者のあり方として重要な示唆を与えてくれる。これに沿って新たな価値や雇用の創出を図ることができれば、これまでにない水産業の6次産業化の新たな局面を見せるであろう。

注
1）今村奈良臣『農業の6次産業化の理論と実践―人を生かす 資源を活かす ネットワークを広げる―』（SRI, 2001) http://global-center.jp/sp/res/20120818-173659-8874.pdf（2015/11/1）
2）柿澤克樹、廣田将仁「漁業者との連携を通じた沿岸漁獲物の付加価値作りへの取り組み」『月刊海洋 Vol47』、2015、2-6
3）廣田将仁「6次産業化の理論的整理と水産業へのアプローチ」『漁業経済研究』、第59巻1号、2013

4）斎藤修『食料産業クラスターと地域ブランド―食農連携と新しいフードシステム―』（農産漁村文化協会、2007）
5）齋藤修「6次産業・農商工連携とフードチェーン」『フードシステム研究』第19巻2号、201）、100-116.
6）斎藤修『地域再生とフードシステム―6次産業、直売所、チェーン構築による革新』（農林統計出版、2012）、pp11-50
7）小田憲太朗・廣田将仁「タチウオ流通構造の現状と課題」『漁業経済研究』第57巻2号、2013、1-14
8）小路淳・堀正和・山下洋編『浅海域の生態系サービス―海の恵みと持続的利用―（水産学シリーズ）』恒星社厚生閣、2011
9）S. M Garcia, M.. Makino *et al*「Reconsidering the Consequences of Selective Fisheries」『SCIENCE』, Vol335, 2012, 1045-1047

# 第19章
# 地域ブランドを核とした食料産業クラスターの形成
―― 長野県「市田柿」のネットワークを事例に ――

森嶋輝也

## 1 はじめに

　経済のグローバリゼーションの進展の下で地域経済を活性化し所得を増大させるためには、その地域の農業と食品・関連産業が持続的に成長することが重要である。しかし、自由化の方向に進められつつある新しい国際貿易秩序の下では、農産物市場においてもアクセス開放が求められるようになっており、地域の農業や食品産業も生き残りを賭けて国際的競争力を持つよう迫られている。これに対して斎藤（斎藤2011-a）は、食と農の連携深化におけるa.（広義の）農商工連携、b. ブランド化、c. インテグレーションの三つの戦略を提唱しているが、その中でも企業等個別の主体が採る戦略と違って、地域レベルで取り組むべき戦略として、一つには農商工だけでなく地域内の産学官も連携した新製品開発・新事業創出により経済波及効果を目指すa.「食料産業クラスター」形成が、もう一つには個々の商品名・企業名でなく地名を冠したb.「地域ブランド」化により複数の生産者・企業が共同で品質管理やマーケティング活動を行うことが、有効であるとしている。
　これらの戦略は、それぞれ前者は新技術の開発・導入等による「イノベーション」を誘発する仕組み作りを、後者は歴史・文化的な地域資源の持つ「ブランド価値」を管理する仕組み作りを通して、と方法は異なるが、地域内の主体が連携して製品の高付加価値化を図り、地域の競争力を強化するという共通の目的を持つ。欧州でもこれら二つの戦略は、農村地域の所得増大

と競争力強化を目的とした政策に取り入れられており、前者の農村イノベーション政策（井上ら、2013）に関してはEUのLEADER事業やフランスの競争力拠点政策が、後者の地域ブランド政策（李、2014）に関してはEUの原産地呼称保護制度（PDO）や地理的標示保護制度（PGI）等がそれぞれ活用されているところである。このようにこれら二つの戦略は方向性は異なるが、目的を同じくし、かつ手段として関係主体が共同利用する地域資源や情報にも共通するところがあるため、同じプラットフォーム上で両立が可能なはずである。しかし、現実には食料産業クラスター形成と地域ブランド構築を高水準で両立させ、経済活動を推進している地域は国内外ともに少ない。

　この数少ない例に関して、斎藤（2007）は、産地に加工業者が集積し、各メーカーが有利性のある販売戦略を採ることで、消費者へのブランド認知度を拡大させた和歌山県の「南高梅」の事例や、逆に地域団体商標の取得を機に品質管理の技術革新と新規参入が進んだ長野県の「市田柿」（斎藤、2011-b）の事例の分析を通じて、クラスター戦略と地域ブランド戦略の間に相助効果があることを明らかにしている。そこで本章でも同じく市田柿のケースを分析の対象として取り上げるが、その事例に対して本章では社会ネットワーク分析等の形式的解析手法を適用することで、地域ブランドを核とした食料産業クラスター形成の効果を定量的に検証する。さらにその分析を通じて、これらの戦略を両立させるための課題を明らかにすることを目的とする。

## 2　干し柿市場をめぐる状況

　市田柿のケースの分析に入る前に、その背景となる干し柿の市場をめぐる状況について確認しておきたい。わが国における干し柿の出荷量は、概ね1990年代から2000年代の前半にかけて拡大してきたが、2006年の8,000tをピークに減少しつつある。その一方でほぼ全量が中国産である輸入に関しても、2000年以降は減少傾向にあるため、全体として干し柿市場の供給量は現

在右肩下がりの状況にあると言える。この干し柿の供給について、これまでは国内ではあんぽ柿の主産地である福島県と枯露柿の生産が多い長野県を二大産地として、山梨県、和歌山県、富山県などが主要な生産地であった。しかし、2011年3月の東日本大震災に伴う原発事故の影響で、福島産の干し柿が2年間出荷停止となり、現在でもその生産は回復していない。そのため、2010年産と比較して2011年産の市場規模は全体で数量・金額ともに4分の3程度に縮小し、そのことは相対的に長野県産の市場シェアを数量ベースで26.7％から38.8％に、金額ベースで38.5％から49.6％まで拡大することにつながった（東京都中央卸売市場データ）。

　我が国の干し柿生産においては最主要産地となった長野県ではあるが、果樹生産自体が盛んな土地柄でもあるため、県内生産額で見ると干し柿は果樹の中でりんご・ぶどう・もも・なしに次ぐ規模の品目となっている。長野県内で干し柿は主に南部の飯田市と下伊那郡を中心とする飯伊地域で生産されており、北部地域では少ない。全国的に生産量の多い干し柿用の品種は、刀根早生（とねわせ）や平核無（ひらたねなし）等であるが、長野県ではこれらの作付は少なく、市田柿という品種が8割以上を占めている。一方で市田柿の国内での生産は、他ではごく僅かに和歌山県や静岡県でも見られるが、その99％以上は長野県での作付となる。

## 3　市田柿のブランド・マネジメント

　長野県飯伊地域では、江戸時代初期から既に串柿の生産が行われていた記録が残り、江戸中期には課税の対象にもなっていた。当時は現飯田市の立石寺から名を取った「立石柿」として知られており、紀州蜜柑・甲州葡萄と並ぶ銘菓の一つでもあった。大正時代に入り、市田村（現高森町）の篤農家達が品種改良した柿を「市田柿」と銘打ち、東京の神田市場へ干し柿の出荷を始めた。現在の市田柿は、昭和時代になって県の農業試験場で選抜した母樹から育苗・配布した結果、県内に広まったものである。その後、昭和50年代

から平成初期までは10億円程度であった市田柿の県内産出額は、販売チャネルの拡大に伴って増加し、現在では30～40億円となっている。

## （1）　地域団体商標の取得

　このように市場でのシェアを拡大し、ブランド力を強化してきた市田柿だが、消費者への認知度が高まるにつれてそのブランドに只乗りしようとする競合製品が現れた。特に安価な中国産の「市田柿」が輸入され、東京や大阪の市場に出回るようになったことは、長野県産の価格形成にも影響を及ぼし、そのブランド価値を低下させるリスクをもたらした。しかし、上述したように「市田柿」は品種名でもあるため、その品種を原材料として使用している限り、中国などの他産地産であっても「偽物」とは言えない。そこで飯伊地域の関係機関が共同で「長野県産の市田柿」であることを保証し、それ以外のものを排除するための手段として知的財産権を確保することとした。具体的には、平成17年に南信州広域連合が主導して設置した市田柿振興懇談会で商標取得が検討され、翌18年から制度改正により新たに導入される地域団体商標の取得を目指すことになった。

　この地域団体商標とは、通常認められない地名＋一般名詞からなる文字商標を一定範囲内での周知性と事業協同組合等の団体が商標権者になることなどを条件に使用を許可するものである。「市田柿」の場合は、みなみ信州農業協同組合と下伊那園芸農業協同組合が共同で出願し、平成18年11月に登録が認められた。その後、みなみ信州農協の柿課に事務局を置く市田柿商標管理委員会を設立し、商標の使用基準を定めるとともに地域内の商標使用希望者の審査を行い、適格者には基準を遵守して商標を使用する旨の協定を結ぶことを条件に使用を許可する仕組みを構築した。さらに協定締結者は市田柿ブランド推進協議会への加盟を義務づけ、共同で市田柿の生産振興、品質向上、ブランドPR等の取り組みを行っていくこととしている。

　この市田柿ブランド推進協議会は長野県の下伊那地方事務所農政課を事務局とする組織で、商標管理委員会と同時期に設立された。設立当初は23事業

者・団体が会員であったが、その後、協定締結者の増加とともにメンバーも増え、現在では商標権者2者の他、協定締結者26者、普及センターや農業試験場などの関係団体8者の計36者となっている。協定締結者26者の内訳は、上伊那と中野市の農協の2者に加えて、干し柿生産を行うものが9者、集荷・販売が中心のものが15者である。これら締結者の産地内における出荷量シェアは9割以上を占めると推定されるが、逆に言えばまだ協定を締結せずに「市田柿」を販売している者も存在しているため、今後これらの製品について何らかの対策が必要となる。

### （2） 衛生管理マニュアルの作成

市田柿ブランド推進協議会では、市田柿のブランド力強化に向けた様々な取り組みを行っているが、その中でも特に力を入れているのが、製品の品質向上のための取り組みである。その背景として、これまで市田柿でも天候不順な年を中心にカビや内部発酵、変色等の不良品が発生し、消費者や流通業者からクレームを受けることが度々あった。そこで商標取得を機に統一的な品質基準を作成し、水準以下の製品に関しては「市田柿」の商標利用を認めない方針を打ち出した。それと同時に製品品質の底上げをするために、①原料柿の栽培技術講習会を開く、②HACCPの手法を取り入れた加工衛生・品質管理マニュアルの作成と配布、③脱針式皮剥き器等の新技術導入などを行っている（宮澤、2011）。

工場で製造される一般の工業製品とは異なり、農産物の場合は気候・土壌などの条件制御が困難なため、同一人物が生産したとしても、製品の品質を揃えることは容易ではない。また地域ブランドの場合は、個別の商品名や企業名を捨象し、複数の生産者と商品群をそれらの位置する地域名で代表させるという点に特徴がある。したがって、自然条件だけでなく、多数の生産者間の技量の差も含まれることになり、それは最終的に製品の品質にバラツキを生じさせる原因ともなる。市田柿に関しては、干し柿という加工食品であるため工業製品としての性格も持つが、農産物を原料としていること、また

3,000名を越える生柿の生産者自身が通常干し柿の製造も行っていることから、上記のような品質不安定化のリスクを伴っている。

上述した①～③の対策はこのリスクを低減させるためのものであり、①農業試験場等が主宰する「栽培技術講習会」は、円星落葉病やカイガラムシなどに対する適切な防除により、原料となる柿の品質向上につながっている。②農業改良普及センターを中心に作成した「衛生管理マニュアル」は、干し柿加工施設と加工過程の双方に関するチェック表を含み、出荷の際にこれらの工程管理結果の提出を義務付けている。③干し柿作成の工程で皮を剥く必要があるが、その際これまではヘタの位置に針を刺すことで固定する機械が用いられてきた。しかし、その穴から内部にカビが発生することがよくあったため、順次「脱針式の皮剥き器」へ移行するよう誘導している。これらの対策の結果、平成19年から4年間でクレームの数は半減し、とりわけカビに関するクレームは3分の1にまで減少した。

### （3） ブランド管理のためのリスク管理

上述したように地域ブランドの管理には、海外を含めた他産地による只乗りを防ぐという対外的な局面と低品質なものを出荷してブランド価値を低下させたりしないという対内的な局面がある。そしてこれらの何れも事業の存続と発展を阻害する事象の発生確率とその結果の組合せである「リスク」の管理という点で共通している。ERM（Enterprise Risk Management）で一般的に主要リスクとされるのは、Ⅰ．危険（hazard）・Ⅱ．業務（operational）・Ⅲ．財務（financial）・Ⅳ．戦略（strategic）の4つのタイプ（IRM et al, 2002）であり、農産物のブランド・マネジメント上、これらのリスクは、Ⅰ．冷害や台風などによる減収と契約未達、Ⅱ．低品質商品の出荷による信用喪失、Ⅲ．ディスカウント販売によるブランド・イメージの毀損、Ⅳ．同業他社からのブランド侵害、等のような形で顕現する。これらは独立して存在するものではなく、むしろ適切なマネジメントがなければ、連鎖的に発生することが多い。従って、これらのリスクへの対応策としては、主に

Ⅰ．生産管理、Ⅱ．品質管理と顧客管理としてのクレーム対応、Ⅲ．チャネル管理、Ⅳ．商標管理などによる狭義のブランド管理となるが、それらは相互に他の領域のリスクをカバーし合う（森嶋、2011）。

市田柿の場合、Ⅰ．生産量の管理に関しては、霜害などの自然条件の変化に対応した栽培方法の選択も重要であるが、高齢化に伴う生産者の減少のような社会条件の変化にも対応を迫られている。近年では脱針式皮剥き器への新規投資をためらい、干し柿生産を止めようとする高齢農家も出ているが、これについてはJAみなみ信州が農業生産法人を設立するとともに、大規模な投資を行い干し柿生産工房を建設することで、域内の生産を支えようとしている。Ⅱ．品質管理に関しては、前項で紹介した通り、①原料柿の栽培技術講習会、②加工衛生・品質管理マニュアルの作成と配布、③脱針式皮剥き器の導入などを行っている。Ⅳ．商標管理については、前々項で述べたように地域団体商標を取得し、管理委員会を設立してその運用に努めている。また、海外産の類似品に対抗するため、平成21年には香港、平成22年には台湾で商標登録を行った。

一方、Ⅲ．チャネル管理に関して、干し柿の主な販売先としては東京や大阪など県外の卸売市場が最も多く、半分以上を占めるが、その卸売市場から先のチャネルについては、生産者側では把握し切れていない。この市場流通に伴うブランド沈潜（荒幡、1998）に関しては、農産物に共通の課題として古くから言われているが、契約栽培や直売の割合を増やしてコントロールしている産地の事例もある。また、単独の主体が自らマネジメント可能な企業ブランドと異なり、地域ブランドの場合は必ず複数の生産者が関わるので、チャネル管理が困難になるという問題がある。この点については、「夕張メロン」のように農協が共撰共販により販売を一元化することで対処している地域ブランドの例もあるが、市田柿の場合は、JAみなみ信州のシェアが相当高いとはいえ一元化には至っていないので、ディスカウント販売のリスクは残されている。

## （4） プレミアム価格法でのブランド・エクイティの評価

　以上のような推進協議会の活動によるブランド・マネジメントは、市田柿のブランド・エクイティの増大、もしくは少なくとも維持をもたらしていると推測される。この点について、実際のところエクイティにどの程度の変化があったのかを定量的に評価することは、過去のブランド・マネジメント活動の効果を把握し、次の戦略を選択するために重要である。このブランド・エクイティの概念には、持続可能な競争優位性をもたらすブランドの「パワー」と、その力を活用して得られた利益等の「価値」という二つの側面が包摂されており、そのうち前者は主として消費者に対するマーケティング的な、後者は製造・販売側の財務上の観点から、それぞれ異なるアプローチによる評価の試みがなされている。その中で本章では、ノンブランド製品と比べてそれを上回るブランド製品の価格プレミアムから生じる追加的な収益に着目する「プレミアム価格法」を用いて、市田柿のブランド・エクイティ評価を試みる。

　この「プレミアム価格法」はブランドの資産価値を財務的に評価するインカム・アプローチの一種で、ブランドの本質的効果としての商品価格差に基づく手法であるため、多くの事例に適用が可能である。本章では、大阪市中央卸売市場で「市田柿」に付いているプレミアム価格から、ノンブランド製品価格として「その他」の干し柿の平均単価を引いた差額を年ごとに算出し、それに年間出荷量を掛け合わせた金額を商標取得以前の5年間と以後の5年で加重平均する、という計算方法を採用した。なお、データと紙幅の都合上、大阪市場で統一しているが、現実には市田柿は大阪だけでなく、東京や名古屋など各地の市場に出荷されているので、本来であればその市場ごとに異なる価格差を出荷割合に応じて按分することが望ましい（森嶋、2008）。また、通常、ブランド品はノンブランドの製品と比べて高い品質を維持するために製造過程で原材料等のコストを多くかけている。したがって、ブランドの資産価値という観点からは価格プレミアムだけでなく、利益水準の差を計測する方がより正確とも言える。もっとも価格データだけから

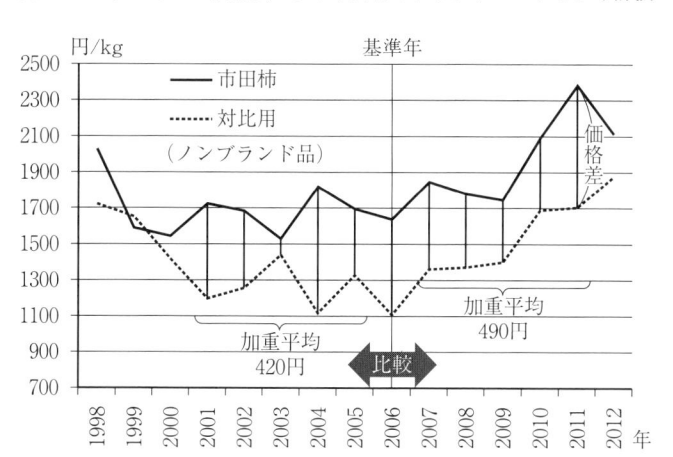

**図19-1　プレミアム価格法による市田柿のブランド・エクイティ評価**

の測定も、コスト構造に大きな変化がなければ、戦略決定の指標としては特に問題なく使える上に、より簡便に計算できるという利点がある。

以上のような留保条件付きではあるが、地域団体商標を取得した平成18年を基準年とし、市場データの数字を元にその前後5年間の平均価格差を計算したところ、市田柿とその他扱いの品種の間には、商標取得前には420円だった価格差が、取得後には490円とその差が開いていた（図19-1）。さらにこれらの価格差と年間出荷量から算出した「市田柿」のブランド・エクイティは、取得前には8億円程度だったのが、取得後には9億2,000万円を超えるまで増加してると評価された。この数字はあくまで特定の観点に基づく試算であり、また様々な制約や条件が付いているため精緻なものではないが、推進協議会によるブランド・マネジメントの効果を量的に把握する際の一つの指標となるだろう。

## 4　市田柿を軸とする食料産業クラスター形成

上記のように形成され、維持されてきた市田柿のブランド・エクイティ

は、ステークホルダーの共有財産として活用することが可能となる。そして、「市田柿」の名称を用いたある製品が評判を呼び、多くの消費者の信頼を得るようになれば、他社の「市田柿」ブランドの製品にも信用が補完されるいわゆる「コ・ブランディング」の効果が働くようになる。また、地域ブランドの場合は、例えば「京野菜」のように、地域のブランド・イメージの力を借りつつ成長したブランド品が逆に地域のイメージアップに貢献するという相乗効果も成り立つことがある。このような地域イメージも含めた地域資源の共同利用は、一件の不祥事から連鎖して全体が風評被害を被ることもあるが、成功した時の効果はその地域ブランドのブランド・エクイティが大きいほど高くなる。市田柿の場合も、この効果を求めて近年、企業の新規参入など新たな投資も増え、それに伴ったイノベーションにより、新製品の開発や新事業の創出が起こっている。

### (1) 飯伊地域の食品産業集積状況

長野県は農業が盛んな地域で、とりわけ畜産を除く耕種作物の産出額2,032億円（平成25年度）は全国で7位に相当する。一方、食料品製造業に関しては、市場規模の差もあり、その出荷額自体は4,896億円（平成25年度）と大きいが、全国での都道府県別順位は17位となっている。また、食料品製造業の特化係数も1.1で、他地域と比べて特段の集積状況にはない。もっとも食料品製造業全体ではなく、細分類した場合は、県内に大手メーカーが存立する味そ製造業の特化係数が24.7と飛び抜けている他、野沢菜を始めとする野菜漬物製造業についてもその特化係数は3.1と高い。

飯伊地域に関しても、飯田市の食料品製造業の特化係数は1.0であり、平均的なものでしかないが、この地域は古くから半生菓子の産地であったことから、それに関係するメーカーや問屋は多数存在している。この点に関して、工業統計では市町村レベルで産業細分類データが公表されていないので、検証のために飯伊地域の農業・食品関連産業105社、およびそれらの取引先754社に関するデータを（株）東京商工リサーチの企業情報データベー

スより入手し、その整理を行った。その結果、地域内の食料品製造業者85社のうち、県内他地域同様、野菜漬物製造業が10社を占めていたが、それ以上に菓子製造業が11社と最も多く、この地域の特徴が示された。

### （2） 市田柿の二次加工品による新製品開発

　菓子類のうち水分含有量が10～30％で生菓子と干菓子との中間のものを半生菓子と言う。この半生菓子は生菓子より日持ちがするため、袋菓子として大規模流通に乗りやすいという特徴がある。この半生菓子の産地として古くから有名である飯伊地域は、現在でも全国一の出荷量を誇り、松本地域と合わせると全国の半分近いシェアとなる。しかし、近年は消費者の嗜好の変化もあり、菓子類へのニーズが生菓子に偏向して来たため、需要の落ちている半生菓子メーカーは苦戦を強いられてきた。そこで、飯伊地域のメーカーや問屋は、利益率が低い袋菓子ではなく、付加価値の高い高級品での新製品開発を行うようになった。

　その中で、これまでは原料費が高く、二の足を踏んでいたが、地域ブランド力の高い市田柿を用いての二次加工品開発の動きが出て来た。この動きは地元のメーカーMZ社が近年開発した「市田柿ミルフィーユ」の成功を受けて、他の企業に広がったものである。その一つTK社は最中やどら焼きなどを主力商品とし、年間売上高が40億円に上る県内最大手の半生菓子メーカーである。TK社も上記のような市場環境から売上高が伸び悩んでおり、その対策として高級品専用のブランドを立ち上げて、「市田柿ムース」を開発した。なお、TK社では地域団体商標登録以前から「市田柿」の商標を、図入りではあるが、取得していたため、自社製品に「市田柿」の名称を付与する権利を持っている。

　MK社は平成24年に別の半生菓子のメーカーから独立して設立された若い会社で、主に地場産農産物のドライフルーツを製造・販売している。その製品群にはリンゴやキウイなどに加えて柿もラインナップされており、さらにそれを原料とするミルフィーユも製品化している。また、TD社は創業が江

戸時代にまで遡る伝統ある問屋であり、地元菓子メーカーへ原材料を販売すると同時にそれらのメーカーが製造した半生菓子製品を小売業者へ卸すことを主な事業としている。しかし、平成に入ってからは菓子ならびに菓子原料の自社製造も始め、その中でも市田柿の中に栗餡を詰めた製品のような高級創作和菓子は平成18年から別ブランドでネット限定販売を行っている。また、TD社は自社製品に高付加価値な原料を供給するため、柿園を自社で所有し、減農薬栽培に取り組むようになった。

### (3) ブランド推進協議会のネットワーク

　上記のような市田柿を用いた新製品開発とそれに関連する取り組みの背景には、ブランド推進協議会の活動がある。協議会ではリスク・マネジメントの原則に則り、事故の発生防止および発生した場合のロスを極少化することで、ブランドの価値が毀損しないよう防衛すると同時に、それらのリスクを利益の源泉とみなし、その中でリターンの最大化を目指すために、そのエクイティを積極的に活用することとしている。協議会ではこの活用方策として「ブランド拡張」戦略を採り、市田柿を使用した菓子類などの二次加工品に「市田柿○○」の名を冠して、市田柿自体のブランド力を利用して、新製品の市場導入を容易にすることを試みている。もっとも、「市田柿」の地域団体商標は商標権が適用される商品区分が「長野県飯田市・下伊那郡産の干し柿」に限定されているため、それを原材料として使用した加工食品にまで権利が及ばない。そこで、協議会としては上述したMK社などの加工食品メーカーは正式会員ではなく、オブザーバーとしての立場で会の活動と関わり、情報交換を行えるようにしている。

　このような協議会による活動の機能を定量的に把握するには、社会ネットワーク分析の手法が有効である[1]。分析の対象としては、上述した(株)東京商工リサーチの企業情報データを利用し、協議会構成メンバーのうち、データが入手可能な20社およびその取引先374社間のネットワーク（NW-1）とそれらを含む飯伊地域の農業・食品関連産業105社およびその取引先754社

表19-1 ネットワーク構造指標の比較

|  | NW-1 |  | NW-2 |  |
|---|---|---|---|---|
| ネットワーク | 会員 | 地域 | 会員 | 地域 |
| 関係性 | 取引のみ |  | 協議会追加 |  |
| ノード数 | 394 | 859 | 394 | 859 |
| 紐帯数 | 938 | 2,166 | 1,300 | 2,528 |
| 平均次数 | 2.38 | 2.52 | 3.30 | 2.94 |
| 平均パス長 | 4.331 | 4.721 | 2.770 | 4.085 |
| ネットワーク密度 | 0.006 | 0.003 | 0.0084 | 0.0034 |
| クラスタリング係数 | 0.182 | 0.069 | 0.493 | 0.179 |
| （重み付けCC） | 0.008 | 0.008 | 0.1720 | 0.1208 |

注）何れも無向グラフとして取り扱っている。

間のネットワーク（NW-2）の比較分析を行った。その結果、ネットワークの閉鎖性を示す構造指標のうち密度とクラスタリング係数が共にNW-1の方が値が大きく、また平均パス長も短かった（表19-1）。これは農業・食品関連に限定しても多様な業種の企業間よりも、干し柿に関わるという共通性のある協議会メンバーの方が、ネットワーク内の関係性が密であることを意味している。このような状態の二つのネットワークに関して、協議会の結成による情報伝達の向上効果を調べるために、協議会のメンバー間にリンクを追加したところ、双方共に閉鎖性が高まったが、その効果は会員間（NW-3）の方が地域全体（NW-4）より高く、元からあった差をさらに広げるものとなった。したがって、協議会の活動は情報伝達の効率性を高めるものであり、それに関わることはオブザーバーとしての立場であっても、新製品開発を目指すメーカーにとって有効であると言える。

## 5　おわりに

　これまで述べてきた市田柿の事例から明らかになったように、知財や技術革新により適切に管理された地域ブランドのブランド・エクイティをブランド拡張に活用することで、既存企業の新製品開発や新規事業者の参入が進むという相助効果が、地域ブランド戦略とクラスター戦略の間には見られる。ただし、今後この地域でクラスター化をさらに進展させるためには、課題も残っている。

　農業と食品関連産業を軸とする食料産業クラスターは、漸進的なイノベーションを中心とする地域クラスターと親和性が高い（森嶋、2014）。その際、重要なのは観光業との連携（斎藤、2007）であり、市田柿の場合も菓子類の新製品が基本的に高級品となるため、その販路の一つとしてお土産品需要は欠かせない。もっとも、飯伊地域では干し柿の品質向上のため製造方法が変わり、屋外で乾燥させる「すだれ柿」の風習が徐々に見られなくなっている。そこで、それに代わるような新たな観光資源の発掘も求められている。

　課題の二点目として、商標取得による知財化はブランド侵害の防止手段として機能するが、地域団体商標は本来製品の品質を保証するものではない。これに対して協議会による品質管理を併用している市田柿の場合、消費者とのブランド・コミュニケーションの中でその点をアピールすることは重要である。その手段の一つとして、昨年導入された地理的表示保護制度は、登録の際に製法の規定が求められることから有効であると考えられ、「市田柿」も既に登録申請を行っているところである。ただし、伝統的な製法を守ることは全く新規の技術開発とは相容れない側面もあるため、今後これらが矛盾しないように注視していく必要があるだろう。

**注**
1）このような社会ネットワーク分析手法の食料産業クラスターへの適用に関しては、森

嶋（2012）を参照。

**参考文献**
[1] 荒幡克己（1998）：「農産物市場における製品差別化に関する一考察」『フードシステム研究』5-1、pp.2-18
[2] 李哉泫（2014）：農産物ブランド化への取り組みに関する国際比較、斎藤修・佐藤和憲編著『フードシステム学叢書第4巻「フードチェーンと地域再生」』農林統計出版（株）、PP.209-224
[3] 井上荘太郎他（2013）：海外のイノベーション政策―6次産業化、食料産業クラスター、農村アニメーター―、フードシステム研究 20（3）、PP.303-308
[4] 宮澤孝幸（2011）：地域団体商標取得で「市田柿」のブランド力強化へ、技術と普及 47（11）、PP.29-31
[5] IRM、AIRMIC、ALARM（2002）：『A Risk Management Standard』The Institute of Risk Management
[6] 森嶋輝也（2008）：地域ブランドと評価手法、斎藤修編著『地域ブランドの戦略と管理―日本と韓国／米から水産品まで』農文協、PP.64-83
[7] 森嶋輝也（2011）：夕張メロンのブランド化を分析する、技術と普及 47（11）、PP.20-24
[8] 森嶋輝也（2012）：『食料産業クラスターのネットワーク構造分析』、農林統計協会．
[9] 森嶋輝也（2014）：食料産業クラスターと地域クラスター、斎藤修・佐藤和憲編著『フードシステム学叢書第4巻「フードチェーンと地域再生」』農林統計出版（株）、PP.163-175
[10] 斎藤修（2007）：『食料産業クラスターと地域ブランド』、農文協、PP.142-158．
[11] 斎藤修（2011-a）：農商工連携と食料産業クラスター 6次産業・『農商工連携の戦略』、農文協、PP.28-51．
[12] 斎藤修（2011-b）：地域ブランド管理から地域の革新へ―市田柿のケースから『農商工連携の戦略』、農文協、PP.156-177．

# 第20章
# 甘味資源としてのサトウキビの産地戦略

菊地　香

## 1　はじめに

　沖縄県は1945年の敗戦後、農業を含むすべての経済状況がまさに0からのスタートであった。また、1945年以降の沖縄県はアメリカの統治下にあり、戦後の日本が1970年代前半までの時間をかけて経験した高度経済成長を沖縄県は経験できなかった。沖縄県の本土復帰は、まさに高度経済成長の真只中の1972年となった。復帰後、沖縄県の農業は亜熱帯気候を活用して様々な作目が栽培されてきているものの、基幹的な農作物はサトウキビである。

　沖縄県の農業生産において今日的な問題としてあげられるものは、労働力の面では農家の高齢化、担い手不足が進む一方、土地からみると経営規模の零細性がある。これらの問題から農業の経営継続が非常に安定しない状況にある。沖縄県の基幹的な農作物はサトウキビであるが、サトウキビの買入価格は低位安定している。一方で、冬春季の端境期出荷を目指した野菜、亜熱帯気候を活かしたマンゴーやパパイヤなどの熱帯果樹といった成長の著しい農作物もある（菊地2003、菊地ほか2011）。こうした農作物では後継労働力を確保されており、継続した農業生産ができている。今まで、様々な角度からサトウキビ農家の経営分析や生産振興に資する研究がなされてきた。それらの成果により経営の安定化なり生産の振興に一定の効果はあった。しかし、まだ十分な状況にないのが現状である。経営戦略の取り方をサトウキビに応用させ、とるべき戦略をまとめると次のようになる（伊丹2009）。サト

ウキビ産地がもつべきことは、安定した生産基盤を確立することである。それには安定したサトウキビ生産に必要なことの実現可能な姿を表すことである。つまり、現状のあり方が果たして適正なことであるのか、それを検証することである。そして何が不足しているのか、それを補うための方法を検討することが、産地としての戦略のあり方を導きだせるものである。そこで本章では、統計資料や若干のアンケート結果を基にして、サトウキビを中心とした産地の戦略方向を検討する。

## 2　サトウキビの生産動向

### （１）　構造改善事業と農業生産

　沖縄県を除く本土は、経済成長の段階に合わせて各種構造改善事業がなされてきた。しかし、その経済成長を1972年以前の沖縄県は、アメリカ統治下であったため直接的に享受できなかった。復帰後、沖縄県農業は後進性を早急に取り戻すために各種構造改善事業を実施により、本土並みの農業生産基盤を作ろうとした。実際に構造改善事業が生産農業所得ベースでみて、その効果のあった時期は1985年頃までである。それ以降は構造改善事業の効果があまり生産農業所得からみて表れていない（菊地2008）。沖縄県以外の技術をもとにつくられた構造改善事業は、従来の栽培技術をもって全て対応できるものでなく、農家のもつ技術体系について変革を伴うことが必要であったといえる（速水・神門2002）。

　一方で、復帰後のサトウキビにおいて大きな出来事は、1994年の品質取引制度の導入にある。1994年の品質取引制度の導入による糖価制度が変更され、それまでの重量取引から糖度を基準とした品質取引となった。これにより、高糖度のサトウキビ生産が農家に求められるようになった（菊地・川満・上野2004）。この取引制度は、基準糖度以上であると、取引価格が上昇する仕組みであり、逆に基準糖度以下であると、取引価格が下落する。農家は基準糖度に収まるような生産をする必要に迫られた。

さらに、次の出来事は2005年度に決定された「経営所得安定対策大綱」にある。これによればサトウキビと野菜は、品目別対策となる。サトウキビに限ると、分みつ糖向けサトウキビの最低生産者価格制度は、2007年産から廃止された。代替措置として生産条件の格差を是正するための新たな対策、「サトウキビ生産者への新たな支援方策」（以下「支援」と略す）が実施された。この支援の対象者は、6つのパターンに該当する場合に対象となった[1]。この支援のなかで示された6つのパターンを農家が積極的に受け入れられたならば、それまでの経営のあり方を抜本的に変革することが可能となると予測された。しかし、受け皿組織を作ることで、本来ならば支援の枠のなかに入らない農家も支援の枠のなかに入ることができた（来間2011）。この受け皿組織が、増産を意味する組織となっていないことに問題がある。農家の経営意識の根本に、大きな変化を望まず今までのように自らの裁量で全ての経営を行うことが念頭にある。産地としては安定した生産の基盤を構築の一助となる支援を条件に応じて積極的に受けるのではなく、経営の内容の差を考慮しないで支援の枠のなかに全体を組み込んだといえる。農家の抜本的な意識を変えることがない限り、これらの受け皿は将来的に拡大していく存在というより、現状維持的な存在でしかないであろう[2]。

### （2） 統計データからみたサトウキビ生産の動向

沖縄県における農業生産の動向についてセンサスデータをもとに整理する（表20-1）。沖縄県の経営耕地面積からみた規模別農家の割合は、1985年では約74％が1.0ha未満であり、1990年以降、1.0ha未満の農家は52.8～63.6％である。一方で1.0ha以上の農家が全体に占める割合が増加し、1990年に35.4％、1995年に40.3％、2000年に44.3％、2010年には47.2％となっている。1.0ha以上の農家が増加しつつも、全体の半数以上が1.0ha未満の零細な農家である。沖縄県における兼業農家は、1985年に32,354戸から増加することなく一貫して減少し、2010年には7,546戸となっている。割合でみると、専業農家の増加がみられている。しかし、総農家数でみても、減少傾向

表20-1 沖縄県における経耕地面積及び農業就業人口の推移

(単位：戸、人、％)

| | 年 | 経営規模別農家数 | | | | | 専兼別農家数 | | 年齢別にみた農業就業人口 | | | | |
|---|---|---|---|---|---|---|---|---|---|---|---|---|---|
| | | 0.5ha未満 | 0.5-1.0 | 1.0-2.0 | 2.0-3.0 | 3.0ha以上 | 専業農家 | 兼業農家 | 15-29歳 | 30-39歳 | 40-59歳 | 60-64歳 | 65歳以上 |
| 実数 | 1985 | 19,884 | 12,153 | 6,985 | 2,343 | 1,865 | 10,876 | 32,354 | 7,657 | 5,487 | 26,165 | 9,661 | 18,745 |
| | 1990 | 7,936 | 10,852 | 6,199 | 2,178 | 1,915 | 9,167 | 19,913 | 3,886 | 4,648 | 17,496 | 7,916 | 15,817 |
| | 1995 | 6,588 | 7,622 | 5,283 | 2,127 | 2,179 | 8,457 | 15,342 | 2,382 | 2,757 | 11,701 | 7,351 | 15,846 |
| | 2000 | 5,201 | 6,104 | 4,540 | 1,847 | 2,256 | 7,882 | 12,066 | 1,974 | 1,696 | 8,488 | 5,127 | 16,492 |
| | 2005 | 4,378 | 5,112 | 3,924 | 1,675 | 2,064 | 7,814 | 9,339 | 1,298 | 1,075 | 7,244 | 2,992 | 14,962 |
| | 2010 | 3,995 | 4,352 | 3,702 | 1,593 | 2,178 | 7,628 | 7,546 | 554 | 838 | 6,235 | 2,667 | 12,344 |
| 割合 | 1985 | 46.0 | 28.1 | 16.2 | 5.4 | 4.3 | 25.2 | 74.8 | 11.3 | 8.1 | 38.6 | 14.3 | 27.7 |
| | 1990 | 27.3 | 37.3 | 21.3 | 7.5 | 6.6 | 31.5 | 68.5 | 7.8 | 9.3 | 35.2 | 15.9 | 31.8 |
| | 1995 | 27.7 | 32.0 | 22.2 | 8.9 | 9.2 | 35.5 | 64.5 | 5.9 | 6.9 | 29.2 | 18.4 | 39.6 |
| | 2000 | 26.1 | 30.6 | 22.8 | 9.3 | 11.3 | 39.5 | 60.5 | 5.8 | 5.0 | 25.1 | 15.2 | 48.8 |
| | 2005 | 25.5 | 29.8 | 22.9 | 9.8 | 12.0 | 45.6 | 54.4 | 4.7 | 3.9 | 26.3 | 10.9 | 54.3 |
| | 2010 | 25.3 | 27.5 | 23.4 | 10.1 | 13.8 | 50.3 | 49.7 | 2.4 | 3.7 | 27.5 | 11.8 | 54.5 |

資料：農林業センサスより作成。

であり、沖縄県は農家全体で縮小している。

　農業の担い手の年齢別の人口は、15～29歳の農業就業人口をみると、1985年に7,657人（11.3％）から2010年まで増加することなく減少している。一方、65歳以上をみると1985年に18,745人（27.7％）から2010年の12,344人（54.5％）と人口は減少しているが、割合は確実に増加している。年齢別にみた農業就業人口によれば、農業の担い手の高齢化が深刻であり、高齢な担い手のもつ技術を次世代へ継承させる時間に猶予がない状況にある。

　1955年から2013年までのサトウキビ収穫面積および単収を図20-1に示す。収穫面積が1955年に6,348haから1966年に31,975haとピークとなった。この時期の収穫面積の増加は、第一次サトウキビブームである。その後1971年の27,758haを境に減少し、1975年には約8,500ha減の19,275haとなった。そして、1977～2000年まで増減しながら推移し、2000年に13,486haとなった。200年以降、2004年の13,959haへと若干の増加がみられながらも、2006

図20-1　収穫面積と単収の推移

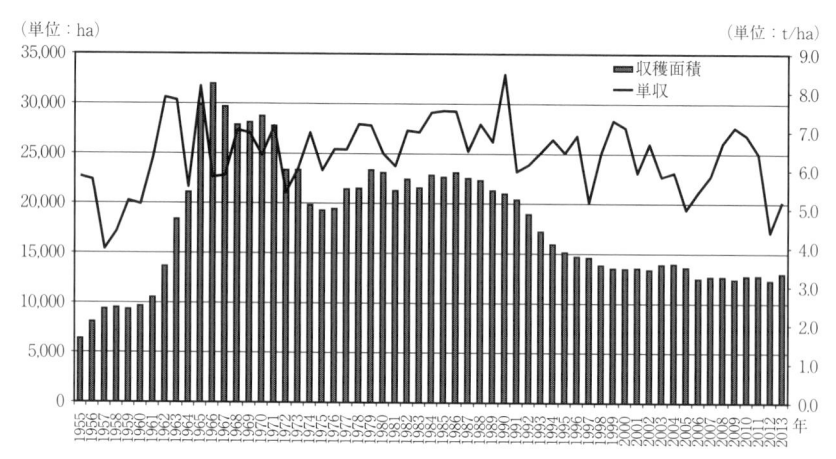

資料：沖縄県統計年鑑より作成。

図20-2　肥培管理時間の推移（中耕除草・培土，生産管理および収穫時間を除く）

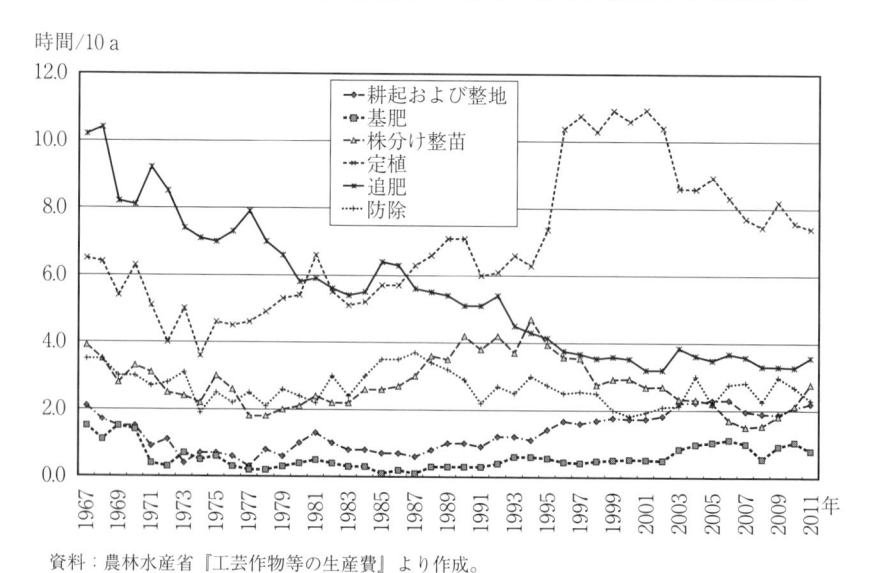

資料：農林水産省『工芸作物等の生産費』より作成。

第20章　甘味資源としてのサトウキビの産地戦略　321

**図20－3　中耕除草・培土，生産管理および収穫時間の推移**

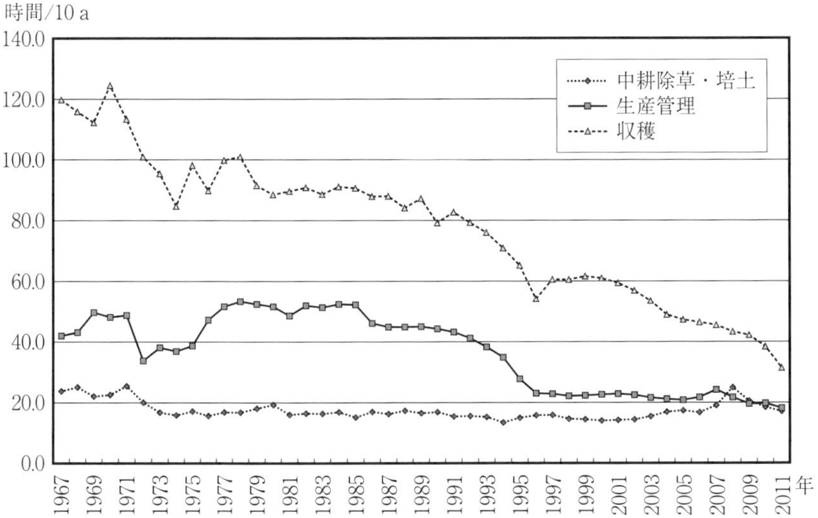

資料：図20－2に同じ。

年以降12,000ha台で推移している。収穫面積が減少しているので、収穫量を増加させる有効な方法は単収を6.0～6.5tで維持できるようにしつつ、かつそれ以上の水準を安定的に実現させることである。

　サトウキビの収穫量が減少しているなか、肥培管理時間は、図20－2にあるように1967年から2011年までの45ヵ年において、作業時間が減少傾向にある[3]。定植は2002年までは増加傾向にあったが、2003年以降において作業時間が減少している。追肥は1967年に10.2時間から2011年に3.6時間と6.6時間の減少となっている。

　次に中耕除草・培土、生産管理および収穫時間についてみてみる（図20－3）。「中耕除草・培土」が1967年に23.8時間から、2011年に17.1時間へと減少している。「収穫」は1967年から1972年にかけて100時間台となった。その後、1978年の101.0時間を除き徐々に減少している。そして2011年に31.4時間まで減少している[4]。

## 3　サトウキビをめぐるバリューチェーン

サトウキビにおけるバリューチェーンを図20-4に示す。ここでは、国産のサトウキビが原料段階で、仮に100万 t であったとする。農家は収穫したあとに製糖工場へ出荷する。製糖工場では、収穫されたサトウキビを搾り、搾汁液を精製して粗糖を製造する。サトウキビの搾かすはバガスと呼ばれ、製糖工場のボイラー燃料となる。なお、サトウキビの粗糖製造の段階では、カーボンニュートラルとなっている。もう一つのサトウキビ由来の残渣物としては、廃糖蜜があげられる。これは30,594t の排出量となっており、主に

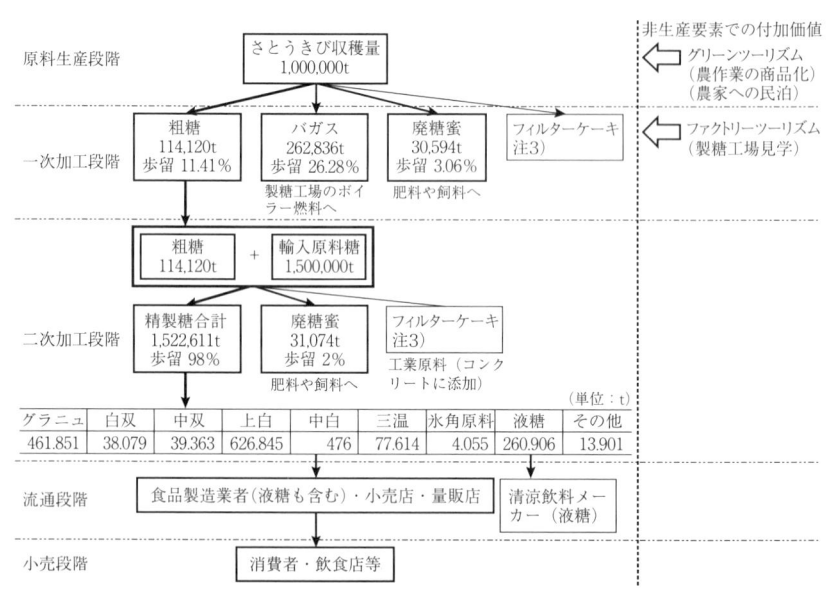

**図20-4　サトウキビをめぐるバリューチェーンの概略と異業種との関連の可能性**

|  |  |
|---|---|
| 原料生産段階 | さとうきび収穫量 1,000,000t |
| 一次加工段階 | 粗糖 114,120t 歩留 11.41%／バガス 262,836t 歩留 26.28%（製糖工場のボイラー燃料へ）／廃糖蜜 30,594t 歩留 3.06%（肥料や飼料へ）／フィルターケーキ 注3) |
| 二次加工段階 | 粗糖 114,120t ＋ 輸入原料糖 1,500,000t → 精製糖合計 1,522,611t 歩留 98%／廃糖蜜 31,074t 歩留 2%（肥料や飼料へ）／フィルターケーキ 注3)（工業原料（コンクリートに添加）） |

非生産要素での付加価値
← グリーンツーリズム（農作業の商品化）（農家への民泊）
← ファクトリーツーリズム（製糖工場見学）

（単位：t）

| グラニュ | 白双 | 中双 | 上白 | 中白 | 三温 | 氷角原料 | 液糖 | その他 |
|---|---|---|---|---|---|---|---|---|
| 461,851 | 38,079 | 39,363 | 626,845 | 476 | 77,614 | 4,055 | 260,906 | 13,901 |

流通段階：食品製造業者（液糖も含む）・小売店・量販店／清涼飲料メーカー（液糖）

小売段階：消費者・飲食店等

資料：農畜産業振興機構「砂糖類情報」および筆者の調査結果より作成。
注1）：本図は砂糖類情報をもとに溶糖量を推計し、具体的な年をあげて図示していないので、完全な数値とは言えない。一つのモデルとして作図した。
注2）：国内の数値は、概算値である。
注3）：原料に由来しないので数量はわからない
注4）：てん菜糖も本来なら二次加工段階に含まれるが、ここでは考慮していない。

肥料や飼料に仕向けられている。一次加工段階では、バガスや廃糖蜜が多く排出されるので、粗糖の歩留りは約11.41％である。収穫されたサトウキビの多くは残渣物や水分であり、約11.41％しか粗糖とならない。収穫されたサトウキビの約88.59％が残渣物などとなっている[5]。

粗糖は、精製糖工場に運搬され、輸入原料と一緒に溶糖されて精製される。輸入原料糖の主要な産地はオーストラリア、タイである。二次加工段階で精製されて糖蜜を徹底的に取り除いていく。二次加工の段階で製造される商品は、上白糖やグラニュー糖のような精製度の高い物である。その過程で発生した残渣を新しい糖液に混ぜ、精製して上白糖やグラニュー糖を製造していく。最終的に商品化できないくらいまで到達した糖液は糖度それ自体があるものの、再結晶しにくくなるまで繰り返し再結晶化させており、色も濃い茶色となっている状態になる。この糖液は、精製糖の過程で発生した廃糖蜜である。この廃糖蜜は31,074tの発生となり、商品に利用されることなく、肥料や飼料として利用される。なお、精製糖工場における歩留りは98％であり、2％が廃糖蜜となっている。

粗糖を製造している一次加工段階では、残渣を多く出すが、二次加工段階に入り、精製していく過程では残渣を出さないように徹底的に歩留りをあげ、残渣物の歩留りは2％以内におさめている。精製された砂糖は、販売業者の用途により製造されて最終的な商品となる。その後、流通段階を経て消費者のもとに届く。また、液糖の多くは清涼飲料メーカーに卸されて、各種清涼飲料に添加され、消費者のもとに届くこととなる。

サトウキビの精製工程でみると、精製それ自体では、砂糖を製造することに特化しており、他に価値を生み出し難い。しかし、ここに非生産要素による付加価値の創出を異業種である観光産業との関連を今以上に交流していくことが、サトウキビ産地としての戦略の一つとなりうる。従来に活発ではなかった異業種との交流する戦略を採って、新たな収入源を確保するのが今や望ましい選択といえよう。

原料生産段階で考えられることは、農作業の観光商品化させることで、農

家の副収入を得る機会を創出することである。これは農家の収穫作業の軽減にもつながる。また農家に観光客を宿泊させることで、新たな副収入を得る機会を創出することが可能である。観光客は農村での体験により非日常を楽しみ、農家は副収入を得る機会を得る。また、製糖工場では期間限定であるが、12月から翌3月までの製糖期間に、観光客相手にファクトリーツーリズムをすることで、工場としての副収入を得る機会が創出できる。とくにファクトリーツーリズムでは、短期的であるがガイド雇用が見込まれる。

サトウキビ由来の砂糖は、他の工芸作物、とくに大豆（溝辺2004）のような広範囲な産業が取引過程に関与し、裾野産業の発展を促すなどの高い相乗効果をもつバリューチェーンを形成することが少ない。粗糖を製造する一次加工段階までは単なる製造だけに特化することなく、異業種である観光産業との連携をとるなど、抜本的な発想の転換を図りサトウキビ産地としての戦略を立案することが必要であろう。

## 4　離島におけるサトウキビ生産と経営の現状

### （1）調査方法

沖縄県におけるサトウキビ生産は、労働力の面では農家の高齢化と、担い手不足が進む一方、土地からみると経営規模拡大のための土地集積があまり進展していない。サトウキビ収穫量の安定した増加に必要なことは、まずは担い手の確保、そして十分な肥培管理と地力維持は欠くことができない要素である。そして、農家の収穫量拡大による方法からみた農家における今後の経営戦略のあり方を検討する。そして沖縄の離島である石垣島を事例とし、サトウキビ生産の現状を検討する。

調査方法は、2012年8月に郵送によるアンケートを石垣島の農家に対して実施した。アンケート対象は電話帳と住宅地図を参考にして、サトウキビ農家を特定し、そのなかから対象農家を抽出した。アンケート項目は肥培管理の実態、後継者の有無とサトウキビ増産させるための方法、経営概況、属性

## (2) アンケート結果からみた農家のサトウキビ生産の現状

アンケート結果は表20-2に示すとおりである。発送は95戸に対して行い、回答は17戸からとなった[6]。回答のあった農家を年齢別にみると59歳以

表20-2 回答者の属性

(単位：戸、％)

|  |  | 実数 | 構成比 |
|---|---|---|---|
|  | 発送数 | 95 |  |
|  | 回収数 | 17 |  |
|  | 回収率 | 17.9 |  |
| 年齢 | 59歳以下 | 2 | 11.8 |
|  | 60〜64歳 | 7 | 41.2 |
|  | 65〜70歳 | 1 | 5.9 |
|  | 70歳以上 | 6 | 35.3 |
|  | 未記入 | 1 | 5.9 |
| 専兼別 | 専業（サトウキビ依存） | 8 | 47.1 |
|  | 専業（サトウキビ以外依存） | 3 | 17.6 |
|  | 兼業（農業に依存） | 2 | 11.8 |
|  | 兼業（農業以外に依存） | 4 | 23.5 |
|  | 未記入 | 1 | 5.9 |
| 収穫面積 | 1 ha 未満 | 6 | 35.3 |
|  | 1〜2 ha | 3 | 17.6 |
|  | 2.5ha 以上 | 8 | 47.1 |
| 農業従事者 | 2人 | 4 | 23.5 |
|  | 3人以上 | 7 | 41.2 |
|  | 4人以上 | 6 | 35.3 |
| 後継者 | いる | 12 | 70.6 |
|  | 未定 | 5 | 29.4 |
| 単収 | 5.5t 未満 | 1 | 5.9 |
|  | 6.0〜6.9 t | 6 | 35.3 |
|  | 7.0 t 以上 | 10 | 58.8 |

資料：アンケート結果より作成。

下では2戸（11.8%）であり、65歳以上は7戸（41.2%）であった。60～64歳も7戸（41.2%）であることから、農家の半数以上が60歳以上ということである。石垣島は表20－3に示すように、農業の担い手が高齢化している[7]。専兼別にみると、65歳以上の農家が7戸ということで、これらの農家において兼業として就業する場が見込めない。そして、60歳を超える高齢の農家は兼業できないので、回答した農家の64.7%が専業農家となり、兼業農家が少ない。収穫面積からみると、8戸（47.1%）が2.5ha以上となっているが、6戸（35.3%）が1ha未満となっている。サトウキビは、収穫作業においてまだ機械化が完全に進んでいない。人力による収穫が中心となるので、経営内部に労働力を確保しておく必要により、農家においては夫婦を基本に同居する後継者が加わる傾向がみられる。一方で、経営の後継者としての存在を確保している農家は12戸（70.6%）であり、後継者が未定となっている農家は5戸（29.4%）であった。単収をみると、沖縄県の目指す6t以

表20－3　石垣島における経耕地面積及び農業就業人口の推移

(単位：戸、人、%)

|  | 年 | 経営規模別農家数 ||||| 専兼別農家数 || 年齢別にみた農業就業人口 |||||
|---|---|---|---|---|---|---|---|---|---|---|---|---|---|
|  |  | 0.5ha未満 | 0.5-1.0 | 1.0-2.0 | 2.0-3.0 | 3.0ha以上 | 専業農家 | 兼業農家 | 15-29歳 | 30-39歳 | 40-59歳 | 60-64歳 | 65歳以上 |
| 実数 | 1985 | 285 | 408 | 454 | 274 | 402 | 636 | 1187 | 267 | 332 | 1,245 | 418 | 680 |
|  | 1990 | 123 | 417 | 440 | 236 | 391 | 692 | 915 | 202 | 318 | 1,107 | 433 | 749 |
|  | 1995 | 144 | 291 | 407 | 274 | 489 | 653 | 952 | 146 | 212 | 855 | 429 | 854 |
|  | 2000 | 76 | 207 | 367 | 219 | 485 | 553 | 801 | 128 | 134 | 676 | 357 | 984 |
|  | 2005 | 93 | 231 | 315 | 224 | 392 | 558 | 697 | 102 | 69 | 542 | 222 | 1,010 |
|  | 2010 | 63 | 158 | 231 | 166 | 374 | 399 | 567 | 34 | 42 | 383 | 173 | 674 |
| 割合 | 1985 | 15.6 | 22.4 | 24.9 | 15.0 | 22.1 | 34.9 | 65.1 | 9.1 | 11.3 | 42.3 | 14.2 | 23.1 |
|  | 1990 | 7.7 | 25.9 | 27.4 | 14.7 | 24.3 | 43.1 | 56.9 | 7.2 | 11.3 | 39.4 | 15.4 | 26.7 |
|  | 1995 | 9.0 | 18.1 | 25.4 | 17.1 | 30.5 | 40.7 | 59.3 | 5.8 | 8.5 | 34.3 | 17.2 | 34.2 |
|  | 2000 | 5.6 | 15.3 | 27.1 | 16.2 | 35.8 | 40.8 | 59.2 | 5.6 | 5.9 | 29.7 | 15.7 | 43.2 |
|  | 2005 | 7.4 | 18.4 | 25.1 | 17.8 | 31.2 | 44.5 | 55.5 | 5.2 | 3.5 | 27.9 | 11.4 | 51.9 |
|  | 2010 | 6.4 | 15.9 | 23.3 | 16.7 | 37.7 | 41.3 | 58.7 | 2.6 | 3.2 | 29.3 | 13.2 | 51.6 |

資料：農林業センサスより作成。

上を16戸（94.1％）が実現できている。

アンケートでは石垣島において多い作型の夏植えを中心に、その肥培管理の実態を調査した。表20－4は肥培管理について作業別の有無と単収の関係をみたものである。そして表20－4では、「肥培管理あり」と「肥培管理なし」での単収と、「後継者確保」と「後継者未定」での単収を示す。肥培管理において農家は、「灌水」の実施が少ない。しかし、それ以外の肥培管理を実施している農家の単収は、7.0t台となっている。一方で、施肥をしない農家は集まった回答それ自体が少数であるものの、単収は6.3tである。「灌水」の実施が少ない理由は、土地改良が完全に終わっていないことにある。畑灌漑が未整備となっている農家が多いことから、このような結果となっている。この土地改良区に関しては新井・永田（2006）によれば、石垣島の土地改良区における水利用料は面積に応じた賦課となっている。そして、農家毎に水の利用量を計測していない。したがって、土地改良区であれば、水利用は使用量に応じた金額とならないので、必要な時に必要な量を散水が可能となっている[8]。

「後継者確保」をしている農家は生産の継続性を保つことができることと、保有労働力を確保できていることから、「基肥」「追肥」といった施肥関

表20－4　夏植の肥培管理の実態

(単位：戸、t/10 a)

|  | 各肥培管理あり ||| 各肥培管理なし ||| 後継者確保 ||| 後継者未定 |||
|---|---|---|---|---|---|---|---|---|---|---|---|---|
|  | 戸数 | 単収 | 標準偏差 | 戸数 | 単収 | 標準偏差 | 戸数 | 単収 | 標準偏差 | 戸数 | 単収 | 標準偏差 |
| 基肥 | 15 | 7.6 | 1.54 | 2 | 6.3 | 0.35 | 10 | 8.0 | 1.40 | 5 | 6.7 | 1.61 |
| 追肥 | 15 | 7.6 | 1.54 | 2 | 6.3 | 0.35 | 10 | 8.0 | 1.40 | 5 | 6.7 | 1.61 |
| 平均培土 | 13 | 7.5 | 1.69 | 4 | 7.1 | 0.74 | 8 | 8.1 | 1.76 | 5 | 6.7 | 1.61 |
| 高培土 | 12 | 7.5 | 1.76 | 5 | 7.2 | 0.69 | 7 | 7.0 | 1.76 | 5 | 6.7 | 1.61 |
| 灌水 | 3 | 7.4 | 0.20 | 14 | 7.4 | 1.67 | 2 | 7.4 | 0.23 | 1 | － |  |
| 防除 | 12 | 7.6 | 1.69 | 5 | 6.8 | 0.80 | 7 | 8.3 | 1.54 | 5 | 6.7 | 1.61 |

資料：アンケートより作成。
注）：1戸となっているところは個人が特定できてしまうので「－」とした。

係を十分に行えている。結果として、単収は8.0tとなっている。また農家において「防除」は実施していることで、単収が8.3tという水準となっている。つまり、適期にサトウキビの生育を阻害する害虫や雑草を駆除できることで、単収が高くなっている。これらはサトウキビ生産が労働力の面から継続させられる条件がそろい、十分な肥培管理を実施できたということであろう。

生産の継続性が不安定となっている「後継者未定」の農家は、「灌水」を除いて作業を実施していて6.7tの単収である。しかし、7.0t以上となった農家は2戸のみで、平均して生産の継続性に問題があることで、6.0t台の水準となっているといえる[9]。

## （3） アンケート結果からみた経営戦略のあり方

産地からみたサトウキビにおける農家の所得向上への戦略としては、現行の制度の下で製糖工場での買入価格の単価が増額とならないことから、単収を増加させることで経営の安定化を図ることである。それにはどのような方法が有効な戦略の基礎となるものであろうか。表20－5は農家が収穫量の拡大をするために、有効な方法と農家の意識を整理したものである。この表から戦略の方向性を検討する。

「後継者確保」では、「品種更新の促進」「農地借入れの簡素化」「堆肥を入れて地力向上」について「そう思う」に66.7％（8戸）であるのに対して、「後継者未定」は「品種更新の促進」と「堆肥を入れて地力向上」の「そう思う」にそれぞれ80％と60％となっている。生産の継続性に問題があることから、現状の水準を維持するための努力を「後継者確保」より惜しまない傾向をもっている。「法人化・組織化の促進」「JAによる農作業の全面受託」「JAによる農作業の作業受託」についてみると、「後継者確保」と「後継者未定」ともに組織的な取り組みには消極的である。むしろ自らの経営が、自由な裁量で行えることを望もうとしているといえる。農家同士がつながられるように農家の意識を変えていくことが、今やサトウキビの安定した生産に

表20-5　生産量拡大に有効な方法

(単位：戸、％)

| | 後継者確保 ① | | ② | | ③ | | ④ | | 後継者未定 ① | | ② | | ③ | | ④ | |
|---|---|---|---|---|---|---|---|---|---|---|---|---|---|---|---|---|
| | 実数 | 割合 | 実数 | 割合 | 実数 | 割合 | 実数 | 割合 | 実数 | 割合 | 実数 | 割合 | 実数 | 割合 | 実数 | 割合 |
| 品種更新を促進 | 8 | 66.7 | 3 | 25.0 | 0 | 0.0 | 0 | 0.0 | 4 | 80.0 | 1 | 20.0 | 0 | 0.0 | 0 | 0.0 |
| 農地借入れの簡素化 | 8 | 66.7 | 3 | 25.0 | 0 | 0.0 | 0 | 0.0 | 2 | 40.0 | 1 | 20.0 | 1 | 20.0 | 0 | 0.0 |
| 堆肥を入れて地力向上 | 8 | 66.7 | 0 | 0.0 | 1 | 8.3 | 1 | 8.3 | 3 | 60.0 | 1 | 20.0 | 0 | 0.0 | 0 | 0.0 |
| 法人化・組織化の促進 | 2 | 16.7 | 0 | 0.0 | 5 | 41.7 | 3 | 25.0 | 0 | 0.0 | 1 | 20.0 | 3 | 60.0 | 0 | 0.0 |
| JAによる農作業の全面受託 | 0 | 0.0 | 2 | 16.7 | 3 | 25.0 | 5 | 41.7 | 0 | 0.0 | 0 | 0.0 | 3 | 60.0 | 1 | 20.0 |
| JAによる農作業の作業受託 | 2 | 16.7 | 0 | 0.0 | 4 | 33.3 | 4 | 33.3 | 1 | 20.0 | 1 | 20.0 | 2 | 40.0 | 0 | 0.0 |
| 肥培管理を今以上に徹底 | 7 | 58.3 | 2 | 16.7 | 0 | 0.0 | 0 | 0.0 | 3 | 60.0 | 1 | 20.0 | 0 | 0.0 | 0 | 0.0 |

資料：アンケート結果より作成。
注）：アンケートは「①そう思う、②多少思う、③あまり思わない、④そう思わない」である。

欠くことのできないことではないだろうか。また、収穫量の拡大に有効なものとして、「後継者確保」が「肥培管理を今以上に徹底」について「そう思う」と「多少思う」をあわせると75.0％（9戸）である。「後継者未定」においても「そう思う」と「多少思う」をあわせると80.0％（4戸）となっている。農家は収穫量を拡大するために、肥培管理が重要であることを認識している。しかし、農家がまだ自己完結的な意識でサトウキビ生産をしようとしている。この方法では、コスト削減ができず、肥培管理の効果的な省力化ができない。そして、サトウキビ農家が単なる補助金を受けるための受け皿的な組織を作るのではなく、機能する組織を形成していくことがサトウキビの安定的な生産に欠かせないことである。

　石垣島におけるアンケートの結果から、如何にサトウキビの増産に向けた

戦略を検討すべきであろうか。サトウキビ産地および農家で考えられる適切な目標設定は、月並みであるが農家の単収増加それによる増収益である。本当に月並みな目標であるが、今までをそれを達成していない以上、農家の単収増加を目標とすることがサトウキビ産地並びに農家に最も適したものである。この目標設定は、戦略を決定づける上で重要なステップである（伊丹2009）。適切な目標とは、農家自身が確実に自覚している目標であり、スローガンとならないように注意が必要である。サトウキビ産地並びに農家が今後採るべきことは、現状を踏まえて目標設定をするのでは目標設定だけで終了してしまう。事業のあるべき姿をイメージした上で、事業のあるべき姿となるための変革のシナリオを描くことである。実際の状況からすると、沖縄県ではサトウキビのみならず、マンゴーやパインアップルでも組織的な経営に対して消極的である（菊地2007、2009、2012、菊地・平良・中村2011）。しかし、実情では農家の個としての特徴が強すぎるのか、農家間での横の連携を取ることができずに、組織的な対応ができず、自己完結的な経営を最適としている。土地利用型農業では、組織化して作業の効率化を図ることが望ましいが、事例となった石垣島では不十分である。補助事業などのための単なる受け皿的な組織ではなく、確実に機能する組織を形成して、農作業の効率化を図ることを求め、それによって事業のあるべき姿を構築することである。あるべき姿を産地のみならず農家自らが構築できれば、おそらく単収の増加、それによる農家の増収益は実現できる可能性を十分にもっているであろう。

## 5 おわりに

収穫面積が減少するなか、収穫量を増加させるためには単収を増加させる以外に、サトウキビの収穫量を増加させることは困難である。現状の単収は常に安定していない。また、単なる省力的な肥培管理では十分な収穫量を確保できず、農家の所得は増えることがない。沖縄県のサトウキビ産地では、農家単位における経営の裁量重視している。農家単位の経営の裁量を重視と

なると、農家の過剰な設備保有につながる。農家の過剰な設備保有を防ぐための集団化を誘導して、方向付を目的化し、かつ変革のシナリオを農家が自覚できる戦略を採ることである。今のままの生産振興であるならば、サトウキビの収穫量が安定的に増加していくことは困難であろう。サトウキビ増産には、単収を増加させることである。それには農家が適期に適切な肥培管理を実施する体制、つまり機能する組織を形成できるように農家を誘導し、過剰な設備保有を防ぐことである。さらに、今まで以上に農家と製糖工場が一体となって異業種との交流を図り、本業以外からの収入源を確保することである。農家のみならず産地が検討すべきことは、目標を設定するだけではない。目標を設定した後にそれをいかにして達成するか、そのために農家なり産地が本来であればあるべき事業の姿を検討することである。それには現状の経営のあり方を認識して、それを本来あるべき事業の姿に何が不足しているのか、それを如何にして実現させるかを変革のシナリオを作成することで描いていくことである。そして、その目的設定とシナリオをスローガンとせず自覚して実行することである。

　本章の調査結果から、産地の戦略を定めるための前提に必要なことは次の３つである。第一に、高齢の農家における収入の機会は農業だけである。農家は的確な肥培管理を行うことによって一定の収入を確保することができる。高齢の農家において、安定した農業収入を得るために肥培管理の徹底は必要に迫られているとみられる。それには、高齢者の農作業を安定的にできるように作業の請負い組織を育成することである。第二に、後継者がいる農家は、労働力に見合うような農地を借りることである。サトウキビの買入価格があがらない以上、単収を増加させて農家が経営的に再生産できるように仕向けていくしかない。第三に、後継者が未定となっている農家における生産の継続に問題への対応である。後継者がいないため現在の経営主が農業を担えなくなると農業をやめざるをえなく、その後に残された農地が耕作放棄地となる可能性を秘めている。耕作放棄となりえる農地について、規模拡大を図りたいサトウキビ農家へ利用権を与えて、耕地として維持していくこと

が求められる。

　以上の3点をもとにして産地なり農家の本来あるべき姿に近づかせて、それによって目標が達成できていく。つまり、調査結果から得られたことがある意味では変革のシナリオの一部となる。このシナリオを参考にして本来あるべき姿が産地なり農家の戦略となっていく。自ら目標設定することにより、農家のみならずサトウキビ産地の変革を促すことにつながる。今後、産地なり農家が本来のあるべき事業につなげられるような目標設定をし、それにもとづく変革のシナリオに応じた戦略を立案して、実行することが必要となってくる可能性があろう。

**注**
1）対象となるには、「①認定農業者（個人、法人）、特定農業団体、②1ha以上の収穫作業面積を有する生産者（個人）、③4.5ha以上の収穫作業面積を有するサトウキビ生産組織（出荷名義を有するもの）、④4.5ha以上の収穫作業を行っている共同利用組織に参加しているサトウキビ生産者、⑤①〜④に該当する生産者組織または4.5ha以上の収穫作業を行っている受託組織・サービス事業体に、サトウキビ基幹作業（耕起・整地、株出管理、植付または収穫作業のいずれか1作業）を委託しているサトウキビ生産者、⑥①〜⑤に加え、地域の生産者等の組織での中間的な生産見通しおよび取り組み計画の作成と国が定める環境規範の遵守をするもの」となった要件に見合う場合である。
2）琉球新報（2015.7.25）および沖縄タイムス（2015.7.25）によれば、沖縄本島では2つの製糖工場を一つに集約することとなった。今や工場の操業と農家の再生産ができるような生産振興を抜本的に実施すべき時であろう。
3）図を2つに分けた理由は肥培管理時間の中で収穫作業が50％前後となるためであり、その他の作業が図中でみえないからである。
4）「生産管理」は図20-2と図20-3のなかの肥培管理において特定の作業に当てはまらない作業を含む合計である。この作業は1992年まで40時間前後であったが、1993年以降40時間未満となり、1995年からは30時間未満となり20時間台となっている。
5）歩留りは、収穫されたサトウキビの甘蔗糖度に由来する。ここでは過去の実績から概算値を割り出しその値で計算した。近年、収穫量が100万tの水準にないが、あえてこの数値により計算をした。
6）菊地ほか（2007）におけるアンケートでも回収率が、10.0％と少ない結果であった。アンケートとしては、これ以上の回収を期待できない。
7）表20-3に示す農家は、サトウキビだけではない。しかし、本章は石垣島の農業をセンサスの結果からふまえてアンケートの結果を検討する。
8）これに対して、石垣島の農家はなぜかサトウキビに灌水せず、牧草に灌水するという行動パターンがあるといわれている。しかし、新井・永田（2006）によれば実際に計測

してみると牧草への散水はサトウキビほど散水していない。関係部局に対して土地改良区の水利用を質問したところ、水道使用を計測する施設はなく、面積に応じた金額を受益者負担として課しているとのことであった。
9）2011年産における八重山地区の単収は5.4t程度であった。

**引用文献**
[1] 新井祥穂・永田淳嗣「沖縄・石垣島の土地改良事業の停滞」、地理学評論、79（2）、2006年、pp.129-153。
[2] 伊丹敬之「経営戦略とはなにか」『経営戦略の論理（第3版）』、東洋経済新報社、2009年、pp.1-31。
[3] 沖縄県農林水産部『さとうきび栽培指針要領』．沖縄県農林水産、2006年、94p。
[4] 菊地香「遠隔産地・沖縄県レタスの市場参入―先進事例との比較―」、斎藤修、慶野征爾編『青果物流通システム論のニューウェーブ―国際化のなかで―』農林統計協会、2003年、pp.72-82。
[5] 菊地香・川満芳信・上野正実「品質取引後における北大東村サトウキビ作の経営改善に関する基礎的研究」、農林業問題研究40（1）、2004年、pp.188-193。
[6] 菊地香「石垣島におけるサトウキビ農家の肥培管理の実態―単収向上に向けた営農改善方向―」、沖縄農業41（1）、2007年、pp.15-26。
[7] 菊地香「遠隔離島におけるパインアップルの販売体制と組織的対応の可能性―石垣島を事例に―」、農業および園芸84（12）、2009年、pp1173-1181。
[8] 菊地香・中村哲也・平良英三「マンゴー産地の経営戦略―沖縄本島北部を事例に―」、開発学研究21（3）、2011年、pp.18-29。
[9] 菊地香・中村哲也・平良英三『沖縄におけるマンゴー産地の課題と展望―熱帯果樹ブランド化への途―』農林統計出版、2011年、169p。
[10] 菊地香「沖縄本島北部における加工施設移設後のパインアップル生産農家の経営方針―沖縄県国頭郡東村の事例に―」、農業および園芸87（1）、2012年、pp.34-42。
[11] 来間泰男「砂糖と原料甘蔗生産が壊滅する沖縄」『農業と経済―臨時増刊号―：急浮上するTPP（環太平洋戦略的経済連携協定）で日本農業はどうなる？』昭和堂、2011年、pp.70-75。
[12] 速水佑次郎・神門善久「農業成長と食料問題の克服」『農業経済論―新版―』岩波書店、2002年、pp.81-130。
[13] 溝辺哲男「ブラジル・セラードにおける農業開発によるインパクト」溝辺哲男・上原秀樹編著『開発と貿易の新潮流―農産物貿易と農業・農村開発の課題と展望―』アイ・ケイコーポレーション、2004年、pp.118-140。

**URL**
琉球新報
　http://ryukyushimpo.jp/news/storyid-246267-storytopic-4.html、アクセス2015年7月25日
沖縄タイムス
　http://www.okinawatimes.co.jp/article.php?id=125711、アクセス2015年7月25日

# 第21章
# 地方自治体における
# バリューチェーンの構築

高橋龍二

　筆者は、広島県職員として行政の立場から県内農業生産者の生産振興や販売推進に携わるとともに、農林水産物のブランディング及びバリューチェーン構築を目指した施策に取り組んできた。

　もともと、中長期的には県域でのフードシステムの構築を目指しているが、未だサプライチェーンでさえ十分機能していない広島県の農産物流通の実態を踏まえ、直近の施策として、まずはバリューチェーンの構築から、結果的にサプライチェーンが構築されることを目指した取り組みを企画・実施した。

　本来は、サプライチェーンからバリューチェーンという流れであるが、広島県内のJAや農業生産者は、市場出荷が主体であり、業務用に対応できていない実態から、県域の集出荷体制もなく、サプライチェーンが繋がっていない。そうした状況を打破するために、スーパーマーケットのインショップコーナーなどのきっかけや、県産農産物をトータルでブランディングするマーケティングなど、バリューチェーンの提案を先行させた取り組みを通じ、効率的な物流が確保できるロットや、県域の集荷体制を構築することで、現在のビジネスに対応する仕組みの構築を試みた。

　また、そのためには、個別完結型が多く、個体個の点のビジネスから横展開しないままとなっている広島県内の生産者を、多対多のネットワーク型ビジネスに誘導していくことが必要であり、行政の場づくりや誘導策が重要と考えている。

本章では、1節において、地方自治体の施策としてのバリューチェーン構築の課題を整理し、2節で広島県の事例紹介とそれを踏まえた課題分析、課題解決の方策を検討し、3節において、まとめと将来の方向を合わせて整理する。

## 1 地方自治体の施策としてのバリューチェーン構築の課題

### （1） 現状──サプライチェーンがつながらない広島の市場環境──

広島県の農業は、水田農業主体で、もともと畑地や野菜作の少ない中山間地域において、水稲以外の大規模生産者がほとんど育っていない実態にある。そうした背景から、県内の野菜生産は、JA単位の規模の小さな産地で、葉物野菜、軟弱野菜を中心に、都市近郊や島嶼部が主な産地として展開してきた。

広島県内の主要7市場における、いわゆる地場産（広島県産）野菜の比率は、平成に入って以降、毎年重量割合で1％ずつ減少し、直近では10％を切るレベルまで落ち込んでいる。また、現在でも県内の野菜産地、生産者の出荷先は、市場出荷が95％以上となっている。

小売等川下の実需者のビジネスや、調達ルールがこの20年間で大きく変わってきたことから、その変化に対応した取り組みとして、2003年以降、国を中心に市場再編が進められてきた。しかしながら、広島中央卸売市場においては、産地側の対応が進まなかったことから、ほとんど取り組みが進んでいない。

また、ストック機能や1次処理等の施設がないため、周年対応できないことも、現在の実需者のニーズに合わない部分であり、いわゆる全国大手スーパーマーケットや、コンビニエンスストアにおいては、広島県向けの供給を、岡山市場を中心とした拠点体制により調達しているケースが多い。

加えて、広島県内におけるJAや全農ひろしまの集荷体制が不十分で、物流も効率化していないことから、大規模生産者は輸送体制を自装するしかな

いが、方面別に複数車を用意する必要があるなど、効率的な輸送が確保できていない。結果、現在でも小ロットの出荷に関しては、宅配便による出荷が主であり、効率を要求する実需者相手に直接取引等の提案も十分行われていないなど、広島県産の地場野菜に関しては、サプライチェーンが繋がらないまま現在に至っている。

### （2）仮　説

　広島県では、これまで、中山間地域を主とする広島県内の生産者や、JA出荷を中心とする産地対応において、長年、サプライチェーンの構築に向けた取り組みに行政としてもチャレンジ、提案してきた。しかしながら、結果的に成就しない実態（特に流通面において）であった。

　そのため、2014年度からは、ターゲットは、単に物流としての実需者ではなく、あくまでも消費者とし、生産者の商品提案を通じ、実需者と連携したビジネスを行う方針に軌道修正を行った。通常は、サプライチェーンの構築から、バリューチェーンへの展開という流れであるが、サプライチェーンに必要な業務用や量販店等の対応が困難なことから、バリューチェーンとしての取り組みを先行し、実需者のターゲットに飲食業を加えるなど、量が少なくても認知が進む工夫や、広島県産としてトータルでブランディングしていく取り組みとした。これは、県域の集荷体制をある程度構築することができれば、これまでバラバラであった県内の大規模生産者の連携や物流上のグルーピングが図れるなど、結果的にサプライチェーンを達成できるという逆の発想による取り組み提案である。

　斉藤によれば、「フードシステムという視点は、サプライチェーンとバリューチェーンの統合化であり、生産から消費まで、それぞれの段階で関係する経済主体をうまく結合させ、連携させて、一番いい結果を引き出そうとする立場」とされ、「また、この視点では、農業サイドに付加価値を落とし、あるいはブランドをつくり、消費者の合意を得ながら、生産者の所得が拡大できる仕組みを地域の中で実現することを大きな戦略としている。」と定義

されている。

　フードシステムの視点として、サプライチェーンとバリューチェーンは一体的に取組むべきということを踏まえ、筆者の仮説としては、「サプライチェーン→バリューチェーン」ではなく、「バリューチェーン→サプライチェーン」というアプローチが有効、かつ結果として両立できると考えている。

　しかしながら、これらのことが、自然体で成就できることはなく、特に物流の効率化が民間のビジネスとして担保されていない現状を打破するために、まずは、トリガーとして行政による場づくりを行い、個々の生産者で完結できないビジネスの支援を行いつつ、民ベースのビジネスとして成立する仕掛けが必要と考える。

　本章では、仮設実証を行う目的で、トリガーとしてのバリューチェーン構築は、行政の役割とし、その取り組みの意義および課題を明らかとし、課題解決に向けた分析や方策については、広島県の事例を踏まえた検討を行い、将来方向を含めた具体的な提言となるべく整理を行うこととしたい。

### （3）　行政施策によるバリューチェーン構築に向けた課題
#### 中間事業者の育成
　前述のとおり、広島県内の市場再編についてほとんど取り組みが進んでいないことから、いわゆる中間事業者の機能を担う事業者がほとんど存在しない。特に県内産野菜は量が少なく、安定的に供給されないことから、相対取引、契約取引に至らず、多段階かつ商物一致の従来型の流通ルートから脱却できていない。そのため、事業者を経るたびに輸送費やマージンが付加され、最終的にデリバリー網を持ってリスクを取る問屋がビジネスの主導権を握ることとなり、実需者は、問屋の言値かつ結果価格が高い調達になりやすく、県内産野菜は地場産であるメリットを失っている。

#### 効率的な物流の確保
　最も解決が困難な課題は、物流の効率化であり、通常、輸送コストは生産者側が負担すべきリスク（見積書は輸送費を含んだ到着価格：着値といわれ

る）となっているが、年間売上1億円レベルの生産者であっても実需者対応は宅配便が主となっている。市場までの出荷であれば、近隣に活用可能な何らかの輸送ルートや、小口輸送を行うトラック輸送業者などの手段があるが、デリバリーまでは対応できず、結果宅配便となってしまう。宅配便は、容積当たり価格であるため、果菜類、葉物類などは、3～5ケースを一括りで1ケース対応してもらうなど工夫することで、何とか採算ベースに乗ると考えられるが、キャベツなどのいわゆる重量物は、商品価格よりも宅配便の輸送費の方が高くなるなど、逆に言えば、宅配便でも元が取れる作物しか利用されず、そうしたkg単価の低い作物は、結果業務用ではなく、単価の取れる生鮮として市場出荷が主となっている。

**生産者のビジネス対応力強化**

中間事業者が少ないことや、問屋中心でブラックボックス化された流通の課題もさることながら、広島県において、バリューチェーンの取り組みが進まない大きな課題としては、県内の生産者のビジネス対応力が弱いことにあり、生産者の規模拡大、法人化等のきっかけとなる業務用ビジネスを行う環境がないことと合わせ、年商1億円レベルの経営体が育っていない。したがって、サンプリング、見積書作成、単独帳合といった通常の実需者相手のビジネスに必要な対応ができる生産者がほとんど存在しない実態にあり、全国的には3割程度と言われている地場野菜の業務用等の実需者向け供給は、広島県においては1割程度しか供給できていないということにつながっている。

これらの3つの課題解決に向け、次節において行政施策によるバリューチェーン構築に向けた課題解決の方策について検討を行う。

## 2　広島県の施策としての課題解決

### (1)　広島県の支援施策

個別でサプライチェーンに対応できない生産者が連携したビジネスを対応

する上で必要な機能補完として、中間事業者機能を施策で支援する取り組みを検討した。

一つは問屋機能で、実需者の受注及び生産者の発注取りまとめ、デリバリー、代金決済である。もう一つは効率的物流で、コールドチェーンを前提とした輸送事業者とのタイアップによる横持ち輸送利用による、県域での集荷体制及びデリバリー体制の確保である。

具体的には、まずは実需者をターゲットに、広島県産品のブランディングとセットで、消費者のニーズに応えるという協同的提案により、バリューチェーンの構築を目指す取り組みとして、「広島県産応援登録制度」を企画し、2014年度より支援事業を実施している。この取り組みを進めていく中で、結果として県域のサプライチェーンが構築されることを目指している。

**広島県産応援登録制度の概要**

前述の課題に対応するため、生産者の商品提案書を起点とし、県は実需者に呼びかける形で実需者を審査員とする審査会を主催し、生産者自らの提案と実需者の評価を踏まえ、商品として登録する制度を企画した。なお、商品提案書は、通常のビジネス提案書としての様式で、審査項目も、商品紹介以外に、ロット、価格、物流などの要素を加える形とし、実食によるサンプリングも行うことで、審査会＝商談会としても機能する方式とした。

さらに、登録すれば販売が担保されるということではなく（そのため応援登録制度としている）、登録はあくまでもビジネス支援を前提としたエントリー資格として位置付け、中間事業者機能を県で支援するスキームは、「バリューチェーン構築支援事業」という別の事業として登録制度と切り離し、登録（ブランディング）、ビジネス支援（中間事業者機能補完）を2段階で対応していくことで、具体的なビジネスに対応できる県域のビジネスルート（サプライチェーン）の構築を目指すこととした。

**バリューチェーン構築支援事業**

「バリューチェーン構築支援事業」は、生産者の自立したビジネスに向けた支援策として、セールスレップ等に実績のある民間のコンサル会社に委託

する形で実施している。営業支援、輸送支援、口座開設および帳合等含めた契約支援が具体的な支援内容であるが、コンサル会社のみでは対応できない、問屋機能、輸送機能に関しては、委託ではなく、実際にビジネスを行う事業者に対し、県が協力要請する形で取り組んでいる。

　この取り組みの狙いは、広島県産をまとめてブランディングしていく部分で県が信用付与し、その後は県が中間事業者の役割をカバーしながら民のビジネスとしてルートを確保していくことである。また、バリューチェーンのビジネスとしては、広島県産応援登録商品のコーナー販売など、県と実需者が連携し、消費者に対し、連携した販促を行う提案であるが、その過程で、生産者と実需者の双方にメリットのある物流の対応が図られることで、結果としてサプライチェーンのビジネスルートが確保されることを目指している。

### （2）　課題解決の方策

**ビジネスネットワークの構築（ネットワーキング）**

　図21－1は、ビジネスネットワークの構築について、生産者、実需者間の提案や、契約成立に向けた関係を模式図で示したものである。

　STEP0は、特に何の提案活動も取り組みもない状態で、そこからSTEP1として、個別のアイテムを個別の実需者に提案し、成約に至る過程を示している。行政のビジネスマッチング等の支援施策も、いわゆる個別のビジネスマッチングや、各種展示会等への出展など通じ、個対個としてのビジネスを誘導する支援内容であり、従来型の取り組みである。

　この段階においては、仮に成約に至るケースが複数あったとしても、スポットの取り組みであり、単純な積み上げになるものの、ビジネスの横展開は期待できない。

　広島県においても、広島県産応援登録制度以前は、地元金融機関に委託する形で、こうした個別マッチング型を主とした支援施策を実施していた。

　STEP2以降は、ネットワーク型のビジネス構築を目指した取り組みとし

第21章　地方自治体におけるバリューチェーンの構築　341

**図21-1　ビジネスネットワークの発展過程　STEP1**

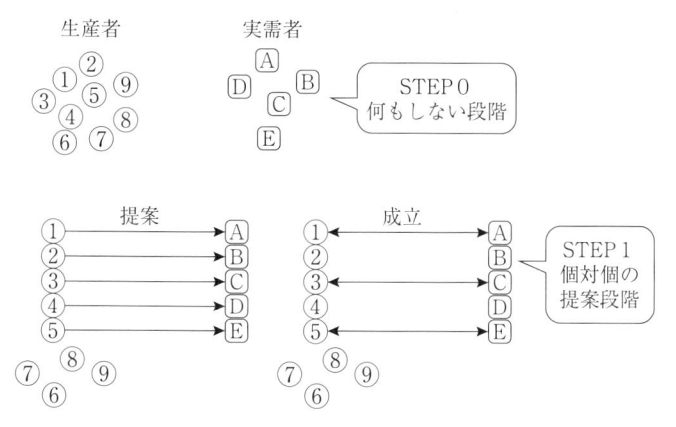

出所：筆者作成

**図21-2　ビジネスネットワークの発展過程　STEP2**

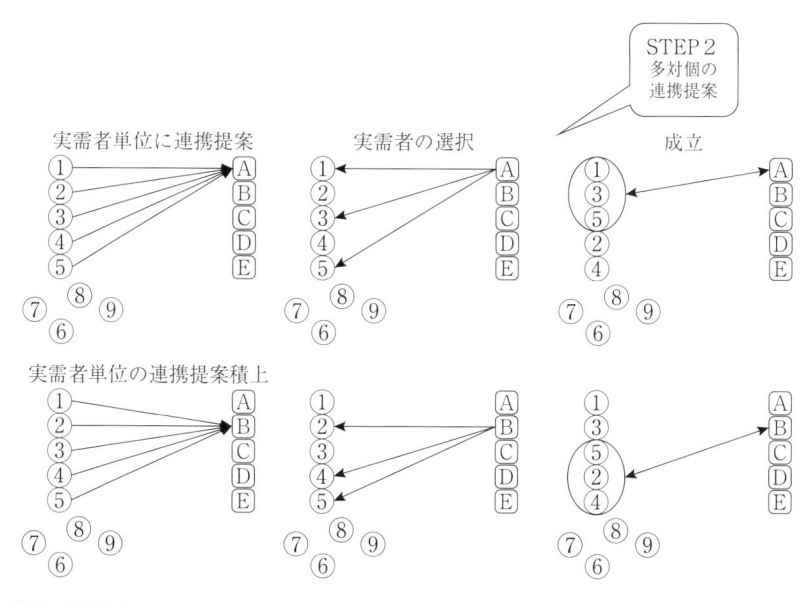

出所：筆者作成

て示したものであるが、多対個という形で、複数生産者のアイテムを束ねる形で、個別の実需者に提案し、物流の取りまとめなど通じ、まとまった形でビジネスを成立させていく過程である。

　前節で紹介した広島県産応援登録制度は、このSTEP 2の段階であり、毎回、アイテム単位に10程度の生産者が審査員を依頼しているバイヤー等にまとめてプレゼンテーション、実食等による提案を行い、活用したいアイテムがあれば、審査会の後に、中間事業者機能を委託しているコーディネーターを通じ、まとまった受注体制、集出荷体制により、現状のビジネスに対応する形に誘導していく取り組みである。

　こうした多対個のビジネス連携は、生産者サイドのアイテムを追加提案していくことと、まとまった提案によるロットや物流の効率化から、個別では対応できないレベルの生産者をビジネスルートに乗せていく上で有効である。

　ただし、STEP 1と同様に、あくまでも実需者への個別積上げであり、ビジネスの横展開には至らない。

　次のステップとしては、STEP 3の多対多の連携提案であり、前節で示した広島県の支援施策で言えば、バリューチェーン構築支援事業による取り組みがこの段階である。行政の場づくりを通じ、広島県産応援登録制度の登録商品として、委託したコーディネーターによる、県産農産物のワンストップ対応や、まとまったブランディングによるマーケティング活動を通じ、物流のさらなる効率化に繋げていくことを目指している。

　多対多のネットワーク型ビジネス連携により、県域の集荷体制、また、ロットをまとめることで、飲食事業者等のデリバリー等小口対応、コンビニエンスストアなどまとまったロットが必要なベンダー等への対応などが新たな出口となることや、これまで実現できなかった業務用対応についても、県域の物流体制の構築により、提案していくことが可能となる。

　STEP 4は、筆者が最終的に目指している多対多のビジネス連携を示したものである。

図21-3　ビジネスネットワークの発展過程　STEP3

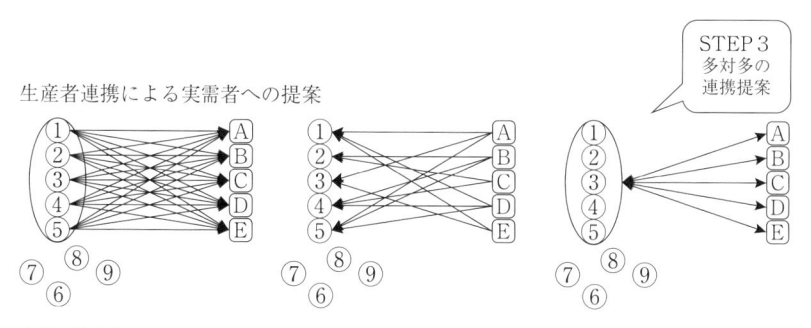

出所：筆者作成

図21-4　ビジネスネットワークの発展過程　STEP4

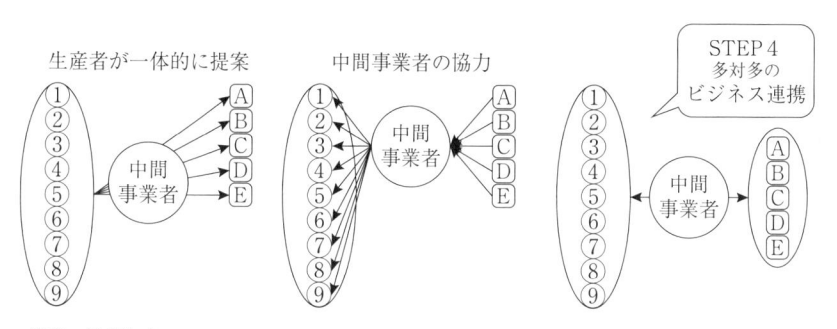

出所：筆者作成

　この段階の取り組みは、中間事業者が核となるビジネスであり、全国的にはこうした取り組みが多く存在するものの、広島県においては、中間事業者の存在が十分でないことや、規模が小さい生産者のケアや囲い込みを行う事業者がいないため、極めてハードルが高かった。

　なお、こうした取り組みは全国的に言えば、民間ベースのビジネスとして、優れた中間事業者と、一定規模以上の生産者が複数存在すれば、自然体で成立するビジネスネットワークである。

　しかしながら、広島県は脆弱な生産構造を抱え、特殊な環境下において、

自然体でこうしたビジネスネットワークが発生しないことから、行政が場づくりし、ブランディングや中間事業者機能の委託による、STEP 2及びSTEP 3の支援策を通じ、県内の点在する差別化可能なアイテムを持つ生産者や、スポットであるが比較的規模の大きい生産者のネットワーク化から取り組みをはじめている。そして、それぞれの生産者が核となって、周りの規模の小さい生産者を巻き込んで、ビジネスルートを共有するなどの取り組みに繋がっていけば、県域レベルのネットワーク型ビジネスが構築されていくと考えている。

こうした施策を通じ、最終的には各生産者が自立した民ベースのビジネスに移行していくことが理想であるが、そのためには、各生産者間や、実需者間の信頼関係構築と、生産者と実需者をつなぐバッファである中間事業者の役割が重要となる。そして、それらを実現していくためにも、いかに全体のビジネスネットワークを構築していくかが鍵となる。

**具体的な取り組み内容と成果**

ここまで、仮説に基づく広島県の施策として制度設計を行い、各施策を通じたネットワーク型のビジネスを目指す取り組みとして、特に行政の役割を中心に説明したが、民間のビジネスとして移行するためのロードマップとして、目指すべき到達点、これまでの成果に対する評価について補足する。

①目指すべき到達点

広島県産応援登録制度により、県産品としての販売をシェアするマーケティングのサイズは、最終的に年間販売額10億円のビジネスを目指している。

県の施策としては、場づくりを中心としたビジネスルートの開拓と、トリガーとして民間のビジネスが軌道に乗るまでの3カ年とし、初年度1億円、2年度2億円、3年度3億円の年間1億円ずつ積み上げるイメージで、当面、3億円の販売目標を掲げている。

ネットワーク型ビジネスとしてのプレーヤーである生産者は、100者を想定し、広島県産応援登録制度に登録するアイテムは、1者3アイテム平均の300アイテムを目指すこととしている。

考え方としては、販売まで含め、自立した経営を目指す上で必要と考える１者当たり年間１億円の販売額レベルを基準に、生産者トータルで１億円×100者＝100億円の年間販売額が到達点であり、各生産者がブランディングとして県の制度を活用する販売の関与は１割程度を想定し、制度全体で年間販売額10億円を目標としている。

　現実のビジネスとしては、輸送の効率化が前提となるが、生産者個々が自装するよりも、輸送をシェアする形で県域の集荷体制を構築する取り組みを優先し、結果、生産者個々が年間１億円の経営となれば、自らのビジネスに必要な輸送手段を効率的に確保できるということに繋がると考えている。

　次に、ネットワーク型ビジネスを構築する上で前提となる、輸送の効率化を確保するために必要な取扱額は、輸送コストが販売額の１割程度に収まる範囲と考えている。たとえば、２ｔ車のチャーター料金を３万円／日とすれば、30万円の販売額に相当する荷物を運搬することが必要になる。最も不利と考えられる、キャベツ等の事例で言えば、10kgケース当たりの販売額を800円として、満載した場合の販売額は、160ケース×800円＝128,000円であり、チャーター料金は販売額の23％となることから効率的輸送とは言い難い。４ｔ車であれば、チャーター料金４万円／日として、満載した場合は、320ケース×800円＝256,000円であり、販売額の16％となることから、ぎりぎり採算ラインと考えられる。なお、最も有利と考えられる重量当たり単価の高いトマトの例で考えれば、４ｔ車利用の場合、４kgケース当たりの販売額を1,600円として、満載した場合の販売額は、800ケース×1,600円＝1,280,000円であり、チャーター料金は販売額の３％程度となることから、十分採算に乗ることや、チャーター料金を販売額の10％とした場合、250ケースで採算に乗る計算となり、満載しなくとも30％程度の積載率で採算が取れる。

　県域の集荷体制を検討する上で、現実は様々な青果を運搬することから、キャベツ等の重量野菜のみで考える必要はないが、最も不利なケースの想定をクリアすることで、輸送の効率化につながるという考えから、県域は、

4ｔ車をベースとした集荷体制確保を前提とし、コストで言えば、輸送費が10％程度となる1車当たり30～40万円の荷物を運ぶことが輸送効率化を図る上で条件となる。
 これを、年間の取り扱い額で考えた場合、300日×30～40万円となり、1車当たりで年間1億円の荷物を運ぶことが、輸送効率確保の条件となる。この1億円は、個別の生産者においても、輸送手段を自装する上で同じであり、一つの目安になると考えている。
 県域の集荷体制上、方面別に最低3車、島しょ部や利便性の悪いエリアをカバーするには理想的には5車必要と考えるが、当面、3車体制を目指すうえでも、制度設計上の販売額3億円と符合させている。
 さらに、販売面における目標であるが、広島県産応援登録制度によるブランディングを図る上で、実需者のビジネスとセットでその情報を活用した付加価値販売や、差別化販売されるコーナー化などを出口のターゲットとし、1実需者当たり、デイリーで10万円×300日＝3,000万円の年間販売額を目安に、3,000万円×10ヶ所のタイアップを想定している。これは、平均値としての想定であることから、実際は20カ所程度のデイリーで対応できる安定した販売先を確保することで、制度設計上の3億円が達成できると考えている。

②現在の取り組み状況
 2015年9月末時点における、実績は、77事業者、181アイテム（青果物97、畜産物15、水産物30、加工品39）となっている。
 販売額も、同様に、1億5千万円となっており、ちょうど中間地点であることを考慮すれば、目標の半分であり、制度設計上の計画をほぼ達成している。
 しかしながら、登録したすべての商品が、ビジネスに利用されているわけではないことや、販売先として、スーパーマーケット、百貨店等の常設コーナーによる販売3件、飲食業とのタイアップ10件、その他コンビニ等含めた業務用5件、イベント販売等のタイアップ5件程度であり、件数としては20

事業者程度とのタイアップに繋がっているが、ビジネスが成立しやすく、1件当たりが大口である畜産物のウェイトが高く、青果物の安定的販売先としては常設コーナーを設置する3件と、コンビニ等業務用2件の合計5事業者であり、物流の効率化につながるロットが未だ確保されていない。

結局、集荷に関しては、チャーター利用には至らず、輸送事業者とのタイアップを中心に、横持ち輸送を中心とした拠点持ち込み方式や、宅配便利用による輸送が主であり、庭先集荷体制までは実現できていない。

今後も、安定的販売先を中心とした輸送のシェア、デイリーでのロットの確保に向け、さらに、多対多（制度目標からは、100生産者対20実需者）のビジネスネットワークの構築に向け、効率的輸送体制を担保した物流（ビジネス）ルートの確保に取り組んでいく必要がある。

## 3　まとめ

筆者は、行政の立場で、民間のビジネスに直接介入はできないものの、各施策を通じた場づくりという手段で民間のビジネスを誘導し、生産者と実需者の多対多のビジネスネットワークが構築されれば、必然的に県域のフードシステムが構築されていくということを目指し、長年取り組んできた。

バリューチェーンの取り組みを優先させた理由は、効率的な輸送手段を確保する上で、業務用を中心としたサプライチェーンのロットが大きく、単品でも年間1億円レベルの扱いが必要になるなど、広島県の産地規模、大規模生産者が点在する生産構造から物理的に成立しないことと、広島県においては、横持ち輸送活用や、ビジネスをまとめた混載によるチャーター運用からのアプローチが現実的と判断したためである。市場向けには、各方面から物が集まる仕組みがあることや、たとえば広島東部市場では、集荷目的で毎日11t車を稼働しているが、輸送は、集荷、動脈物流、配送の3段階であるため、動脈物流のみではビジネスとして成立しない。また、広島中央卸売市場は、一時保管しかストック手段がなく、コールドチェーンが切れることも、

市場から輸送の効率化を図ることを断念した理由である。

バリューチェーンとしては、輸送の効率化を担保することと合わせ、制度目標である3億円規模のビジネスが目標であるが、未だ、取り組み半ばであり、多対多のビジネスネットワーク構築に向けては、今後、新規に農業に参入する企業や、年間販売額3千万円レベルの生産者を1億円にしていく支援など通じ、実際のビジネスの場において、ネットワーク及びパイの拡大に取り組んでいくことが必要で、本来的な仮設実証としての10億円のビジネスにはもう少し時間がかかる。

また、筆者の取り組みは、ネットワーク理論に基づき、ネットワーキングを通じたビジネスモデルの構築も合わせて目指している。現状は、そうした理論の応用レベルではないため、本章において理論の適用は行っていない。しかしながら、今後目指すべき将来の方向に必要な理論と考えていることから、参考としたロジックについて補足する。

安田によれば、ネットワーキングによって作り出された組織は、「ネットワーク型組織」と呼ばれ、ネットワーク型組織が成功するための2つの条件は、ネットワーク構成者の自立性と多様性とされる。

また、ネットワーキング論において、注目するべきポイントは、「バルネラビリティのパラドックス（弱者の強さという矛盾）」、「弱い紐帯の強さ」という概念であり、必ずしも強者の同一的行為が優位とは限らないという関係を表している。」とされている。

筆者は、ネットワーキング理論の活用を意識し、もともとビジネス上の弱者である個別生産者が、レベルの違う実需者と対等なビジネスを行うためには、個別の生産者の持つこだわりの商品をシェアするまとまったビジネスや、販促活動が必要と考えてきた。そのことを実現するためには、広島県の生産構造を踏まえ、多様性はあるが自立性が低い生産者の自立性を高めていくことや、食のビジネスでは弱者である生産者が「弱い紐帯の強さ」生かし、優位にビジネスを行うためのネットワーク型組織＝ネットワーク型ビジネスを目指す取り組みが効率的であり、かつ行政の役割や意義がある取り組

みと考えた。

　安田は、加えて、市場をネットワークとしてとらえ、各取引を通じたネットワーク形成に着目し、産業間ネットワーク分析を行っている。その分析において、ネットワーク優位性が高い産業ほど、利益率が高く、有利なビジネスとなるが、農業は、ネットワーク優位性が低く、結束の強い問屋などの食品卸売業から搾取される弱いビジネスとされる。

　筆者は、市場出荷や特定の問屋等への閉鎖的なビジネスルートだけでは、ビジネス優位性が確保できないことから、生産者と信頼関係を築いた中間事業者による連携と、県の制度を活用したネットワーキングとブランディングによるまとまったビジネス提案が必要と考えた。そして、こうした提案が、生産者間の結束を強めるとともに、多対多のネットワーク型ビジネスとして、取引相手も市場や特定の問屋だけでなく、実需者まで裾野を広げることが可能となり、ネットワーク優位性の確保と、搾取されない対等なビジネス関係を構築できると考えた。

　従来の経済学の考え方である特定の財に対しての「需要と供給」の概念に加えて、ネットワークの連鎖までを視野に入れて分析を行う点が、ネットワーク分析を市場に対して応用するときの独特の特徴とされているが、まさに、筆者のライフワークとしての興味は、こうしたネットワーク理論の応用により、ネットワーク優位性の低い各生産者のビジネスを有利に進めていくための仕組みづくりにある。

　繰り返しになるが、筆者の行政施策としての到達点は、まずは実需者までつながるビジネスルートの確保と、ビジネスを成立させる効率的な輸送手段の確保である。

　いずれにせよ、物流に関しては、スタンダードかつデイリーに一定量輸送することが前提となり、物流の効率化が担保されるレベル（県域では最低３〜５億、目標10億）が次のステップにつながると考えられる。

　そうした観点で言えば、広島県は、単独では地場産の農産物も少ないが、消費地としては大きいため、各県のローカルネットワークの受け皿として有

効と考えられる。また、広島県の施策に協力頂いている物流事業者も、各県単位に物流拠点を持っているなど、物流に特化した事業者との連携で、県域を越えたビジネスに対応できる可能性もある。農産物が少ないせいにするのではなく、積極的に近隣県とのネットワーク交流を通じ、ネットワーク間の相互連携、パイの拡大にむけ、引き続きチャレンジしていきたい。

**参考及び引用文献**
[1] 斉藤修（2008年）「食品産業と農業の連携をめぐるビジネスモデル」NIRAモノグラフシリーズ№17
[2] 斉藤修著（2011年）「農商工連携の戦略　連携の深化によるフードシステムの革新」農林統計協会
[3] 斉藤修著（2012年）「地域再生とフードシステム　6次産業、直売所、チェーン構築による革新」農林統計協会　P.75
[4] 安田雪著（1997年）「ネットワーク分析―何が行為を決定するか」―新曜社
[5] 高安秀樹、高安美佐子著（2001年）「エコノフィジックス市場に潜む物理法則」日本経済新聞社
[6] 「食品流通の効率化等に関する研究会」2003年4月　農林水産省総合食料局
[7] 「フードシステムをめぐる食品産業と国内農業の提携条件」（課題番号14560177)」2004年3月　研究代表者　斎藤修
[8] 「卸売市場の現状と課題」中間報告2008年3月21日秋田市中央卸売市場運営協議会専門部会
[9] 「卸売市場の将来方向に関する研究会」報告　2010年3月　農林水産省
[10] 「新農林水産業活性化行動計画策定事業　農林水産物流通実態等調査」2010年9月30日　広島県農林水産局（委託先：株式会社テクノアソシエーツ）
[11] 「2020　広島県農林水産業チャレンジプラン」2010年12月　広島県
[12] 「卸売業者及び仲卸業者の経営体質の強化」2014年11月　農林水産省

## 結びにかえて

　このたび、斎藤修先生は千葉大学園芸学部を定年退職されることになりましたが、これを機に先生から薫陶をうけた関係者が本書を刊行することになりました。それぞれがフードシステムに関係するテーマを持ち寄り、できるだけ体系化すべく編集したつもりで、各章とも斎藤先生がこれまで展開されてきた研究領域のどこかに位置づけられます。新しい研究テーマをどの程度もりこめたか忸怩たるものがありますが、どうにか力作を集めることができたと考えております。

　ここで斎藤先生のご経歴を振り返りますと、先生は1951年埼玉県八潮市で生まれ、千葉大学園芸学部を経て東京大学大学院に進み、博士の学位を取得し、論文は『産地間競争とマーケティング論』として刊行されました。この業績で日本農業経済学会賞を受賞されましたが、当時対象年齢が35歳から40歳まで引き上げられたこともあって10人以上が応募し、3名の受賞者に入ったこともあり、一人の研究者として自立されたと確信されたようです。

　金沢夏樹・和田照男・高橋正郎・小野誠志・御園喜博の諸先生からの影響を受け、学派にこだわらず自由な雰囲気で研究される気風に馴染まれたようです。大学院修了後、広島大学生物生産学部に助手として赴任し、助教授を経て1992年に広島大学では最年少で教授になられました。研究の基本的なスタンスとして、産業組織論、経営学、流通・マーケティングなど領域をまたがった複眼的な視角をもって理論と検証を繋ぐ姿勢をとられましたが、このような視角はフードシステム研究には適合しており、研究課題を広げながら検証を深め、「中範囲の論理」を構築するには有効であったのではと思われます。

　1997年には母校である千葉大学園芸学部に赴任され、多くに仕事をかかえ

ることになり、審議会や委員会の数が20を超え、また2005年までの出版予定の本が8冊になったそうです。50歳を迎える頃までは体力に自信があったようですが、慢性的な過労によって体調を壊され入院もされることもありました。

フードシステム学会での役割は、高橋正郎会長の下で初期から企画を担当され、学会をリードする立場にありました。設立まもない学会ではありましたが、フードシステム学全集全8巻を刊行することにより、研究者間のネットワークが強まり、共同研究がしやすくなりました。産業組織と企業の経営戦略との関係や食品企業と農業との連携は『フードシステムの革新と企業行動』（日本農業経済学会学術賞、2000年）、『食品産業と農業の提携条件』として刊行されました。当時は企業と農業との提携には批判する研究者、JA、マスコミも多くあったようですが、産官学の連携をスローガンとして旗揚げしたフードシステム学会としては、産業間のミスマッチを解消するためのチェーン構築は当然のことと考えられたのだと思います。その後、経済産業省・農林水産省が農商工連携事業を打ち出してから、こうした批判は消えて、むしろ推進する立場の方が増えていると思います。

日本フードシステム学会の会長（2008年から4期8年目）、一時期は日本農業経済学会の副会長（2010年～2012年）を兼務し、2007年から2014年まで単著3冊、編著6冊を刊行しており、さらに研究のスピードと領域を拡大されました。この時期にはご退職までに取り組んでおくべき課題がはっきりされたようで、食料産業クラスター、地域ブランド、農商工連携、6次産業化のビジネスモデル、JAのフードシステム戦略へと新たな研究領域を広げ、3～5年のサイクルで次々と研究成果を世に問われました。特に食料産業クラスターについての一連の研究は2008年日本フードシステム学会学術賞を受賞されました。これまで個人・学会で議論してきた内発型アグリビジネス（6次産業）、食料産業クラスター、農商工連携、地域ブランド、バリューチェーンなどの概念や手法は行政の政策立案や経済主体の経営戦略にインパクトを与えました。2014に学会設立20周年を迎え、先生が監修される新たなフ

ードシステム学叢書全5巻の刊行が始まりましたが、今後、多くの学会員の参加を得て共有すべき研究基盤となることが期待されます。この年に、これまで日本に留学し、その後共同で研究してきたメンバーが中心になって中国フードシステム研究会を立ち上げたのを機に、その顧問になられました。

社会活動としては、農林水産省の食料・農業・農村審議会専門委員（2001年〜2005年、その後臨時委員）を経て、現在は新規に設置された研究開発法人審議会会長（2015年〜）、内閣府総合科学技術会議専門委員（2014年〜）を務められており、農業経済分野の学識経験者として社会的な責務を果たされておられます。また、いくつかの農業生産法人等の顧問をされてきましたが、戦略的な提案が効果を上げ、何れも大きく成長をとげたようです。さらに有機JASの登録認定機関である日本有機農業生産団体中央会の理事長を10年近くも引き受けておられるようです。

編集代表の佐藤は、学生時代の卒論から博士論文の指導までお世話になりましたが、博士論文は第1号であることもあって、遠慮のない厳しい議論をさせていただき、その後も、多くの研究会等に参加させていただきました。私を含め広島大学と千葉大学で16人の方に博士の学位をだされたと伺っております。また、フードシステムという看板から多くの食品企業、JA、生協、自治体とのつながりが深く、幅広い包容力で信頼を得られたようで、幅広いネットワークを持たれておられます。

最後になりましたが、斎藤先生におかれまして研究・教育に関する熱意が衰えることはないようですので、ご健康に十分ご留意のうえ、引き続きご活躍頂き、私ども後輩や教え子によい刺激を与え続けて頂きますようお願いいたし結びといたします。

　　　　　　　　　　　　　　　　　　　平成28年3月1日
　　　　　　　　　　　　　　　　　　　　佐藤和憲（編集代表）
　　　　　　　　　　　　　　　　　　　　河野恵伸
　　　　　　　　　　　　　　　　　　　　丸山敦史
　　　　　　　　　　　　　　　　　　　　中村哲也

## 執筆者紹介 (執筆順)

斎藤　修（さいとう・おさむ）千葉大学大学院園芸学研究科（教授）
浅見淳之（あさみ・あつゆき）京都大学農学研究科（准教授）
清野誠喜（きよの・せいき）新潟大学農学部（教授）
佐藤和憲（さとう・かずのり）岩手大学農学部（教授）
矢野　泉（やの・いずみ）広島修道大学商学部（教授）
中田哲也（なかた・てつや）農林水産省統計部
菊池宏之（きくち・ひろゆき）東洋大学経営学部（教授）
張　秋柳（Zhang Qiuliu）中国科学院大学（専任講師）
薬師寺哲郎（やくしじ・てつろう）農林水産省農林水産政策研究所食料・環境領域
李　哉泫（Lee Jaehyeon）鹿児島大学農学部（准教授）
中村哲也（なかむら・てつや）共栄大学国際経営学部（准教授）
清水達也（しみず・たつや）日本貿易振興機構アジア経済研究所地域研究センター（主任調査研究員）
滝沢昌道（たきざわ・まさみち）学校法人伊東学園テクノ・ホルティ園芸専門学校（教授）
河野恵伸（こうの・よしのぶ）農業・食品産業技術総合研究機構
山本淳子（やまもと・じゅんこ）農業・食品産業技術総合研究機構
丸山敦史（まるやま・あつし）千葉大学大学院園芸学研究科（准教授）
矢野佑樹（やの・ゆうき）共栄大学国際経営学部（講師）
櫻井清一（さくらい・せいいち）千葉大学大学院園芸学研究科（教授）
西山未真（にしやま・みま）千葉大学大学院園芸学研究科（准教授）
安　玉発（An Yufa）前中国農業大学（教授）
廣田将仁（ひろた・まさひと）国立研究開発法人水産総合研究センター中央水産研究所経営経済研究センター漁業管理グループ（主任研究員）
森嶋輝也（もりしま・てるや）農業・食品産業技術総合研究機構
菊地　香（きくち・こう）日本大学生物資源科学部（准教授）
高橋龍二（たかはし・りゅうじ）広島県地域政策局都市圏魅力づくり推進課

フードシステム革新のニューウェーブ

2016年3月31日　第1刷発行　　　定価（本体4500円＋税）

監修者　斎　藤　　　修
編集者　佐　藤　和　憲
発行者　栗　原　哲　也

発行所　㈱日本経済評論社
〒101-0051　東京都千代田区神田神保町3-2
電話　03-3230-1661　FAX　03-3265-2993
E-mail：info8188@nikkeihyo.co.jp
URL：http://www.nikkeihyo.co.jp/

装幀＊渡辺美知子　　　　　　印刷＊藤原印刷・製本＊誠製本

乱丁落丁本はお取替えいたします。　　　　Printed in Japan
Ⓒ Osamu SAITO 2016　　　　ISBN978-4-8188-2421-8
・本書の複製権・翻訳権・上映権・譲渡権・公衆送信権（送信可能化権を含む）
は、㈳日本経済評論社が保有します。
・JCOPY〈㈳出版者著作権管理機構　委託出版物〉
本書の無断複写は著作権法上での例外を除き禁じられています。複写される場合
は、そのつど事前に、㈳出版者著作権管理機構（電話 03-3513-6969、
FAX 03-3513-6979、e-mail: info@jcopy.or.jp）の許諾を得てください。

## 萌芽的科学技術と市民
――フードナノテクからの問い――
　　　　　　　　　立川雅司・三上直之編著　本体 3300 円

## 食料環境政策学を学ぶ
　　　明治大学農学部食料環境政策学科編　本体 2600 円

## コーヒーと南北問題〔オンデマンド版〕
　　　　　　　　　　　　　辻村英之著　本体 4200 円

## EU の有機アグリフードシステム
　　　　　　　　　　　　　永松美希著　本体 3400 円

## アメリカのアグリフードビジネス
――現代穀物産業の構造分析――
　　　　　　　　　　　　　　磯田宏著　本体 4500 円

## 牛肉のフードシステム
――欧米と日本の比較分析――
　　　　　　　　　　　　　新山陽子著　本体 5500 円

## アメリカのフードシステム
――食品産業・農業の静かな革命――
　　　シェルツ，ダフト著／小西孝蔵・中嶋康博監訳
　　　　　　　　　　　　　　　　　　本体 3300 円

## 日本農地改革と農地委員会
――「農民参加型」土地改革の構造と展開――
　　　　　　　　　　　　　福田勇助著　本体 12000 円

## 韓国水田農業の競争・協調戦略
　　　　　　　　　　　　　　李 裕敬著　本体 5600 円

## 放牧酪農の展開を求めて
――乳文化なき日本の酪農論批判――
　　　　　　　　　　　　　　柏久編著　本体 3500 円

日本経済評論社